电力运维检修专业技术丛书

变压器检修典型案例集

国网天津市电力公司检修公司　主编

中国水利水电出版社
www.waterpub.com.cn
·北京·

内 容 提 要

  本书是《电力运维检修专业技术丛书》之一，以服务现场检修工作为初衷，遴选实际工作中最具代表性的经典案例，凝练检修操作的核心工艺标准与关键注意事项，力求分析通俗易懂、操作记叙详实，以贴近现场实际，指导检修实践。内容涵盖变压器本体及组附件等各方面，包括变压器器身、变压器套管、分接开关、变压器油箱、冷却系统、变压器储油柜、气体继电器、压力释放阀、变压器阀门等。

  本书适用于从事变压器检修的一线同行业人员学习与参考，并可作为专业初学者的检修范本使用。

图书在版编目（CIP）数据

变压器检修典型案例集 / 国网天津市电力公司检修
公司主编. -- 北京：中国水利水电出版社，2020.10
（电力运维检修专业技术丛书）
ISBN 978-7-5170-9086-1

Ⅰ．①变… Ⅱ．①国… Ⅲ．①变压器－检修－案例
Ⅳ．①TM407

中国版本图书馆CIP数据核字(2020)第213321号

书 名	电力运维检修专业技术丛书 **变压器检修典型案例集** BIANYAQI JIANXIU DIANXING ANLI JI	
作 者	国网天津市电力公司检修公司　主编	
出版发行	中国水利水电出版社 （北京市海淀区玉渊潭南路1号D座　100038） 网址：www.waterpub.com.cn E-mail：sales@waterpub.com.cn 电话：(010) 68367658（营销中心）	
经 售	北京科水图书销售中心（零售） 电话：(010) 88383994、63202643、68545874 全国各地新华书店和相关出版物销售网点	
排 版	中国水利水电出版社微机排版中心	
印 刷	清淞永业（天津）印刷有限公司	
规 格	184mm×260mm　16开本　15.5印张　377千字	
版 次	2020年10月第1版　2020年10月第1次印刷	
印 数	0001—2500册	
定 价	**69.00元**	

《电力运维检修专业技术丛书》编委会

本书编委会

主　　　编　殷　军

副　主　编　王永宁　周文涛　贺　春　廖纪先

委　　　员　李　彬　吕静志　鲁　轩　顿　超　刘　东
　　　　　　张　尧　王　慧

编写组组长　吕静志

参编人员　李　孟　王西龙　王晋华　孙朝晖　刘　阳
　　　　　　高　元　付　华　王鹏飞　李　杰　张天旭
　　　　　　任志勇　陈　硕　董立峰　王　健　高　健
　　　　　　丁少倩　刘一萌　王　煜　孙文鹏　张立国
　　　　　　刘　畅　胡　满　王玉斌　张　琪　李　宁
　　　　　　李文征

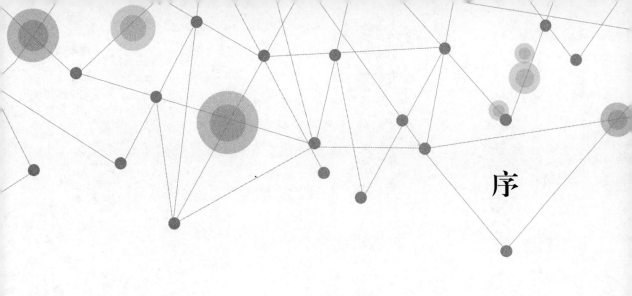

序

随着我国特高压主干网的建设投入，全球能源互联网建设加快世界各国能源互联互通的步伐，科技进步有力地促进国内智能电网的快速发展，特高压输变电技术、数字化数据传输、一体化成套设备等变电新技术广泛采用，对运维、检修人员的业务素质和技能水平提出更高的要求。

如何在有限时间内，提高生产一线人员的整体业务能力，快速熟悉事故反措、规程规范、管理要求，迅速掌握新设备、新技术、新工艺，成为目前员工素质培养的关键。国家电网有限公司高度重视安全生产标准化、规范化、精益化的管理要求，以应对运维检修业务的时代发展变化，保障电力供应满足人民日益增长的物质文化需求。

为此，我们搭建经验交流平台，促进理论制度在实践的进一步应用。通过集中专业优势力量，结合目前国家电网有限公司的最新运检管理规定和反措要求，聚焦实践应用，聚焦人才培养，组织编写了《电力运维检修专业技术丛书》，以期为业务提升与人才发展相融共进提供一些有益的帮助。

丛书共四个分册，分别是《电网重大反事故措施分析与解读》《变电运维核心技能基础与提升》《二次专业基建验收实践》和《变压器检修典型案例集》。作为开发变电运行、二次检修、主变检修等专业的培训用书，丛书深刻剖析各种技术工作的内在要点并详加讲解，真正让生产人员能够通过全方位学习，掌握运检生产过程中的关键技术，使其从容应对电网大踏步发展背景下的变电运检工作，提升电网运行安全保证能力。

丛书编写人员包括运行经验丰富的班长、专业带头人、技能骨干等，丛书力求贴近现场工作实际，具有内容丰富、实用性和针对性强等特点，满足技能人员实操培训需求。

下一步本书编委会将立足国家能源战略需求和形势，围绕国家电网有限公司建设具有中国特色国际领先的能源互联网企业的战略目标，不断整合资源、推陈出新，为全方位帮助一线工作人员提升技术技能基础不懈努力。

《电力运维检修专业技术丛书》编委会

2020 年 9 月

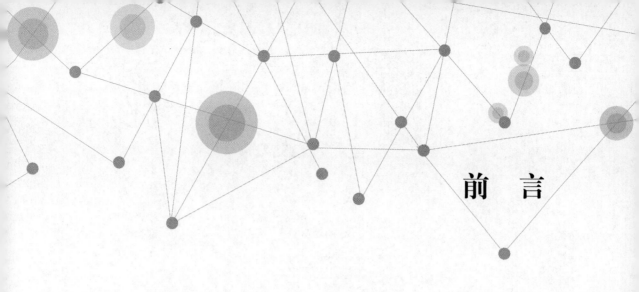

前　言

　　随着国民经济的飞速发展，电力供应的需求日益扩大，对供电可靠性的要求也越来越高。变压器作为电力系统的核心电气设备，对电网的安全可靠运行至关重要。为提炼变压器检修的技术要点，解决现场检修的实践难点，我们编写了《变压器检修典型案例集》。

　　本书共分为九章，分别为变压器器身、变压器套管、分接开关、变压器油箱、冷却系统、变压器储油柜、气体继电器、压力释放阀和变压器阀门，详细记述了变压器典型缺陷的成因分析、方案准备、工艺流程、技术要点、工作技巧以及专业总结，是一本来源于检修现场又服务于现场检修的工具书。

　　本书紧密贴合一线检修人员需求，针对典型变压器缺陷实例，深入全面地分析了缺陷的成因，拟定了可靠且有效的处理方案，并涵盖了现场检修实践的完整工艺流程与关键注意事项，可为同行业一线检修作业人员提供完备的技术指导，对同类缺陷的分析处理极具参考价值。

　　由于各分章节作者均为在职电力系统一线员工，利用工作之余编写此书，时间仓促，加之编者水平有限，书中的错误和不足之处在所难免，敬请读者与同行专家批评指正。

编者
2020 年 5 月

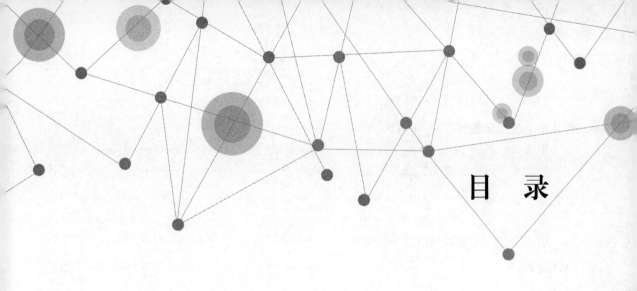

目　录

第一章
变压器器身

第一节 概　　述

一、变压器器身用途与分类

变压器器身由线圈、铁芯、引线及绝缘件组成。其中线圈和铁芯是主要组成部分，起到改变电压和电流、传输电能的作用。引线将变压器同电网相连接，从一次侧输入电能，二次侧输出电能。绝缘件分布于器身各处，起支撑和绝缘作用。

器身按铁芯柱数可分为两柱铁芯器身、三柱铁芯器身、四柱铁芯器身、五柱铁芯器身。

二、变压器器身原理及结构

变压器器身主要组件为绕组、铁芯（包括夹件）、引线、绝缘件等，如图 1-1 所示。

1. 绕组

绕组套在铁芯上，构成变压器的导电回路，变压器一、二次侧电压与两侧绕组匝数成正比，两侧电流与匝数成反比。绕组包括一个或多个线圈，主要由导体和绝缘组成。绕组导体材质要求导电性能好、有一定的机械强度、有较稳定的化学特性、工艺加工性能好，一般选用铜制导线。绕组绝缘可分为导线匝绝缘、线饼（油道）绝缘和线饼的内、外径垫条。变压器绕组

图 1-1　变压器器身实物图

通常可分为层式绕组、饼式绕组和双层饼式绕组三大类。层式绕组又包括圆筒式绕组和箔式绕组，饼式绕组又包括连续式、纠结式、螺旋式。

2. 铁芯

铁芯是变压器的主导磁回路，铁芯被绕组包裹的部分称为铁芯柱，没有包裹的绕组横向部分称为铁轭。为减小励磁电流，铁芯通常做成一个闭合的磁路，为主磁通提供通路。同时，铁芯也是安装绕组的骨架，对于变压器的机械强度、电磁性能和运行噪声都有重要影响。

铁芯由铁芯叠片、夹件、绑扎带、绝缘件和接地件等组成。铁芯叠片分为叠铁芯和卷铁芯两种，叠铁芯由片状电工钢带逐片叠积而成，卷铁芯是用带状材料在卷绕机上的适当形状模具连续绕制而成。夹件用来夹紧铁轭，中小型变压器夹件利用拉螺杆和上下夹件一起压紧绕组，大型变压器为减小夹件的损耗，将夹件做成板式结构，上下铁轭用拉带拉紧，下铁轭再用垫脚夹紧。绑扎带用于绑扎铁芯柱，采用钢带或环氧树脂带，使用钢带绑扎时，下方有绝缘层，同时，为了不形成短路圈，中间必须有中断点。绝缘件包括铁芯叠片层间绝缘、夹件与铁芯间绝缘。在大容量变压器铁芯叠片中，每隔一段距离要放置绝缘层，防止整个叠片在片间电容的累加作用下产生较高电位差，甚至出现放电。夹件必须对铁芯叠片绝缘，因此在夹件内侧设有夹件绝缘。铁芯及其结构件需有效接地，避免悬浮放电。小容量变压器上铁轭引出一个接地片，将其他夹件金属部分连接起来，再经过垫脚与油箱接通。大型变压器铁芯和夹件分别外引接地。

3. 引线

变压器连接绕组各引出端的导线称为引线，引线为外部电能进出变压器提供通道。引线主要包括绕组线端与套管连接的引线、绕组端头间的连接引线和绕组与分接开关相连的分接引线。变压器内部引线具有和外部线路相同的电位，必须保证引线对油箱、对同相绕组、对异相绕组以及不同相位的引线之间有足够的绝缘距离。

4. 绝缘件

器身的绝缘件有绝缘纸筒、绝缘端圈、静电板、油隙撑条、绕组撑条、绕组垫块等，起到绝缘和结构支撑的作用。

三、变压器器身常见缺陷及其对运行设备的影响

1. 短路

变压器短路主要指变压器出口或近区发生短路、变压器内部引线对地短路、绕组对地短路以及不同相绕组之间发生的短路而导致的事故。其中，出口短路发生频次高，危害大。

出口短路对变压器的影响主要包括以下两个方面：一是短路电流引起绝缘过热，短路发生时，高、低压绕组会同时流过为额定值数十倍的短路电流，产生非常大的热量，当温度超过变压器的承受能力时，变压器热稳定性受到破坏，绝缘材料性能严重受损，继而导致变压器绝缘击穿以及损毁事故；二是短路电动力引起绕组变形，短路电流比较大时，继电保护装置延时动作甚至拒动，绕组会产生严重变形，甚至可能导致绕组损坏。

2. 放电

变压器的放电主要有局部放电、火花放电及电弧放电。局部放电虽然能量密度较小，但若任由其发展可能会形成放电的恶性循环，最终导致设备的击穿或损坏。火花放电一般不会马上造成绝缘击穿，并且会出现在线绝缘油色谱异常、局部放电量增加或轻瓦斯动作等，一般易于发现和处理，但也必须引起足够重视。电弧放电时能量密度比较高，经常会导致绕组匝间、层间绝缘击穿，也可能导致引线断裂、对地闪络和分接开关飞弧等严重事故。

3. 铁芯多点接地

变压器正常运行时，铁芯必须有一点可靠接地，防止出现悬浮放电。如果铁芯存在两

点及以上的多点接地时，铁芯几个接地点之间存在电位差，会形成环流，继而造成铁芯多点接地发热的情况。温升较大时可能导致轻瓦斯动作，更严重情况下甚至会造成变压器重瓦斯动作而跳闸。温度继续升高可能导致铁芯局部熔化，破坏绝缘层，形成片间短路，使铁损变大，严重影响变压器的性能和正常工作，以致必须对变压器进行大修，更换铁芯硅钢片加以修复。

4. 线圈压紧力不足

变压器制造阶段压紧工艺不良、长期振动、短路冲击、绝缘垫块老化形变等因素影响，可能导致线圈轴向压紧力不足，严重影响变压器的抗短路能力。

5. 绝缘受潮

变压器制造阶段干燥不彻底、运行过程中变压器负压区渗漏导致外界水分的侵入都会导致变压器绝缘受潮，变压器绝缘性能下降，严重时造成放电事故。

第二节　变压器器身检修典型案例

一、静电环引出线脱落处理

（一）设备概况

1. 变压器基本情况

某交流 220kV 变电站 2 号变压器为 ABB 公司生产，型号为 SFPZ - 140000/220，于 1992 年 3 月 2 日出厂，1994 年 4 月 22 日投运。

2. 变压器主要参数信息

联结组别：YN，d11

调压方式：有载调压

冷却方式：油浸自冷/油浸风冷/强油风冷（ONAN，50%/ONAF，70%/OFAF，100%）

出线方式：架空线/架空线（220kV/33kV）

开关型号：UCGRN 650/500/I

使用条件：室内□　　　室外☑

（二）缺陷分析

1. 缺陷描述

该变压器 2016 年 12 月 24 日在例行试验中发现绝缘油色谱出现 C_2H_2 组分，含量为 $0.8\mu L/L$；后续跟踪监测，于 2017 年 5 月 19 日达到 $5.2\mu L/L$，超过注意值 $5\mu L/L$；至 2018 年 8 月 7 日逐步升高到 $26.6\mu L/L$。总烃含量同时逐步增长，于 2018 年 6 月 25 日达到 $194.5\mu L/L$，超过注意值 $150\mu L/L$。

2. 成因分析

（1）历史绝缘油色谱数据分析。历史绝缘油色谱试验数据详见表 1-1。

表 1-1 历史绝缘油色谱试验数据 单位：μL/L

取样日期	取样原因	H_2	CO	CO_2	CH_4	C_2H_6	C_2H_4	C_2H_2	总烃
2016 年 12 月 24 日	定检	3.7	55.7	403.1	0.1	0	0.1	0.8	1.0
2017 年 5 月 19 日	定检	2.0	113.3	624.3	0.6	0	0	5.2	5.8
2017 年 8 月 29 日	定检	11.8	67.7	298.5	1.5	0	1.0	12.8	15.3
2017 年 9 月 18 日	定检	12.9	56.4	329.5	1.5	0	2.2	12.8	16.5
2017 年 12 月 12 日	定检	13.7	170.4	541.5	1.8	0	1.5	13.1	16.4
2018 年 1 月 9 日	定检	13.5	294.9	753.8	4.4	0	2.7	12.4	19.5
2018 年 2 月 27 日	定检	13.3	290.4	737.7	24.0	5.7	2.6	12.1	44.4
2018 年 5 月 27 日	定检	30.9	345.3	1060.7	69.1	30.2	7.2	20.3	126.8
2018 年 6 月 25 日	定检	19.1	430.7	1373.1	121.0	41.3	8.3	23.9	194.5
2018 年 7 月 30 日	定检	24.2	487.6	1422.5	67.2	50.5	8.2	22.1	148.0
2018 年 8 月 7 日	定检	18.0	525.3	1533.0	75.7	54.0	7.6	26.6	186.8

1）故障气体成分分析。

a. 特征气体分析。故障产生的特征气体增长趋势如图 1-2 所示，说明该变压器内存在油和纸过热。

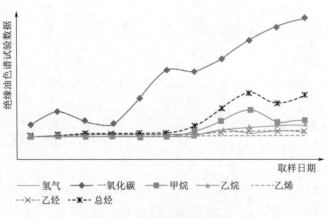

图 1-2 特征气体增长趋势*

b. 三比值法❶。

$C_2H_2/C_2H_4=3.5→2$；$CH_4/H_2=4.2→2$；$C_2H_4/C_2H_6=0.14→0$

针对 2018 年 8 月 7 日的绝缘油色谱数据，计算得出气体编码为 220，可判断出故障类型为低能放电（兼过热）故障。

c. CO、CO_2 判断。

绝对值：$CO_2/CO=1533/525.3=2.92<7$，可以排除固体绝缘材料老化情况。

---

* 全书带"*"号的图在后附有彩图。

❶ 引用自《变压器油中溶解气体分析和判断导则》（DL/T 722—2014）。

增量值：$CO_2/CO=(1533-403.1)/(525.3-55.7)=2.41<3$，说明故障涉及固体绝缘材料。

注意事项：绝缘老化、绝缘故障的判定，可以根据 CO_2/CO 进行判定。当故障涉及固体绝缘材料时，一般 $CO_2/CO<3$，最好用 CO_2 和 CO 的增量计算；当固体绝缘材料老化时，一般 $CO_2/CO>7$。

d. C_2H_2、H_2 判断。

绝对值：$C_2H_2/H_2=26.6/18=1.48<2$

增量值：$C_2H_2/H_2=(26.6-0.8)/(18-3.7)=1.8<2$

因此，可以排除有载分接开关油污染的可能。

注意事项：

1. 当特征气体超过注意值时，若 $C_2H_2/H_2>2$（最好用增量进行计算），认为是有载分接开关油（气）污染造成的。

2. 这种情况也可利用比较本体油箱和切换开关油室的油中溶解气体含量来确定。

3. 气体比值和 C_2H_2 含量决定于有载分接开关的切换次数和产生污染的方式（通过油或气），因此 C_2H_2/H_2 不一定大于2。

2) 故障趋势分析。根据 2016 年 12 月 24 日—2018 年 8 月 7 日的气体数据，通过进一步研究总烃的产气速率来进行故障趋势判定相对产气速率[❶]。

$$\gamma_\gamma = \frac{C_{i,2}-C_{i,1}}{C_{i,1}} \times \frac{1}{\Delta t} \times 100\% \qquad (1-1)$$

式中：$C_{i,2}$ 为第二次取样测得油中某气体浓度，$\mu L/L$；$C_{i,1}$ 为第一次取样测得油中某气体浓度，$\mu L/L$；Δt 为两次取样时间间隔中的实际运行时间，月。

按照式（1-1），选取近期 3 个不同的时间段对总烃相对产气速率 γ_γ 进行计算，其结果见表 1-2。可以发现 3 个时间段的总烃相对产气速率 γ_γ 均大于注意值 10%，说明变压器内部存在故障。

表 1-2 总烃相对产气速率

第一次取样日期	第二次取样日期	Δt /月	$C_{i,1}/(\mu L/L)$	$C_{i,2}/(\mu L/L)$	$\gamma_\gamma/\%$
2016 年 12 月 24 日	2018 年 1 月 9 日	12+16/30	1.0	19.5	147.6
2018 年 1 月 9 日	2018 年 5 月 27 日	138/30	19.5	126.8	119.6
2018 年 5 月 27 日	2018 年 8 月 7 日	70/30	126.8	186.8	20.3

2018 年 5 月，将该变压器冷却方式改为 OFAF（手动强运行风机和油泵）方式，绝缘油和纸过热得到有效改善，顶层油温下降 6~10℃，CO、CH_4 增长缓慢，但 C_2H_2 含量仍呈增长趋势，可见设备内部故障未消除。

(2) 故障检查试验分析。

1) 诊断性试验。为进一步诊断和定位故障，对该变压器进行以下诊断性试验：①绕组及套管绝缘电阻、介质损耗及电容量试验、铁芯及夹件绝缘电阻；②绝缘油色谱试验；

---

❶ 引用自《变压器油中溶解气体分析和判断导则》（DL/T 722—2014）。

③静置 24h 后，进行长时间空载试验（24～72h）；④静置 24h 后，进行绝缘油色谱试验；⑤局部放电试验；⑥静置 24h 后，进行绝缘油色谱试验。除绝缘油色谱和局部放电试验结果异常外，其他试验均正常。

2）绝缘油色谱试验分析。长时间空载试验后，绝缘油中 CH_4、C_2H_4、H_2、C_2H_6 未见明显增长，因此可以排除铁芯故障引起的绝缘油过热。局部放电试验后，产生少量 C_2H_2，同时伴随着 CO、CO_2 气体含量增长，这与该变压器历史绝缘油色谱数据的变化规律相吻合，进一步验证变压器内部缺陷一直存在。绝缘油色谱试验数据见表 1-3。

表 1-3　绝缘油色谱试验数据　单位：μL/L

取样日期	取样原因	H_2	CO	CO_2	CH_4	C_2H_6	C_2H_4	C_2H_2	总烃
2018 年 8 月 7 日	定检	18.0	525.3	1533.0	75.7	54.0	7.6	26.6	163.9
2018 年 10 月 15 日	绝缘性试验后	18.5	526.4	1540.1	74.8	55.2	7.7	26.1	163.8
2018 年 10 月 20 日	空载试验后	18.7	534.1	1606.0	75.2	55.3	8.0	27.7	166.1
2018 年 10 月 22 日	局部放电试验后	19.4	764.5	2047.5	77.5	55.6	11.2	36.6	180.5

3）局部放电试验分析。对该变压器进行局部放电测试，加压方式采用低压侧励磁，高压中性点直接接地，在高压套管末屏与接地点之间接入检测阻抗进行局部放电测量，施加电压为 $1.3U_m/\sqrt{3}$，接线方式如图 1-3 所示。试验结果 C 相放电量为 95pC，A、B 两相约为 5000pC，严重超标。

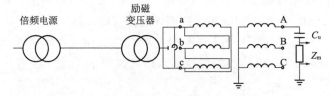

图 1-3　局部放电试验常规法接线方式

为确认故障点的位置，改用非被试相短路接地的中性点支撑法进行测量，接线方式如图 1-4 所示。同时，在加压过程中采用超高频局部放电测试仪和紫外测试仪对 A、B 相高压套管外部进行检测。

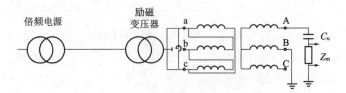

图 1-4　局部放电试验支撑法接线方式

采用中性点支撑法，当被试相套管端部电压与常规法一致时，绕组匝间电位差仅为常规法时的 2/3。通过对被试相套管端部施加相同的感应电压，对比放电量的起始熄灭电压和大小，即可对脉冲放电发生的位置进行初步判断。如果两种方法放电量一致，表明脉冲放电信号与绕组匝间电位差无关，脉冲放电发生位置可能为绕组引线至套管端部之间或套管外部；如果中性点支撑法时放电量小于常规法时，放电产生的部位可能位于变压器绕组中。

通过对被试相套管端部施加相同的感应电压发现，A、B相常规法和中性点支撑法放电量一致，局部放电起始电压和局部放电熄灭电压相差无几，试验数据见表1-4。

表1-4　　　　　　　　　　局 部 放 电 试 验 数 据　　　　　　　　　　单位：kV

方法	局部放电起始电压				局部放电熄灭电压			
	A-地	A-O	B-地	B-O	A-地	A-O	B-地	B-O
常规法	121	121	127	127	101	101	106	106
中性点支撑法	118	79	122	81	96	64	99	66

使用电压向量图进行分析，可得脉冲放电信号与绕组匝间电位差无关，如图1-5所示。同时，超高频局部放电测试仪和紫外测试仪未检测到放电信号，可排除高压套管外部的悬浮放电和尖端放电。因此，脉冲放电发生位置应位于A、B相高压绕组端部引线出线部位至套管端部之间。

（3）故障原因分析。由上述试验数据分析可基本断定，该变压器内部存在着低能放电（兼过热）故障，

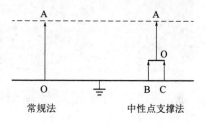

图1-5　局部放电起始电压向量图

故障点位于A、B相高压绕组端部引线出线部位至套管端部之间，故障原因为A、B相高压引线与电位悬浮的部件之间的连续火花放电。推测具体的放电情形有：①高压引线对静电环放电；②高压引线对铁芯拉带拉杆放电；③高压引线对套管导流管放电；④高压引线对油箱磁屏蔽放电。

（三）检修方案

1. 方案简述

针对上述故障原因，故障位置已经大致确定，需结合停电排油，拆除外部件，将器身吊出，重点检查A、B相高压绕组端部出线部位和高压引线，同时排查铁芯、夹件、油箱磁屏蔽，查找出故障点并消除隐患。

处理时间：3天

工作人数：10～12人

2. 工作准备

工具：电动扳手、套筒、吊带、游标卡尺、木槌、尼龙榔头、尼龙绳、壁纸刀、记号笔、螺丝刀（一字、十字）、电源线、接地线、胶管

材料：氮气、无水乙醇、塑料布、绝缘腻子、石棉绳、毛刷、白布带、汤布、白土

备件：磁屏蔽硅钢片若干、DL-12电缆纸若干、静电环×3、皱纹纸×3、铁芯拉带×2

设备：真空滤油机、真空机组、干燥空气发生器、电气焊设备、吸尘器、油色谱分析仪、超高频局部放电测试仪、紫外测试仪

特种车辆：无

（四）缺陷处理

1. 处理过程

（1）排油。变压器排油，拆除外部件，清理油箱外部粉尘、油污，将器身吊出。

（2）故障点检查确认。

1）拆除夹件及上铁轭，检查高压引线，发现 A、B 相高压引线根部的绝缘纸颜色较深，用力按压引线根部，手感内部发软且有深色油渗出，绝缘表面可见绝缘碳化微粒。

2）剥开 A 相高压引线根部绝缘，发现静电环引出线与高压引线焊接部位脱落，此位置所包的绝缘纸已烧成炭灰，如图 1-6 和图 1-7 所示。检查 B 相高压引线，情况相同，如图 1-8 和图 1-9 所示。

检查 C 相高压引线，静电环引线与高压引线连接良好，如图 1-10 所示。

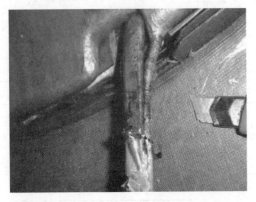

图 1-6　A 相高压引线绝缘烧损

图 1-7　A 相静电环引线脱落

图 1-8　B 相高压引线绝缘烧损

图 1-9　B 相静电环引线脱落

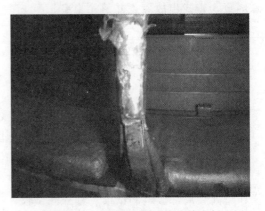

图 1-10　C 相静电环引线连接良好

3）通过对静电环进行检查，发现其引出线与高压引线间采用锡焊，且焊接的长度较短，为 7mm，不满足 15～20mm 的工艺要求。

4）对其他可能放电部位进行检查，未发现异常。

通过上述检查，确定最终的故障原因为静电环引出线与高压引线间的焊接长度过短，焊接工艺不良，同时该变压器所带负荷为冲击性负荷，致使静电环引出线脱落，造成高压引线对电位悬浮的静电环连续火花放电。

注意事项：

负荷性质为冲击性负荷时，电流短时骤增骤降，变压器油温变化不大，无法及时切换冷却方式，导致始终存在局部过热现象。

（3）静电环修复。将静电环引出线和高压引线待焊接部位的绝缘剥除干净，去除表面污物及金属氧化层，用无水乙醇擦拭干净。用浸水的石棉绳包扎在静电环引线和高压引线根部，采用磷铜焊将静电环引线与高压引线牢固焊接，焊接长度控制在 15～20mm，如图 1－11 所示。去除焊接部位的尖角与毛刺，对引线焊接区凹处填充绝缘腻子，采用 20mm 宽的 DL－12 电缆纸带半叠绕包绝缘，绝缘层厚度控制在 6mm。

图 1－11　静电环引线焊接

注意事项：

1. 静电环引线一般采用锡焊结构，应避免使用焊锡膏，防止处理不净腐蚀绝缘层；最好采用松香焊剂，以提高焊接牢固度。本案例中采用磷铜焊接方式，以增加焊接强度，但焊接过程中需注意控制焊点温度，防止烧断绞铜丝软电缆。

2. 对焊区的屏蔽处理是静电环引线处理的关键，如屏蔽有缺陷，会造成局部放电。引线焊区屏蔽通常采用对凹处填充绝缘腻子或铝箔皱纹纸及美浓纸等，尽量使之形成标准电极且与本体相连，不允许出现悬浮电位。

（4）器身处理及总装配。

1）彻底清洁器身。清理器身时，首先用吸尘器吸除绕组、铁芯、夹件缝隙内的异物，然后用无水乙醇擦拭污垢，最后用面团粘除附着在绝缘表面的碳化微粒。

2）器身干燥处理。使用变压法对器身进行干燥处理，干燥时间不少于 72h，器身温度不超过 90℃，真空度达到 133Pa 以下，边抽真空边加热干燥，真空度、出水量连续 6h 以上无变化时，判定可以出炉。

3）器身回装。回装器身，安装升高座、套管等附件。

4）真空回油和密封性检查。变压器抽真空，真空度达到 133Pa 以下，保持 48h。然后真空回油，回油速度为 5t/h，油温控制在 45℃ 左右，直至储油柜达到正常油位。向储油柜胶囊里充入压力为 0.03MPa 的氮气，静置 24h，检查无渗漏。

（5）整理现场。清点工具，防止遗落，清理现场。

2．处理效果

按大修后试验项目对变压器进行修后试验，各试验项目均合格，其中 A 相局部放电量为 76pC，B 相局部放电量为 73pC。变压器投入运行后，绝缘油色谱试验数据稳定，设备运行情况良好。

（五）总结

（1）静电环的作用是通过电容补偿，改善高电压绕组端部或入口线段附近电场分布，对于冲击性负荷而言，绕组端部电场强度的分布对绕组变形等影响极大，需要在端部加入静电环，以降低电场强度，提高绝缘裕度。

（2）为减少漏磁在金属屏蔽层中产生的涡流损耗，静电环导体的厚度要尽量薄，一般厚度小于 0.1mm。导体不能形成一个封闭匝，首尾两端严禁连接。在大型变压器中，为降低漏磁通引起的损耗，采用在绝缘圈上包敷铝皱纹纸带或喷涂石墨涂层的静电环。

（3）对用于特殊负荷的变压器，其冷却方式应根据实际需要，适当作出调整，否则易造成局部过热，本案例中特殊的负荷性质虽然不是导致静电环引线脱落的直接原因，但在一定程度上促进了缺陷的发生。

（4）静电环引线在焊接过程中，应选择合适焊剂，控制焊接长度，严格执行焊接工艺，才能保障静电环连接可靠。

二、铁芯多点接地故障处理

（一）设备概况

1. 变压器基本情况

某交流 500kV 变电站 4 号变压器为乌克兰扎波罗热变压器股份公司生产，型号为 АОДЦТН－267000/500/220－y1，于 1995 年 1 月 1 日出厂，1995 年 12 月 31 日投运。

2. 变压器主要参数信息

联结组别：YN，a0，d11

调压方式：有载调压

冷却方式：强迫导向油循环风冷（ODAF）

出线方式：架空线/架空线/架空线（500kV/220kV/35kV）

开关型号：PHOA－220/2000－y1

使用条件：室内□　　　　　室外☑

（二）缺陷分析

1. 缺陷描述

2016 年 11 月 22 日，该变压器 B 相进行设备例行试验时，取油样进行绝缘油色谱分析发现绝缘油中总烃、C_2H_2 含量分别为 287.62μL/L、1.48μL/L；按规定总烃、C_2H_2 注意值分别为 150μL/L、1μL/L[1]，总烃及 C_2H_2 含量超标。主要组分为 C_2H_4 和 CH_4，次要组分为 H_2 和 C_2H_6，且有少量 C_2H_2。初步分析变压器内部存在温度高于 700℃的高温过热。

---

[1]　引用自《变压器油中溶解气体分析和判断导则》（DL/T 722—2014）。

2. 成因分析

（1）运行状况分析：①开启冷却器，检查油泵运转正常，三相电流平衡；②对变压器（包括潜油泵）进行热成像测温，未发现异常；③本体气体继电器无气体；④变压器负压区无渗漏；⑤查阅 8 月 11 日（例行试验合格）—11 月 22 日的负荷及温度记录，最大负荷率为 43.2%，上层最高油温为 27.7℃，未发现异常；8 月 11 日—11 月 22 日，变压器及线路无故障，无停电检修情况。

（2）绝缘油色谱数据分析。对绝缘油色谱进行跟踪，试验数据见表 1-5。

表 1-5　　　　　　　　　　　　　绝缘油色谱试验数据统计表　　　　　　　　　单位：μL/L

日　　期	取样原因	组 分 含 量								结　　论
		H_2	CO	CO_2	CH_4	C_2H_6	C_2H_4	C_2H_2	总烃	
2016 年 8 月 11 日	例行	5.90	228.43	1083.50	13.20	1.60	4.20	0.00	19.00	正常
2016 年 11 月 22 日	例行	52.49	298.50	1581.91	99.05	24.66	162.43	1.48	287.62	总烃、C_2H_2 超标
2016 年 11 月 23 日	跟踪	59.80	403.50	1083.50	145.49	36.26	246.10	1.88	429.71	总烃、C_2H_2 超标
2016 年 11 月 24 日	跟踪	95.00	361.50	1581.91	173.00	42.00	276.00	2.27	494.00	总烃、C_2H_2 超标
2016 年 11 月 25 日	跟踪	76.66	400.50	1835.91	149.29	41.73	265.64	2.27	458.93	总烃、C_2H_2 超标
2016 年 11 月 26 日	跟踪	82.74	380.50	1967.91	176.30	55.76	313.14	2.53	542.93	总烃、C_2H_2 超标
2016 年 11 月 27 日	跟踪	122.40	364.50	2183.91	189.80	62.20	341.90	2.00	595.90	总烃、C_2H_2 超标
2016 年 11 月 28 日	跟踪	121.90	373.50	2191.91	199.20	66.60	334.20	2.00	602.00	总烃、C_2H_2 超标
2016 年 11 月 29 日	跟踪	119.10	360.50	2193.91	199.30	330.80	63.20	2.50	595.80	总烃、C_2H_2 超标

1）故障气体成分分析。针对 2016 年 11 月 22 日的绝缘油色谱数据，具体分析如下：

a. 特征气体。根据表 1-5 可知，自 2016 年 11 月 22 日后，绝缘油色谱数据中总烃、C_2H_2 含量超标。其组分按照 C_2H_4、CH_4、C_2H_6、C_2H_2 的顺序递减，C_2H_4 为故障的主要特征气体，其含量在总烃的比率中最高，C_2H_2 占总烃的 6% 以下，H_2 占氢烃总量的 27% 以下，说明该故障具有高温过热特征。另外，持续跟踪测试发现 C_2H_2 含量一直小于 $3μL/L$，其含量稳定，基本不随负荷变化而改变。

b. 三比值法[1]。

$C_2H_2/C_2H_4 = 1.48/162.43 = 0.009 \to 0$

$CH_4/H_2 = 99.05/52.48 = 1.877 \to 2$

$C_2H_4/C_2H_6 = 162.43/24.66 = 6.587 \to 2$

计算气体编码为 022，可判断出故障类型为高温过热（高于 700℃），热点温度估算约为 $t = 322\log(C_2H_4/C_2H_6) + 525 = 788$（℃）。故障部位可能为：①分接开关接触不良；②引线连接不良；③导线接头焊接不良；④股间短路引起过热；⑤铁芯多点接地；⑥硅钢片间局部短路等。

---

[1]　引用自《变压器油中溶解气体分析和判断导则》（DL/T 722—2014）。

c. 其他气体辅助判断。

a) CO、CO_2 判断。CO_2/CO 实际比值为 1581.91/298.5＝5.29；与 8 月 11 日相比，其增量比值为 (1581.91−1083.50)/(298.5−228.43)＝7.11，两者均大于 3；且根据跟踪数据来看，CO、CO_2 增长不明显。因此，故障应未涉及固体绝缘部分，其高温为裸金属过热导致，排除股间短路引起过热因素。

b) C_2H_2/H_2 比值。实际比值为 1.48/52.49＝0.028；与 8 月 11 日相比，其增量比值为 (1.48−0)/(52.49−5.9)＝0.032，两者均远小于 2。因此，故障不是有载分接开关中的油污染造成，可排除有载分接开关油室与本体油箱连通因素。

2) 故障趋势分析。根据 11 月 22—29 日的数据，进一步分析总烃的产气速率来进行故障趋势判定。

a. 相对产气速率计算公式见式（1-1）。

按照式（1-1），选取 3 个不同的时间段对总烃相对产气速率 γ_r 进行计算，其结果见表 1-6。发现 3 个时间段的总烃相对产气速率 γ_r 均大于注意值 10%，说明变压器内存在故障。

表 1-6　　　　　　　　　　不同时间段的总烃相对产气速率

第一次取样日期	第二次取样日期	Δt/月	$C_{i,1}$/(μL/L)	$C_{i,2}$/(μL/L)	γ_r/%
2016 年 11 月 22 日	2016 年 11 月 23 日	1/30	287.62	429.71	1482
2016 年 11 月 23 日	2016 年 11 月 24 日	1/30	429.71	494	448
2016 年 11 月 23 日	2016 年 11 月 29 日	1/5	429.71	595.8	193

注意事项：

第一次取样油中总烃浓度 $C_{i,1}$ 要尽可能选在接近或已经出现气体含量异常的时候，否则将影响数据结果计算，影响故障判定。

b. 绝对产气速率。[1] 绝对产气速率 γ_a，为每运行日产生某种气体的平均值，单位为 mL/d，有

$$\gamma_a = \frac{C_{i,2} - C_{i,1}}{\Delta t} \times \frac{m}{\rho} \tag{1-2}$$

式中：$C_{i,2}$ 为第二次取样测得油中某气体浓度，μL/L；$C_{i,1}$ 为第一次取样测得油中某气体浓度，μL/L；Δt 为两次取样时间间隔中的实际运行时间，天；m 为设备总油重，t；ρ 为油的密度，t/m³。

8 月 11 日—11 月 22 日，由式（1-2）计算得出 γ_a＝155.3mL/d（绝缘油重为 53t）。

根据规程，总烃的绝对产气速率 γ_a 大于注意值的 3 倍（注意值为 12mL/d），并且总烃含量大于注意值的 3 倍时，说明变压器内部存在严重故障，且发展迅速。

注意事项：

1. 对于特征气体起始含量很低的设备情况，宜采用绝对产气速率来判断故障。

2. 绝对产气速率与以前油中气体含量的大小完全无关。

---

❶ 引用自《变压器油中溶解气体分析和判断导则》（DL/T 722—2014）。

（3）铁芯接地电流分析。该变压器为乌克兰扎波罗热变压器股份公司早期生产，其铁芯、夹件的接地结构与目前国内设备不同。目前国内生产的大中型变压器的铁芯、夹件的接地线大多经小套管分别接地，这样便于通过运行中接地电流的检测来判断铁芯、夹件是否存在多点接地故障。该变压器的铁芯和夹件的接地引线连接为一点，在油箱内部通过箱壳直接接地，运行中无法监测铁芯及夹件的接地电流，如图1-12和图1-13所示。

图1-12　铁芯与下夹件连接处　　　　　　图1-13　下夹件与箱壳接地处

（4）故障原因判断。根据上述分析，已确定变压器内部存在温度超过700℃的裸金属过热故障，且已排除股间短路引起过热及有载分接开关油室与本体油箱连通因素。结合该变压器内部结构，初步判断器身存在铁芯多点接地故障的可能性较高，其他因素需停电后进行诊断性试验加以排除。

（三）检修方案

1. 方案简述

因缺陷发展迅速，应立即停电检查，以判别故障部位与原因，采取针对性处理措施。

结合停电，需进一步通过诊断性试验来进行验证，若仍无法确定故障产生的根本原因，则需吊罩检修。吊罩后对铁芯及夹件做重点检查，打开其接地连接片，测量绝缘电阻，若发现有归零现象，则故障类型为铁芯或夹件多点接地。此时可初步判断多点接地位置，若故障点查找困难，可采取放电冲击法进一步查找，以确定缺陷位置并进行处理。

最后将铁芯与夹件接地回路进行改造，分别引出接地，实现对铁芯与夹件接地电流的实时监测。

处理时间：1天

工作人数：10人

2. 工作准备

工具：活扳手（12″、15″）、标准通信工具箱、电源线、接地线、手锤、吊带、绝缘棒、木槌、断线钳、压线钳

材料：汤布、白土、清洗剂、毛刷、塑料布、白布带、白布

备件：25mm² 铜绞线 50m、ϕ25mm 塑料管 2m、铜铝过渡鼻×8、绝缘纸板（0.5mm、

1.5mm、2.5mm）各×2、皱纹纸×2、接地端子板×1

设备：真空滤油机、直流电源发生器、高压并联电容器、电气焊设备、2500V绝缘电阻表、万用表、油罐30t×2

特种车辆：起重吊车25t

（四）缺陷处理

1.处理过程

该变压器铁芯结构为单相三柱式，主铁芯、调压铁芯、旁铁轭、上下夹件以及钢制压环之间由软铜带连成一个整体，于变压器箱壳底部接地，如图1-14～图1-17所示。

图1-14 变压器器身

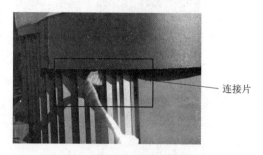

图1-15 铁芯连接片

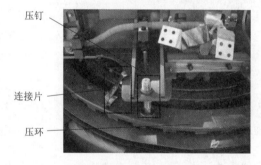

图1-16 旁铁轭

图1-17 上铁轭

（1）诊断性试验。

1）直阻测试。对变压器的绕组直流电阻进行测量，发现与初值相比无明显变化，线圈直流电阻三相互差不超过2%，直阻试验合格，排除分接开关接触不良、引线连接不良、导线接头焊接不良因素。

2）吊罩后测量绝缘电阻。

a.吊罩。变压器排油后，吊起钟罩。

注意事项：

1.吊罩应在干燥无风的天气进行，如遇雨、雪、大风天气或天气相对湿度大于75%时，则不宜进行吊罩工作。

2.吊罩前应测量变压器器身的温度，当变压器器身的温度低于空气温度时，应采取措施提高器身温度，一般器身温度高于空气温度5℃时方可吊罩。

b. 绝缘电阻测量。断开铁芯、夹件间的连接片及夹件和箱壳的连接片，采用 2500V 绝缘电阻表分别测量铁芯对地、夹件对地、铁芯对夹件及地的绝缘电阻，具体情况如下：① "L" 端接地，"E" 端接铁芯或夹件，测得铁芯、夹件对地的绝缘电阻均为 5000MΩ，说明铁芯、夹件对地绝缘良好❶；② "L" 端接夹件，"E" 端接铁芯，测量铁芯与夹件之间绝缘，绝缘电阻接近于 0；换用万用表进行导通测试，电阻为 7Ω。

由此确定铁芯与夹件间存在多点接地故障，属于金属性直接短接特征。

注意事项：

1. 采用 2500V 绝缘电阻表进行测量时，持续时间 1min，应无闪络及击穿现象。

2.66kV 及以上电压等级的变压器绝缘电阻值不宜小于 100MΩ；35kV 及以下电压等级的变压器绝缘电阻值不宜小于 10MΩ。

3. 铁芯及夹件对地绝缘电阻测试中，指针从一定数值缓慢旋转至接近 0 时，说明铁芯多点接地位置为虚接，这时运用电容冲击法或电流冲击法将虚接位置冲断，效果比较理想。

（2）多点接地故障处理。

1）故障查找。

a. 对各绝缘薄弱部位进行外观检查，重点检查铁芯、夹件接地引出线绝缘情况、铁芯尖角与夹件是否有搭接、铁芯是否有落片破坏了垫脚或横梁绝缘、各铁轭地屏接地线绝缘情况、铁芯与垫脚或横梁是否有接触、铁芯接地片与夹件是否有接触、器身磁屏蔽与铁芯是否接触等，未发现有明显接地点和放电痕迹。

b. 对器身各部位进行绝缘电阻测量，将铁芯接地回路划分为 6 个区域，如图 1-18 所示；然后打开区域间连接，分别测量各区域的绝缘电阻，最终发现区域 3 的绝缘电阻接近于 0，其他区域的绝缘电阻均合格，说明铁芯与下夹件间存在多点接地，需进一步检查。

c. 对铁芯、下夹件或绝缘垫片的铁锈、油泥及其他杂质进行清理后，绝缘电阻无变化。

d. 分别摇测现场能够测到的绝缘片的表面绝缘电阻，均未发现问题。

e. 用木槌敲击震动夹件，同时用绝缘电阻表测量区域 3 时，绝缘电阻无明显变化。

f. 用塑料管伸入区域 3 各部位用合格绝缘油进行 2 次冲洗后，接地现象未消失。

g. 对各间隙用 0.294MPa 压力氮气伸入各狭缝内部冲吹清理，再改用 0.69MPa 氮气冲刷，发现区域 3 绝缘电阻值并未改善。

综上，经分区域测量绝缘电阻可知，铁芯与下夹件间存在多点接地，可能为铁芯与下夹件间绝缘件受损所致，需进一步检查。但铁芯与下夹件之间空间狭小，观察困难；又因铁芯对夹件的电阻仅有 7Ω，且接地点接触相对牢固，故将图 1-18（b）中各区域间的连接片进行恢复，拟采用大电流冲击法查找接地点。

2）放电冲击法。

a. 电容放电冲击法。电容放电冲击法为放电冲击法之一，是指使用电容器瞬间放电产生的大电流将残留杂物熔化烧断，或者使残留杂物移开原来位置。

---

❶ 引用自《电力变压器检修导则》（DL/T 573—2010）。

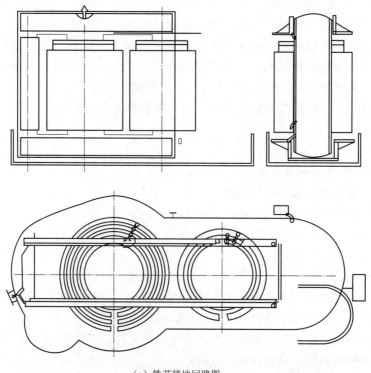

（a）铁芯接地回路图

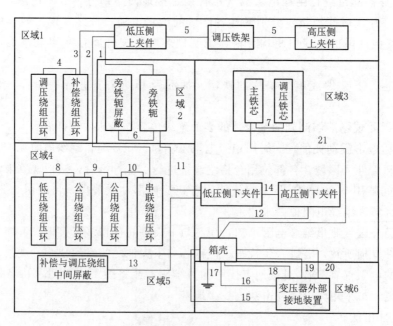

（b）变压器内部铁芯接地回路各部件连接图

图 1-18 铁芯接地回路图

本次故障处理时，使用 3000V 直流电压发生器和额定电压为 10kV、电容量为 50μF 的单支并联高压电容器对铁芯进行放电处理，如图 1-19 和图 1-20 所示，具体步骤如下：

利用开关 K 合到 1 侧给电容充电,先充至 500V,充好后将开关迅速切换到 2 侧放电,这样多次观察铁芯放电或发热点,未发现问题再充至 1000V 电压放电,最高允许充到 3000V 电压,多次充放电后,测量铁芯对夹件绝缘电阻仍接近于零,无明显变化,未取得预期效果。

图 1-19 直流电压发生器实物图

注意事项:

1. 试验中的直流电压发生器可用绝缘电阻表代替,电容一般选用电压等级为 10kV 的单支高压并联电容器。

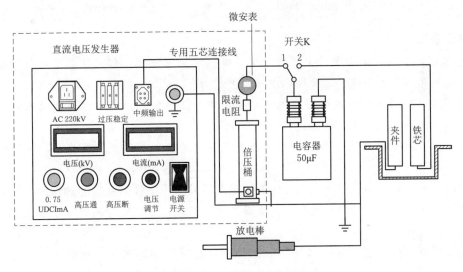

图 1-20 电容放电冲击法接线图

2. 由于变压器铁芯底部绝缘垫块较薄,采取的冲击电流不宜过大,避免发生击穿。

3. 当试验装置电流增大时,电压升不上去,没有放电现象,说明接地故障点很稳固。

4. 电容放电冲击法可在变压器带油状态下处理铁芯多点接地故障,放电电压应控制为 6~10kV。

5. 电容放电冲击法简单快捷,可结合滤油过程查找并处理铁芯多点接地故障,效果更佳。

b. 大电流冲击法。大电流冲击法是利用大电流通过时的高温将铁芯故障接地点烧断来查找或排除故障的方法,可通过电焊机实现。

故障处理时,选用工作电压为 40V,电流 20~200A 的电焊机,如图 1-21 所示。首先将图 1-13 中夹件与箱壳的连接片恢复,然后使用电焊机在铁芯、箱壳之间加电流,将其搭铁线一端接于负极接口,另一端与变压器铁芯接地外引线相连;焊把线一端接至正极接口,另一端用焊把接触变压器箱壳;此时铁芯与夹件会通过多点接地的故障点而构成回路，如图1-22所示。

将电焊机的输出电流调到最小值20A，20min内铁芯与下夹件部位无变化；然后将输出电流缓慢增加至40A，10min后下铁轭与高压侧下夹件之间有烟冒出，并伴有清脆的放电声。

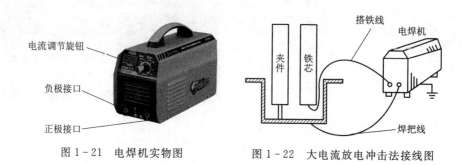

图1-21　电焊机实物图　　　　图1-22　大电流放电冲击法接线图

注意事项：

1. 大电流放电冲击法中可使用直流电焊机或交流电焊机，但应注意交流电焊机的电流不好控制，只有金属性接地故障，才可使用。

2. 使用大电流法进行操作时应注意，电焊机的搭铁线和铁芯的焊把线应触碰变压器外壳，不可互换，以防损伤铁芯。

3. 大电流冲击法危险系数高，加电流时间不好掌握，易造成绝缘受损，一般优先选取其他方法进行处理。

检查发现铁芯与高压侧下夹件之间的绝缘纸板破损，导致下铁轭的硅钢片与下夹件接触。故障原因可能为绝缘纸板受铁芯与下夹件挤压破损，造成绝缘击穿，形成死接，从而导致铁芯多点接地。

由于器身结构紧凑，无法直接排除故障点，故进行吊芯处理。将铁芯吊起200mm，对破损的绝缘纸板予以更换，测量铁芯对夹件绝缘电阻为4500MΩ。同时，对其他部位进行了详细检查，均未发现异常。

为确认故障是否彻底消除，对铁芯及夹件进行了交流1000V、1min的交流耐压试验，试验合格。再次检查铁芯对夹件绝缘电阻仍为4500MΩ，绝缘电阻合格，表明故障消失。

（3）铁芯接地回路改造。因该变压器铁芯和夹件的接地引线与变压器内部连接，无法监测铁芯及夹件的接地电流，不能及时发现铁芯多点接地故障，违反反措规定，因此对其铁芯接地回路进行改造。首先，在下节油箱壁上开孔装设接线端子板，断开铁芯与下夹件连接片，如图1-23和图1-24所示。

然后，用3根引出线分别将铁芯、夹件及内部箱壳接地点连接至接线板端子上，实现了铁芯及夹件分别引出接地，其中铁芯的一端插入铁芯内部200mm❶，另一端连接于接线端子板，如图1-25和图1-26所示。

---

❶ 引用自赵静月，《变压器制造工艺》，中国电力出版社，2009。

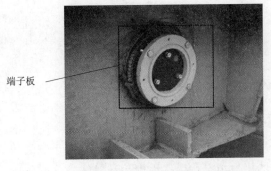

图 1-23 接线端子板

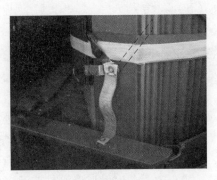

图 1-24 断开铁芯与下夹件连接片

图 1-25 铁芯与下夹件引出处

图 1-26 端子板接线情况

最后，在接线端子板外部用连接片将铁芯、夹件引出端子分别与接地端子连接，以便在运行时监测接地线中是否存在环流，及时发现变压器铁芯多点接地故障，其接线示意图如图 1-27 所示。

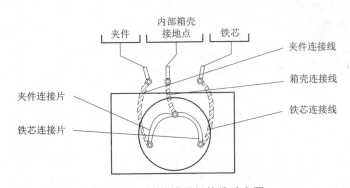

图 1-27 接线端子板接线示意图

处理完毕后将钟罩进行回装。

（4）**整理现场**。清点工具，防止遗落，清理现场。

2. **处理效果**

该变压器投运后，监测其铁芯、夹件接地电流，数值稳定且均小于 100mA；对绝缘油色谱进行跟踪分析，未发现异常，设备运行情况良好。

（五）总结

（1）当变压器出现高温过热故障时，应根据其设计结构、运行状况、接地电流监测、油色谱分析和诊断性试验等手段，快速准确地判明故障类型，发展迅速时最好能够立即停运处理，以免绝缘油劣化而使故障扩大。

（2）当发生铁芯多点接地故障后，需对故障点进行全面检测及综合研判，再根据接地情况采取针对性处理措施，不可随意进行放电冲击或者电焊消除，以防损坏器件，增加故障范围。

（3）铁芯、夹件的接地电流能够准确反映其运行状况，应分别引出至便于测量的适当位置，以便在运行时随时监测铁芯及夹件的接地情况，当接地电流超过注意值时，应尽快查明原因，及时采取处理措施。

（4）变压器运行中最好安装铁芯接地电流在线监测装置，以便快速发现故障，尤其是在放电冲击法消除接地问题后，更需加强保护，以防故障的再次发生。吊罩大检修时，应彻底清除油箱底层的油泥、铁锈等污垢，并用绝缘油进行清洗，降低铁芯多点接地发生的可能性。

三、绕组轴向压紧

（一）设备概况

1. 变压器基本情况

某交流 500kV 变电站 2 号变压器为乌克兰扎波罗热变压器股份公司生产，型号为 АОДЦТН－267000/500/220－y1，于 1989 年 1 月 20 日出厂，1996 年 12 月 22 日投运。

2. 变压器主要参数信息

联结组别：YN，a0，d11

调压方式：有载调压

冷却方式：强迫导向油循环风冷（ODAF）

出线方式：架空线/架空线/架空线（500kV/220kV/35kV）

开关型号：PHOA－220/2000－y1

使用条件：室内□　　　　　　室外☑

（二）缺陷分析

1. 缺陷描述

该变压器已运行超过 20 年，需进行吊罩检查和大修，对器身的铁芯、夹件、绕组和紧固件、屏蔽和绝缘件等进行检查和整理，需检查绕组的轴向压紧力是否合适❶。

2. 成因分析

（1）绕组电动力种类。变压器在正常带负荷运行时，交流电流流过高低压绕组，产生交变磁通。绝大部分磁通在铁芯内部流通，为主磁通；少部分磁通只交链一个绕组或绕组的一部分，为漏磁通。在漏磁通和电流的相互作用下，绕组会受到电动力作用。正常运行

---

❶　引用自《电力变压器检修导则》（DL/T 573—2010）。

时绕组受到的电动力较小；突然短路时，短路电流为正常额定电流的数倍甚至数十倍，而电动力与短路电流的平方成正比，因此绕组受到的电动力为正常运行时的数十至数百倍。

变压器绕组的磁场与电动力分布如图1-28所示，根据右手螺旋定则与左手定则，漏磁的辐向分量产生轴向电动力，可判断出高低压绕组轴向电动力F_y都为压力，且越靠近绕组端部，其辐向漏磁通越大，产生的轴向电动力越大。漏磁通的轴向分量产生辐向电动力F_x，可判断出高压励磁绕组受到的是向外的扩张力，低压绕组受到的是向内的压缩力。

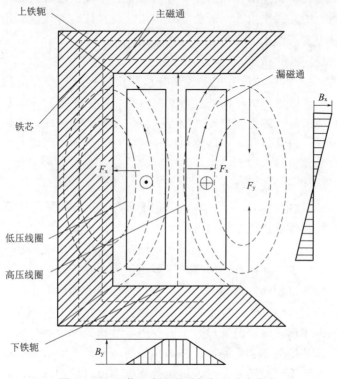

图1-28　双绕组变压器磁场与电动力分布

（2）绕组受短路力损坏的形式。

1）辐向拉伸短路力导致匝绝缘破裂。辐向拉伸短路力会使绕组发生变形，长期积累的永久变形会使线饼里层导线的匝绝缘出现破裂，造成匝间短路。

2）辐向拉伸短路力导致主绝缘强度降低。绕组相间距离和绕组对油箱壁的距离在拉伸力的作用下缩小，使主绝缘强度降低，当绝缘油击穿电压降低或其他因素综合作用时，可能导致主绝缘击穿。

3）辐向压缩短路力导致辐向失稳。绕组辐向失稳指圆周方向某一撑条间距内，线饼所有导线向外突出或向内凹陷，或两种情况都存在。受辐向压缩短路力作用导致辐向失稳时，其主绝缘、纵绝缘都会受到影响，但由于其最大变形早已使匝绝缘破裂，因此最快出现的仍是匝间短路。

4）轴向短路力与辐向短路力综合作用的轴向失稳。产生辐向漏磁通的因素包括：①磁力线在绕组端部弯曲；②高压绕组由于有调压分接区，以及纵绝缘沿整个绕组轴向高度分布不均匀，导致高低压绕组轴向安匝不平衡，在有的区域，高压绕组大于低压绕组的安匝，有的区域相反，这将在绕组轴向上建立分布不均匀的辐向漏磁通；③在绕组高度方向上，辐向漏磁通从大到小至 0，然后又从小到大，辐向磁通密度为 0 的位置为磁场中心，若高低压绕组的磁场中心不在同一水平面上，也会导致轴向安匝不平衡，产生较大的辐向漏磁通。辐向漏磁通产生轴向短路力，在轴向压缩短路力的作用下，绕组端部、调压分接区等区域的线饼间、线饼与垫块间、垫块与垫块间会出现空隙，当短路电流过零时，空隙消失，空隙在短路过程中反复出现和消失，造成线饼、垫块的激烈碰撞，除了造成匝绝缘破损，在辐向短路力的共同作用下，还会导致垫块松动移位、导线倾斜坍塌。轴向失稳是受轴向与辐向短路力共同作用的绕组主要损坏形式。

（3）提升绕组稳定性的措施。

1）提升绕组辐向稳定性的措施：①提高导线硬度，提升导线自身应力；②适当增加支撑撑条根数；③由于撑条干燥浸油处理后辐向收缩，为避免器身干燥后撑条厚度尺寸减小导致绕组之间及绕组与铁芯之间出现间隙，应在变压器制造阶段对主绝缘撑条进行干燥浸油处理；④增加导线绝缘厚度；⑤增加单根导线厚度；⑥换位导线自粘后失稳强度明显提高；⑦低压绕组最靠近铁芯柱，铁芯柱圆度要好，硬纸筒的刚度要高；⑧尽量减小绕组套装间隙，保证撑条处于有效支撑状态。

2）提升绕组轴向稳定性的措施：①绕组轴向压紧，轴向压紧力既要大于计算出的轴向短路力的合力，又不能超过绕组轴向失稳临界力的数值，总装配时应对轴向压紧力进行精准控制，各绕组尽量采用独立压板；②密化处理垫块，把残余变形从结构中消除掉，使绕组真正处于"弹性压紧"状态；③绕组带压恒压干燥，在干燥过程中使绕组处于压紧状态；④绕组固有频率躲过轴向短路力的频率，防止谐振导致轴向失稳。

（4）绕组抗短路能力的变化：以上提升变压器绕组稳定性的措施在变压器制造时都已实施，运行阶段如未出现严重短路变形，不需要进行特殊处理。运行阶段变化较大的是轴向压紧力，这是由于长期振动、短路冲击、绝缘垫块老化形变等因素影响，各绕组轴向压紧力会有所降低。尤其受到短路冲击时，垫块的收缩明显，轴向压紧力损失严重。苏联进行相关试验研究发现，绕组在冲击压力幅值 24MPa 下冲击 40 次后，预先施加的轴向压紧力 11MPa 最大将损失 40%。

（5）绕组轴向压紧的必要性。变压器大修时应对绕组压紧情况进行检查，检查垫块和压钉是否松动、线饼绝缘是否完好、导线是否有倾斜现象，视情况对绕组压紧力进行检查。该变压器在大修时已运行 20 年以上，短路冲击达 10 次以上，吊罩检查发现绕组绝缘垫块有松动情况，压钉螺母松动，不能有效压紧绕组压板，可判断其绕组轴向压紧力有所下降，因此必须进行轴向压紧。

（三）检修方案

1. 方案简述

变压器绕组是靠上夹件上的压钉来压紧的，每一相的压紧力一般都在几十吨，单靠人力用扳手拧紧并不可行：一是人力有限，出力达不到要求；二是拧压钉时无法判断压紧程度。因此，一般都采用油压千斤顶来压紧绕组，千斤顶放置在上夹件与绕组压板之间，如图 1-29 所示，工作时千斤顶借助上夹件来压紧绕组，利用油压缸的压强掌握压紧力，在逐渐施加压力过程中，观察压钉的紧固螺母是否出现松动，可判断绕组压紧力是否偏小，之后进行多次加压、紧固压钉螺母，即可达到压紧绕组的目的。

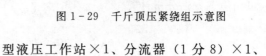

处理时间：5h

工作人数：6 人

2. 工作准备

工具：钢板尺、活扳手（24″）

材料：层压木垫块、垫板、白布、塑料布

备件：无

图 1-29 千斤顶压紧绕组示意图

设备：RCS201 型千斤顶×8、PUJ1201E 型液压工作站×1、分流器（1 分 8）×1、液压管路×9

特种车辆：无

（四）缺陷处理

1. 处理过程

（1）绕组轴向压紧力计算。绕组轴向压紧力需保证在变压器短路过程中，始终大于轴向短路力，同时不能压塌绕组，除此之外，压紧力也会影响绕组固有振动频率，必须保证所选择的压紧力不能引起共振。

1）绕组结构。该变压器为单相自耦变压器，调压方式为中部调压，其绕组结构如图 1-30 所示。主铁芯柱从里到外分别是低压绕组、公共绕组、串联绕组，副铁芯柱从里到外分别是补偿绕组、调压绕组。各绕组均有各自独立的压板，可独立施加压紧力。

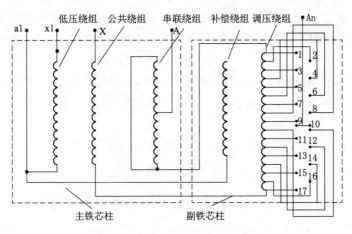

图 1-30 变压器绕组结构示意图

注意事项：

小型变压器大部分采用非独立压板，因此施加的压紧力应等于各绕组压紧力之和。

2）最小值计算。最小值即为绕组短路时的最大轴向电动力。在短路过渡过程中，由于短路电流是不断变化的，而绕组本身是由匝间绝缘、垫块、附加绝缘和铜导线构成的弹性系统，因此作用在绕组上的短路力是不断变化的，绕组及其结构件不是静止不动的，而是围绕其起始位置不断振动。绕组动态短路力需通过弹性系统运动矩阵方程及有限元分析法进行计算，过程较为复杂。

变压器在电源电压过零时的典型短路电动力变化曲线如图 1-31 所示，动态短路力可分解为逐渐衰减至恒定值的非周期分量、逐渐衰减至 0 的频率为 50Hz 的暂态周期分量和频率为 100Hz 的稳态周期分量三个分量。绕组本身的固有振动频率如果与 50Hz 或 100Hz 相近时，会产生共振，使绕组的短路力幅值大幅增加，这是不允许的，因此变压器设计时，绕组的固定振动频率需与短路力的频率相差很大，在这个条件下，绕组的动态短路力可用静态方法分析计算。

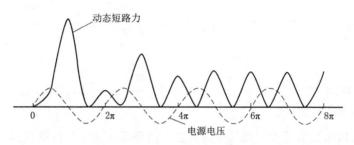

图 1-31　电源电压过零时的典型短路电动力变化曲线

静态方法是将绕组及其结构件看成刚体，计算短路力的峰值。计算时，将一个圆周的绕组导体作为有限元单元，通过基本公式 $dF=BidL$ 进行计算，分别算出辐向和轴向短路力，然后所有单元的短路力叠加，就可求得绕组受到的最大辐向和轴向短路力。其中电流 i 为瞬变短路电流。变压器短路情况中，以低压侧出口三相对称短路最为严重，应在这种情况下计算瞬变短路电流，瞬变短路电流的第一个峰值为稳态短路电流乘以冲击系数，冲击系数与电抗、电阻相关。各绕组短路时最大电动力的具体数值厂家已进行了计算，不再赘述。

3）最大值计算。根据以上计算值，结合绝缘垫块和铜导线的特性进行计算和绕组结构设计，保证轴向压紧力大于短路力，并且不超过轴向失稳临界力，防止将绕组线饼压塌。

单根导线绕制的线饼，其静态轴向失稳临界力计算为[1]

$$F=\frac{ZmBE_{dk}b^2}{6h}+\frac{\pi mEbh^2}{6R_p} \tag{1-3}$$

式中：Z 为绕组圆周的垫块总数；m 为绕组辐向导线根数；B 为垫块的宽度，mm；E_{dk} 为垫块的弹性模量，取 9.8MPa；b 为单根导线的辐向宽度，mm；h 为单根导线的轴向高度，mm；E 为铜导线的弹性模量，通常取 12.25×10^4 MPa；R_p 为线饼的平均半径，mm。

式（1-3）前一分量为线饼间绝缘垫块的支撑力，$ZmBb$ 为垫块与线饼的接触面积；后一分量为铜导线本身的抗弯力。

---

[1]　引用自谢毓城，《电力变压器手册》，机械工业出版社，2014。

以该变压器串联绕组为例，圆周垫块总数 $Z=40$，辐向导线根数 $m=50$，垫块宽度 $B=40$mm，单导线辐向宽度 $b=1.9$mm，单根导线轴向高度 $h=11.2$mm，线饼平均半径 $R_p=1300$mm，将以上数值代入式（1-3），可得出 $F=676$kN。

根据式（1-3）算出其他 4 个绕组的静态轴向失稳临界力，数值见表 1-7。

表 1-7　　　　　　　　　　　　　绕组静态轴向失稳临界力数值　　　　　　　　　　单位：kN

绕组名称	低压绕组	公共绕组	串联绕组	补偿绕组	调压绕组
静态轴向失稳临界力	637	1478	676	235	333

4）避免共振的压紧力值。绕组固有振动频率与轴向压紧力有一定关系，轴向压紧力越大，绕组固定振动频率越大，各阶固定频率间差值也越大，更容易躲过 50Hz 和 100Hz 共振频率。厂家在设计制造时已进行了计算，使垫块压强达到 3MPa 以上，可以避免共振。

5）估算方法。对于厂家已制造好的变压器，其大修时绕组压紧的工艺值计算公式为[1]

$$F_{轴向预压紧} = pZBb \tag{1-4}$$

式中：p 一般选取 2.5～3.5MPa；Z 为圆周垫块总数；B 为垫块宽度，mm；b 为导线的辐向总宽度，mm。

以该变压器串联绕组为例，$Z=40$，$B=40$mm，$b=90$mm，$p=3.5$MPa，代入式（1-4）可得出压紧力为 504kN，该值是前述静态轴向失稳临界力数值的 75%，留出了一定裕量，一般选取该值作为轴向压紧力。

根据式（1-5）可算出其他 4 个绕组的轴向压紧力，数值见表 1-8。

表 1-8　　　　　　　　　　　　　　　绕组轴向压紧力数值　　　　　　　　　　　　单位：kN

绕组名称	低压绕组	公共绕组	串联绕组	补偿绕组	调压绕组
轴向压紧力	471	1036	504	181	246

（2）千斤顶选择、布置方法与压强计算。

1）千斤顶型号选择。绕组压钉为 4 个或 8 个，千斤顶跟随压钉布置，也采用 4 点或 8 点分布，公共绕组压紧力最大，超过其他绕组的 2 倍，因此所选择的千斤顶应能满足公共绕组压紧力要求，每个千斤顶需出力 $1036 \div 8 \approx 130$kN。吨与牛顿换算为 1t=9.8kN，即每个千斤顶需出力 13.3t，而一般情况下需掌握千斤顶实际最大出力不应超过标称最大出力的 80%，因此其标称最大出力应大于 16.625t，对照常用千斤顶规格，选择最大出力 20t 的千斤顶即可。

压板的宽度约为 100mm，因此所选择千斤顶外径应不大于 100mm。压板至上夹件高度约为 180mm，考虑到千斤顶顶部需垫层压木垫块、下部垫纸板，两者厚度相加超过 60mm，因此千斤顶最小高度不应超过 120mm。

综上，可选择型号为 RCS201 的薄型千斤顶，其最大出力 20t，最小高度 98mm，外径 90mm。

---

[1]　引用自《电力变压器检修导则》（DL/T 573—2010）。

2) 布置方法。单个 20t 千斤顶最大允许出力为 156kN，4 个为 624kN，8 个为 1248kN，因此公共绕组必须采用 8 点布置，考虑到串联绕组和调压绕组圆周直径较大，压钉数量为 8，为了压力更均匀，也采取 8 点布置，低压绕组和补偿绕组采取 4 点布置。

各绕组千斤顶布置点位如图 1-32 所示，压点沿圆周对称均匀分布，并且尽量靠近压钉，防止压点和压钉间距离过远，压板形变影响到压钉压紧效果。

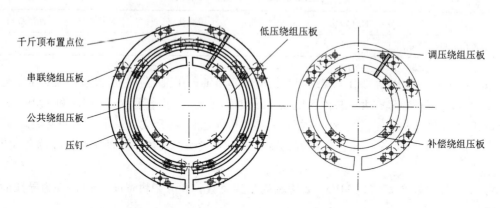

图 1-32 千斤顶布置点位示意图

3) 压强计算。根据压强公式，可得出千斤顶的压强为

$$P = \frac{F_{\text{轴向预压紧}}}{SN} \tag{1-5}$$

式中：$F_{\text{轴向预压紧}}$ 为轴向预压紧力，N；S 为单个千斤顶油缸有效面积，mm²；N 为千斤顶数量；P 为千斤顶压强，MPa。

该型号千斤顶油缸内径 $d=50\text{mm}$，有效面积 $S=\pi r^2=1962.5\text{mm}^2$，代入式（1-5）可得出各绕组千斤顶压强，见表 1-9。

表 1-9 千斤顶数量与压强计算表

绕组名称	低压绕组	公共绕组	串联绕组	补偿绕组	调压绕组
千斤顶布置数量	4	8	8	4	8
压强/MPa	60.0	66.0	32.1	23.0	15.6

（3）液压工作站型号选择。液压工作站应满足所需最大工作压力 66MPa。液压工作站总油量应大于 8 个千斤顶、1 个分流器、9 条管路的容量。单个千斤顶油缸容量为 0.1L，8 个为 0.8L，分流器容量为 0.5L，9 条管路容量约为 1.5L，因此液压工作站油量应大于 2.8L。

可选择型号为 PUJ1201E 的液压工作站。其最大工作压力为 10000PSI（磅力/平方英寸），即 68.95MPa；油量为 238 立方英寸，即 3.9L。

（4）设备检查。检查千斤顶、液压管路、分流器、液压工作站等液压设备，如图 1-33 所示，应具有检验合格标签，并且外观无破损、漏油等异常情况。通电测试液压工作站正常，压力表显示正常，压力保护开关动作正常。

（5）放置千斤顶。使用白布清理干净压板、压钉、千斤顶、液压管路、分流器、垫块、垫板等，防止杂物掉入绕组内。将薄形千斤顶分别放置在压板预定位置，整理好液压管路，在上铁轭顶部合适位置铺好干净的塑料布，将分流器置于白布上，如图 1-34 所示。连接好千斤顶、分流器、液压工作站间的液压管路，对接好快速接头。在千斤顶下部放置垫板，根据压板与上夹件的间隙在千斤顶上部放置合适厚度的层压木垫块，如图 1-35 所示，防止接触面受力不均顶坏压板和上夹件。

图 1-33 检查液压设备

图 1-34 放置分流器

图 1-35 千斤顶上部放置垫块

注意事项：

1. 千斤顶应保持与压板及夹件平面垂直。

2. 同一绕组的各千斤顶垫块厚度应基本一致，保证各点千斤顶行程一致，防止各点压紧不均匀。

3. 层压木垫块厚度应保证其放置在千斤顶上部时，垫块顶部基本贴近上夹件，以保证千斤顶在其有效行程内能可靠压紧绕组。

4. 当只用到 4 个千斤顶时，未使用的液压管路、未使用的分流器接头及其他 4 个千斤顶的接头需用堵帽拧紧盖好，防止杂物进入，污染液压油。

（6）轴向压紧力检查。规程规定绕组垫块的压强应大于 20kg/cm^2[1]，即大于 1.96MPa，低于这个数值可认为绕组压紧力不足，而绕组垫块要求最大压强达到 3.5MPa，因此当千斤顶油压达到规定压强数值的 56%（1.96/3.5）时，如果绕组的压钉螺母已出现松动，可认为绕组压紧力不足。各绕组轴向压紧力不足时的临界千斤顶压强值见表 1-10。

---

[1] 引用自《电力变压器检修导则》（DL/T 573—2010）。

表 1 - 10　　　　　　　　　　　　　　轴向压紧力不足时的临界千斤顶压强　　　　　　　　　　　单位：MPa

绕组名称	低压绕组	公共绕组	串联绕组	补偿绕组	调压绕组
56%压强	33.6	37.0	18.0	12.9	8.8

图 1 - 36　千斤顶起升

（标注：压钉螺母、压钉、压碗）

以串联绕组为例，首先设置液压工作站压力保护开关，使其等于100%压强值，即32.1MPa，防止千斤顶超出压力值压坏绕组。然后启动液压工作站，8个千斤顶缓慢起升，顶紧夹件与串联绕组压板，如图1-36所示。当液压工作站压力表示数达到18MPa时，停止加压，检查各压钉螺母是否松动，并做好记录。

（7）绕组轴向压紧。步骤（6）结束后继续进行轴向压紧。由于变压器绕组是一个弹性体，应采取分级压紧，采用"施压—紧固—释放"的方式，逐步达到最大压力值，采用60%、85%、100%压力值分3次进行加压。各绕组分级压紧的千斤顶压强数值见表1-11。

表 1 - 11　　　　　　　　　　　　　　各绕组分级压紧的千斤顶压强　　　　　　　　　　　　单位：MPa

绕组名称	低压绕组	公共绕组	串联绕组	补偿绕组	调压绕组
60%压强	36.0	39.6	19.3	13.8	9.4
85%压强	51.0	56.1	27.3	19.6	13.3
100%压强	60.0	66.0	32.1	23	15.6

以串联绕组为例，在步骤（6）之后继续加压。使用钢板尺实时测量夹件下表面与压板上表面间距离，待到压力表达到60%压力值时，停止加压，使用扳手紧固压钉螺母，然后释放千斤顶，记录每个压点夹件与压板间压缩量，重复进行以上过程，直至达到100%压力值后紧固好各压钉螺母，并在压钉螺母和上夹件做好标记，累计压缩量不得大于10mm。依次进行步骤（5）～（7），压紧其余4个绕组，数据记录见表1-12。

表 1 - 12　　　　　　　　　　　　　　绕组压紧数据记录表　　　　　　　　　　　　　单位：mm

一、串联绕组压点	①	②	③	④	⑤	⑥	⑦	⑧
56%压力时压钉是否松动	是	是	是	是	是	是	是	是
60%压力时压缩量	2	1.5	1	1	0.5	0.5	0.5	0.5
85%压力时压缩量	3	2.5	1.5	1.5	1.5	2.5	2.5	2.5
100%压力时压缩量	4	4	2	2	3.5	4.5	4.5	4.5
二、公共绕组压点	①	②	③	④	⑤	⑥	⑦	⑧
⋮	⋮	⋮	⋮	⋮	⋮	⋮	⋮	⋮

注意事项：

1. 沿绕组圆周分布4人进行观察、测量、压钉紧固工作，加压过程中做好呼应。

2. 轴向压紧时，一旦出现以下某种情况，须立即停止加压，查明原因：①累计压缩量接近 10mm；②压力表和液压站运行异常；③器身受力及变形出现异常，有异常声响；④超出千斤顶行程（最大 50mm）；⑤某一千斤顶顶升行程异常，不与其他千斤顶同步。

（8）器身干燥与二次压紧。拆除电源线、液压管路、千斤顶、分流器等，清理干净器身各部件，之后进行器身干燥工序。器身干燥后由于绝缘件脱水收缩，压紧力会有所损失，因此应检查各绕组压钉螺母是否松动，通过之前做好的压钉与上夹件标记估算绕组轴向收缩量，并做好记录，之后重复步骤（5）～（7），对各绕组进行二次压紧并做好记录。

（9）整理现场。清点工具，防止遗落，清理现场。

2. 处理效果

各绕组在 56％压力值时均出现不同程度的压钉松动情况，说明各绕组轴向压紧力损失严重。器身干燥前绕组平均轴向压缩量达到了 3～4mm，干燥后轴向压缩量在 1mm 左右，达到了检修目的。

（五）总结

（1）绕组轴向压紧对提高绕组抗短路能力尤为重要，变压器运行过程中的振动、绝缘材料老化、短路冲击等会使原有压紧力降低，在短路时造成绕组匝绝缘破损、倾斜坍塌，导致变压器严重事故，因此在大修时进行绕组轴向重新压紧是十分必要的。

（2）绕组短路力及临界应力计算较为复杂，一般厂家在设计时已经过了详细计算，所制造的变压器已满足大于短路力、小于坍塌应力、躲过共振频率的要求，因此在大修时可按式（1-4）进行计算。如果变压器运行年限较长、绝缘材料老化严重，应适当降低压紧力。

（3）使用油压千斤顶压紧绕组是最常见的方法，能量化压紧力，避免人力拧压钉的不可控因素。

（4）使用千斤顶和液压工作站时应严格遵从其使用规定。千斤顶严禁超行程使用，要垂直放置，垫好垫块、垫板，防止顶伤夹件、压板等，达到设定压力值后，应尽快紧固压顶螺母后释放千斤顶，不能将其作为支撑物进行长时间支撑。要保证液压工作站压力保护开关能可靠动作，压力表示数准确，各部件密封良好，液压油充足。

（5）器身脱油干燥后，绝缘纸、垫块等会脱水收缩，因此还需再次检查轴向压紧力，并视情况进行二次压紧。

四、器身真空热油喷淋干燥处理

（一）设备概况

1. 变压器基本情况

某交流 500kV 变电站 4 号变压器为乌克兰扎波罗热变压器股份公司生产，型号为 АОДЦТН - 267000/500/220 - y1，于 1996 年 11 月 1 日出厂，1998 年 10 月 11 日投运。

2. 变压器主要参数信息

联结组别：YN，a0，d11

调压方式：有载调压

冷却方式：强迫导向油循环风冷（ODAF）

出线方式：架空线/架空线/架空线（500kV/220kV/35kV）

开关型号：PHOA-220/2000-y1

使用条件：室内□　　　　室外☑

（二）缺陷分析

1. 缺陷描述

2016 年 7 月，该变压器 C 相在绝缘油试验过程中发现 H_2 含量、击穿电压、介质损耗因数及微水含量均超标（运行标准：击穿电压不小于 50kV，介质损耗因数不小于 0.02，微水含量不大于 15mg/L❶）。后续又进行了跟踪监测，数据显示绝缘油 H_2 含量、介质损耗因数及微水含量均呈明显增长趋势，击穿电压呈逐渐下降趋势；总烃及 C_2H_4、C_2H_2 含量稳定且均未达到注意值，绝缘油试验数据见表 1-13。

表 1-13　　　　　　　　　　　绝缘油色谱分析及绝缘性能

试验日期	油色谱/（μL/L）								绝缘测试		
	H_2	CO	CO_2	CH_4	C_2H_4	C_2H_6	C_2H_2	总烃	击穿电压/kV	tanδ/%	微水/（mg/L）
8 月 15 日	189.36	505.11	2100.01	10.09	0.77	1.01	0.01	11.88	46.5	0.256	16.3
9 月 9 日	220.15	497.15	2232.31	9.98	0.69	1.13	0.01	11.81	46.4	0.274	16.8
10 月 5 日	232.36	508.41	2096.62	10.11	0.58	1.18	0.00	11.87	44.3	0.273	16.4
11 月 25 日	261.91	505.11	2208.25	10.09	0.73	1.00	0.01	11.83	44.5	0.289	17.1
12 月 18 日	267.82	486.29	2085.86	10.57	0.80	1.13	0.00	12.50	44.0	0.275	17.6

2017 年 2 月，停电对该变压器进行了绕组绝缘电阻、介质损耗因数测试。与上次试验数据相比，高中对低及地绝缘电阻下降 65%，低对高中及地绝缘电阻下降 74%；高中对低及地介质损耗因数增长 37%，低对高中及地介质损耗因数增长 2.8%，超过了注意值（330kV 及以上电力变压器 20℃时的介质损耗因数注意值不大于 0.005❷）；吸收比、极化指数减小，试验数据见表 1-14 和表 1-15。

表 1-14　　　　　　　　　　　绕组绝缘电阻试验数据

试验方式	上次试验结果（折算至20℃）					本次试验结果（折算至20℃）				
	绝缘电阻/MΩ			吸收比	极化指数	绝缘电阻/MΩ			吸收比	极化指数
	15s	60s	10min			15s	60s	10min		
高中对低及地	8000	15000	36000	1.8750	2.4000	5000	5200	5700	1.0400	1.0962
低对高中及地	5000	16000	37000	3.2000	2.3125	3700	4200	4400	1.1351	1.0476
测试环境	温度：18℃　湿度：25%　油温：32℃					温度：3℃　湿度：30%　油温：4℃				
试验仪器	3121 绝缘电阻表					3121 绝缘电阻表				

---

❶、❷　引用自《输变电设备状态检修试验规程》（DL/T 393—2010）。

表 1 - 15　　　　　　　　　　　绕组介质损耗因数试验数据

试验方式	上次试验结果（折算至20℃）	本次试验结果（折算至20℃）
高中对低及地介质损耗因数/%	0.4078	0.5580
低对高中及地介质损耗因数/%	0.4991	0.5131
测试环境	温度：18℃　湿度：25%　油温：32℃	温度：3℃　湿度：30%　油温：4℃
试验仪器	XD6101 介质损耗因数测量仪	XD6101 介质损耗因数测量仪

变压器内部 H_2 的来源可能有 H_2O、绝缘油、绝缘纸板、绝缘木块、绝缘漆[1]。H_2O 在强电场作用下水分子汽化而产生气泡，气泡的介电常数小于油的介电常数，易电离产生 H_2 和 O_2；绝缘油主要由烷烃、环烷烃、芳香烃 3 种烃类构成（均为 C、H 化合物），在电弧、局部放电、高温、油氢化裂解的情况下会分解产生烃类气体及 H_2；绝缘纸板的主要成分为纤维素、半纤维素及木质素（均为 C、H、O 化合物），在电弧、局部放电时会分解产生烃类气体及 H_2、CO_2、CO；绝缘木块的主要成分为纤维素，与绝缘纸板一样，在电弧、局部放电时会分解产生烃类气体及 H_2、CO_2、CO；变压器装配前，为防止铜、铁及不锈钢材料作为催化剂加速绝缘油裂解，变压器内部裸露金属上覆盖了绝缘漆层，在绝缘漆未彻底固化的情况下会产生 H_2。

对该变压器绝缘油含气量进行分析如下：烃类气体均无明显变化，可以排除绝缘油、绝缘纸板、绝缘木块分解产生 H_2 的情况；经查阅往年绝缘油色谱试验报告，投运初期并未发现 H_2 含量明显增长，可排除绝缘漆因固化不彻底产生 H_2 的情况，且绝缘油微水超标。因此，基本可以推测 H_2 来源于 H_2O 的电离分解。

在油纸绝缘系统含水量达到平衡的情况下，绝缘纸板、绝缘木块的吸水性较绝缘油更为严重。因此，在绝缘油受潮的情况下，也可判断油纸绝缘系统的整体绝缘性能下降。通过该变压器绕组绝缘电阻下降、介质损耗因数增长、吸收比与极化指数减小等试验结果，也可印证该变压器绝缘受潮。

2. 成因分析

变压器器身绝缘材料主要包括绝缘油、油纸绝缘系统（绝缘纸板、绝缘纸、成型绝缘件），绝缘受潮的本质原因是由绝缘油及油纸绝缘系统吸水性造成。绝缘油在干燥处理及温度升高后对水分的溶解性明显增强；绝缘纸板、绝缘纸、成型绝缘件最主要的成分是纤维素，纤维素耐油且不溶，纤维呈管状，纤维之间呈多孔状，因此具有很强的吸湿性[2]。变压器制造阶段干燥不彻底，运行过程中外界水分的侵入都会导致变压器绝缘受潮。

结合上述分析，对该变压器受潮具体原因判断如下：

（1）制造工艺限制。该变压器制造时间为 1996 年，受限于当时绝缘材料标准、真空处理技术等制约，绝缘材料性能与关键工艺要求（高真空、器身干燥）均与现阶段有较大差距，绝缘油与油纸绝缘系统的含水量偏高，变压器整体绝缘水平较低。

---

[1]　引用自《变压器油中溶解气体分析和判断导则》（DL/T 722—2014）。

[2]　引用自北京电机工程学会等，《大型变压器现场真空煤油汽相干燥技术》，中国电力出版社，2015。

图 1-37 潜油泵渗漏情况

（2）运行状况不良。自运行以来，该变压器已投运20年，包括潜油泵负压区在内的多个位置均存在不同程度的渗漏缺陷，如图1-37所示。负荷及环境温度降低时绝缘油收缩或潜油泵启动产生的负压均会造成不同程度的内外压差，导致外界水分通过渗漏点进入变压器内部，造成绝缘受潮。

（三）检修方案

1. 方案简述

为保证器身绝缘性能，对绝缘受潮后的器身应进行干燥处理。在现场一般采用热油喷淋、零序电流加热、油箱涡流加热、热风循环、热油循环等干燥方式处理❶，上述干燥方法的功能特点见表1-16。

表 1-16　　　　　　　　　　　现场干燥方法功能特点

干燥方法	加热温度	干燥时间	干燥效果	清洗效果	优 缺 点 分 析
热油喷淋	高	较短	很好	好	加热快且均匀，成本低
零序电流加热	比较高	比较长	较好	无	加热不均匀，加热较慢，一般作为辅助加热
油箱涡流加热	比较高	很长	较好	无	加热很慢，人力成本高
热风循环	高	比较长	好	无	加热比较慢，现场工艺控制复杂
热油循环	比较低	很长	一般	好	加热温度低，带油干燥，无法处理严重受潮

（1）热油喷淋用变压器油箱作为真空罐，使油箱不断地保持在半真空与全真空状态，并将热绝缘油从变压器器身上部喷淋到铁芯、线圈，热量一部分由喷淋的油流扩散至整个器身，一部分由油箱内不断升温的热空气传导至铁芯、线圈内部，利用高温、高真空度下绝缘材料含水量降低的特性❷（表1-17），使绝缘内部水分汽化扩散并抽至油箱外，从而提升器身的绝缘性能。具有干燥时间短、加热均匀、简便易行等优点，同其他4种干燥方法相比，该方法还可以在驱除水分的同时对变压器器身进行冲洗。

（2）零序电流加热通过将低压绕组短接，在高压绕组送入低频直流电流，使线圈产生接近于额定值的电流，利用电流在绕组中产生的热量进行加热，同时辅以抽真空将水分抽出，由于热量由绕组内产生，绝缘温度上升较快，易产生绝缘局部过热。

（3）油箱涡流加热将励磁线圈缠绕在变压器油箱周围，通过励磁线圈产生交变磁场，在油箱产生铁损对器身进行加热，由于漏磁损耗及油箱热损较多，加热效率较低，产生大量能源浪费。

（4）热风循环利用热空气循环对流对器身加热，同时分阶段对油箱抽真空，将水分逐渐抽净，具有加热较快、升温均匀的优点，但无法对器身进行清洗。

---

❶ 引用自《电力变压器检修导则》（DL/T 573—2010）。
❷ 引用自王娟，《绝缘材料微量水分的分析方法及其检测技术的研究》，合肥工业大学，2001。

（5）热油循环为带油干燥方式，加热温度不能过高，干燥效果不彻底，仅适用于变压器轻微受潮。

综上所述，选择采用热油喷淋方法对该变压器进行现场干燥。

表 1 - 17　　　　　　　　绝缘材料含水量与温度、真空度对应关系

残压/kPa	不同温度下绝缘材料含水量/%			
	60℃	80℃	100℃	120℃
100	2～3	1.4～1.5	0.3～0.5	0.2～0.4
48	0.9～2	0.6～1.0	0.2～0.3	0.15～0.2
6.65	0.4～0.8	0.15～0.5	0.06～0.1	0.02～0.09
1.33	0.1～0.4	0.05～0.3	0.02～0.15	0.04～0.07
0.665	0.06～0.07	0.02	0～0.01	0～0.01

处理时间：7 天

工作人数：6 人

2. 工作准备

工具：开口扳手（14mm、17mm、19mm、22mm、24mm、27mm、30mm、32mm）、活扳手（12″、15″、18″）、电动扳手、管钳、内六方、螺丝刀（一字、十字）、套筒、电源线、接地线

材料：液态氮、石棉布、汤布、白土、清洗剂、塑料布、毛刷

备件：工艺油（DB - 25 号绝缘油 5t）、螺栓若干、管路密封垫若干

设备：高真空泵、预真空泵、冷凝器、油加热器、油泵、过滤器、喷淋管、油管道、油箱底部电加热器、干燥空气发生器、真空计、热电偶、温湿度表、2500V 绝缘电阻表、万用表

特种车辆：起重吊车 25t

（四）缺陷处理

1. 处理过程

热油喷淋干燥工艺分为准备阶段、预加热阶段、加热阶段、高真空阶段和整理现场且五个阶段。

（1）准备阶段。干燥前需向油箱内注入 5t 工艺油，油量应控制在下夹件与线圈下沿之间，工艺油性能指标应满足[1]：击穿电压不小于 60kV，含水量不大于 10mg/L，90℃介质损耗因数不大于 0.005，颗粒度（>5μm）不大于 3000 个/100mL。测量线圈绝缘电阻作为干燥过程绝缘电阻变化的比对值。干燥前对器身的绝缘硬纸板试品进行含水量及聚合度测试，并记录相关数据。为降低变压器自身散热量，在变压器油箱外部和热油循环管路包裹石棉布作为保温层。

---

[1]　引用自《电力变压器检修导则》（DL/T 573—2010）。

注意事项：

一般变压器器身中预留有绝缘硬纸板试品，用于判断干燥效果及绝缘老化程度。若无测试试品，可在绝缘裕度较大部位剪取。

干燥系统各部分与变压器连接之前，应检查确认各设备技术参数及性能合格，参数要求见表1-18。

表1-18　　　　　　　　　干燥系统各设备技术参数要求

序号	设备名称	数量	技　术　参　数
1	罗茨泵	1台	≥500L/s
2	旋片泵	1台	≥150L/s
3	油加热器	1台	120~160kW
4	潜油泵	4台	≥70m³/h
5	油管道	50m	ϕ100mm
6	电炉	4台	2kW
7	工艺油	5t	击穿电压不小于60kV，含水量不大于10mg/L，tanδ（90℃）≤0.5，颗粒度（>5μm）不大于3000个/100mL
8	干燥空气发生器	1台	露点不大于-50℃
9	液氮	1瓶	-196℃
10	皮拉尼	1个	测量精度：0.1~1Pa，极限真空度：1.33Pa
11	指针真空计	1个	极限真空度-0.1MPa
12	热电偶	3个	测温范围：最高200℃，最低-100℃
13	绝缘电阻表	1个	2500V

热油喷淋干燥系统主要分为四部分。

第一部分是由潜油泵、加热器、喷淋管组成的热油喷淋回路，工艺油从变压器下部本体放油阀门通过潜油泵、加热器、变压器油箱上部阀门进入喷淋管，对器身进行加热和冲洗。喷淋管安装在器身两侧上夹铁与压板之间，如图1-38所示，喷淋管为不锈钢材质，喷淋孔多的一侧朝下，用耐油金属软管将喷淋管接至变压器上部阀门，如图1-39所示。在喷嘴附近设置观察孔，以及时了解喷淋情况。在上铁轭的油道、高压绕组及下铁轭绝缘上各安装1支热电偶，以监控器身温度。

第二部分是由潜油泵、过滤器组成的杂质过滤回路，工艺油从变压器下部冷却器汇流管阀门通过潜油泵、过滤器进入变压器另一侧下部冷却器汇流管阀门，实现工艺油净化。

第三部分是由真空机组、冷凝器组成的抽真空回路，从变压器上部阀门通过冷凝器、真空机组对变压器抽真空和水分收集。

第四部分是由干燥空气发生器组成的充气回路，从干燥空气发生器通过变压器上部阀门对变压器充入干燥空气。

真空热油喷淋系统如图1-40所示。

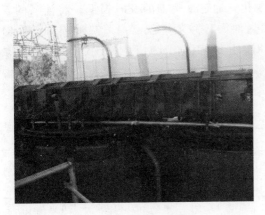

图1-38　两侧喷淋管

图1-39　耐油金属软管

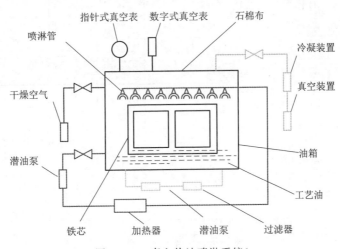

图1-40　真空热油喷淋系统*

　　安装后，应检查油箱密封情况，开启各部分阀门，从变压器本体充气打压至0.035MPa，保持12h压力应无明显变化，泄漏率符合要求。在不加热、不抽真空的情况下，投入循环喷淋系统，从观察孔了解喷淋效果，调节控制阀门，使喷油成细雾状。

　　在确认系统试压正常、喷淋系统正常后，准备阶段结束。

注意事项：

　　1. 电源回路应装设漏电及过流保护装置，当油加热时，如油泵意外停机或油过热时，必须及时断开加热器。

　　2. 为方便调节加热器出口油温，电加热器应具备分组加热功能。

　　3. 准备阶段空气湿度、暴露时间应参照变压器吊罩工艺执行。

　　（2）预加热阶段。在不损伤变压器绝缘的情况下，温度越高、真空残压越低，越有利于变压器绝缘内部水分的析出。预加热阶段的原理就是在半真空的状态下将变压器器身逐渐加热至温度指标，使器身绝缘里的水分汽化并逐渐从内层转移到外层。

　　操作时应先开启真空泵将变压器油箱残压抽至46.5kPa，然后投入滤油机、加热器为工艺油及器身预热。预热期间应观察油温变化，通过加热器的及时投退，将注入的工艺油油温控制在90~95℃，开启滤油机持续热油循环并喷淋至器身。热油喷淋的同时开启真空管路阀门，将变压器残压抽至46.5kPa并保持。在此过程中每小时测量并记录各测温部位的温度（铁芯、线圈、下铁轭绝缘）、加热器出口和进口温度、周围环境温度及油箱残压，见表1-19。

表1-19 预加热阶段干燥系统数据

测试时间		温度位置/℃						油箱残压/kPa	备 注
		铁芯	线圈	下铁轭绝缘	加热器出口	加热器进口	周围环境		
第1天	8：00	16	15	12	22	15	15	101.3	开启真空泵
	9：00	23	22	25	27	24	16	46.5	开启三组加热器
	10：00	26	25	28	32	25	18	46.4	
	11：00	28	28	31	38	25	18	46.5	
	12：00	30	31	34	42	27	19	46.3	
	13：00	32	33	36	49	29	19	46.5	
	14：00	34	35	39	56	32	19	46.2	
	15：00	36	38	42	62	35	19	46.5	
	16：00	38	40	44	68	37	19	46.5	
	17：00	40	43	47	72	39	17	46.1	
	18：00	43	45	50	78	41	15	46.3	开启四组加热器
	19：00	45	48	52	81	43	12	46.4	
	20：00	47	50	55	85	45	12	46.6	
	21：00	49	53	58	87	47	10	46.1	
	22：00	52	56	60	89	49	10	46.4	
	23：00	55	58	63	90	51	10	46.2	
	24：00	58	61	65	91	54	10	46.4	
第2天	1：00	60	64	68	92	57	11	46.5	
	2：00	63	67	71	91	59	10	46.3	
	3：00	65	69	74	92	61	10	46.2	
	4：00	68	72	77	92	63	10	46.4	
	5：00	71	75	79	92	65	10	46.5	
	6：00	74	78	81	92	67	11	46.1	停一组加热器
	7：00	77	80	83	91	69	12	46.4	

加热至铁芯、线圈、加热器出口温度达到要求指标（线圈部分：85~90℃，铁芯部分：80~85℃，加热器出口温度：90~95℃）时，预加热阶段结束。

注意事项：

1. 如热油喷淋管路压力升高，应考虑喷嘴或滤芯堵塞，需停机清理喷嘴或更换滤芯。

2. 变压器器身内部达到热平衡需要 6h 以上，在预加热初期阶段器身吸收热量较多，铁芯、线圈测量温度与工艺油温相差很大，需加强加热器出口温度监视，不得超过 90℃，防止出口工艺油温过高造成局部绝缘温度过高而老化。

3. 启动油泵应在抽真空之前进行，如干燥过程中因故停油泵，再启动油泵时应先破坏真空，否则油泵抽不出油。

4. 当进入到变压器内的工艺油温达不到 80℃ 时，可在油箱底部用电加热器辅助加热，为了保证加热均匀，应在电加热器与油箱底部之间插入薄钢板，油箱底部表面温度不能超过 100℃，以防止铁芯垫角的绝缘纸板老化。

5. 油温上升速度不得大于 10℃/h。加热初期绕组及其绝缘温升速度明显高于铁芯，温差超过 35℃ 的情况下，绝缘中析出的水蒸气容易在铁芯表面凝结，在有氧环境下水与铁发生反应，造成铁芯生锈。因此，在加热初期需通过控制油温上升速度来降低绕组及其绝缘与铁芯的温差。

（3）加热阶段。加热阶段的原理是在器身温度已经满足温度指标（线圈部分：85～90℃，铁芯部分：80～85℃，加热器出口温度：90～95℃）的前提下，提高变压器油箱真空度，增大器身内外压差，使绝缘内部水分进一步析出并抽至外部，同时利用干燥空气露点与绝缘纸含水量平衡的理论，不断向油箱内充入干燥空气，使绝缘纸中吸附的水分向干燥空气中迁移扩散，再利用高真空抽至外部。

操作时应在预加热的基础上（热油喷淋持续进行）对变压器继续抽真空，残压从 46.5kPa 降至 133Pa 以下后保持 6h，停止抽真空并向油箱内充入干燥空气（露点不大于 −45℃）至油箱残压升至 46.5kPa。循环往复此过程 8 次，持续时间约为 52h，加热阶段结束。

在此过程中每小时测量并记录各测温部位的温度（铁芯、线圈、下铁轭绝缘）、加热器出口和进口温度、周围环境温度及油箱残压，见表 1-20。

表 1-20　　　　　　　　　　　加热阶段干燥系统数据

测试时间		温度位置/℃						油箱残压/kPa	备 注
		铁芯	线圈	下铁轭绝缘	加热器出口	加热器进口	周围环境		
第3天	8：00	79	82	85	91	72	14	0.8	转入第二阶段
	12：00	80	85	87	91	80	18	46.7	第1次充至半真空
	18：00	80	85	87	92	86	17	48.1	第2次充至半真空
	24：00	80	85	88	91	88	6	47.2	第3次充至半真空
第4天	7：00	81	85	88	91	88	8	47.5	第4次充至半真空
	14：00	80	85	87	92	88	21	49.1	第5次充至半真空
第5天	4：00	80	85	88	92	88	10	48.4	第7次充至半真空
	11：00	80	85	88	91	88	19	48.2	第8次充至半真空

注意事项：

充入干燥空气后，若温度指标下降，应及时投退加热器使线圈、铁芯、加热器出口温度保持在要求指标内。

（4）高真空阶段。经过预加热、加热阶段，变压器绝缘内部大部分水分已经汽化、析出并抽至外界，水分析出速度逐渐降低，高真空阶段的原理就是通过延长加热及高真空时间将绝缘层中残余水分进一步抽走，并根据单位时间出水量、绝缘电阻值、残压变化率确定干燥结束时间。

加热阶段的最后一个循环后，在46.5kPa残压下开始热油喷淋，热油喷淋12h后抽真空至133Pa以下（高真空）并保持12h，高真空期间持续向冷凝器加入液态氮（冷凝温度控制在−75～−65℃），抽出的水蒸气经过冷凝器时凝结成冰，高真空结束时收集冷凝水并称重以监测单位时间内的出水量。之后充入干燥空气，使真空度降为46.5kPa，测量绕组绝缘电阻值 R_{15}、R_{60}，取油样进行微水、击穿电压、介质损耗因数测试。

循环往复此过程不低于3次，期间在每次循环的高真空阶段停掉真空泵1h测量残压变化率，过程数据见表1-21。

表1-21　　　　高真空阶段干燥系统数据

测试时间		温度位置/℃							油箱残压/kPa	备注
		铁芯	线圈	下铁轭绝缘	加热器出口	加热器进口	周围环境	冷凝器		
第5日	12：00	81	85	89	90	88	21	—	48.6	进入第三阶段
第6日	1：00	80	86	88	91	89	9	−68	0.85	抽真空、注液态氮
	14：00	80	85	88	91	89	20	—	46.4	第1次刮冰：580mL
第7日	2：00	81	85	88	92	89	7	—	54.9	抽真空
	14：00	80	85	88	91	88	22	−73	0.04	第2次刮冰：450mL
第8日	2：00	81	85	88	91	88	9	−71	54.3	抽真空
	14：00	82	86	89	92	89	20	−73	0.04	第3次刮冰：250mL

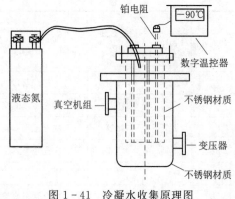

图1-41　冷凝水收集原理图

当 R_{60} 趋于稳定、冷凝水小于0.5kg/12h、油箱残压稳定（残压不大于133Pa且变化率不大于0.665kPa/h）时，将加热器、滤油机、真空机组停机，关闭加热器进口，高真空阶段结束，冷凝水收集原理如图1-41所示。

高真空阶段结束后，用干燥空气破真空，取箱底工艺油进行微水、击穿电压、介质损耗因数测试，取预留绝缘硬纸板试品进行含水量（≤1.0%）及聚合度（≥250）测试❶，然后打开滤油机出油口，把工艺油排放干净。

---

❶ 引用自《油浸式变压器绝缘老化判断导则》（DL/T 984—2018）。

工艺油排净后，将 500kg 合格绝缘油加热至 80℃，喷淋至器身将工艺油冲洗干净，充入干燥空气至正压 25kPa。

注意事项：

1. 抽真空过程中应监视绕组、铁芯温度，如低于 70℃，应转入加热过程进行再加热。

2. 冷凝水刮冰前应停止向冷凝器注氮，待冷凝器内温度升至 -40℃ 时打开内胆进行刮冰，减少空气中水蒸气冷凝对出水量准确性的影响。

（5）整理现场。清点工具，防止遗落，清理现场。

2. 处理效果

干燥前后分别对绝缘硬纸板试品含水量进行测试，低压侧围屏含水量降低 42%，高压侧围屏含水量降低 54%，可以反映出变压器绝缘含水量下降明显，测试数据见表 1-22。

表 1-22 　　　　　　　　　　　　　绝缘含水量记录 　　　　　　　　　　　　 %

测试时间	含 水 量	
	低压侧围屏样品	高压侧围屏样品
干燥前	0.96	1.28
干燥后	0.56	0.59

在高真空阶段进行了 3 次（每次测量周期 12h）出水量测试，可以看出随着干燥的深入，出水量逐渐下降，并在最后一次测量时达到干燥结束条件：出水量小于 0.5kg/12h，测试数据见表 1-23。

表 1-23 　　　　　　　　　　　　　出水量记录

次数	出水量（kg/12h）	测 试 周 期	
		开始时间	截止时间
1	0.58	第 6 日 2：00	第 6 日 14：00
2	0.45	第 7 日 2：00	第 7 日 14：00
3	0.25	第 8 日 2：00	第 8 日 14：00

在热油喷淋干燥的每个阶段，每 24h 利用半真空状态对该变压器取油进行 1 次微水、击穿电压、介质损耗因数测试，测试数据见表 1-24。随着干燥时间的延长，微水数值呈明显下降趋势，且曲线平稳，击穿电压呈明显上升趋势，90℃ 下高温介质损耗因数逐渐下降，均可以反映干燥过程中油纸绝缘系统的绝缘性能逐渐提升。

表 1-24 　　　　　　　　　　　　　绝缘油绝缘性能测试数据

次数	日期	击穿电压/kV	$\tan\delta$（90℃）/%	微水/(mg/L)	环境温度/℃	油温/℃	湿度/%	真空度/kPa	试验温度/℃	试验湿度/%
1	第 1 日	50.23	0.208	23.100	18	50	67	46.1	18	67
2	第 2 日	55.03	0.329	1.149	18	61	67	46.4	18	67
3	第 3 日	55.36	0.227	0.114	18	83	71	41.8	17	71

续表

次数	日期	击穿电压/kV	tanδ（90℃）/%	微水/(mg/L)	环境温度/℃	油温/℃	湿度/%	真空度/kPa	试验温度/℃	试验湿度/%
4	第4日	57.12	0.218	0.574	12	81	71	44.5	19	71
5	第5日	58.65	0.186	0.000	20	60	75	46.7	19	75
6	第6日	60.13	0.175	0.000	16	59	68	46.6	18	68
7	第7日	61.34	0.149	0.000	24	60	70	46.6	17	70

注　每24h为1次，共计7次。

在热油喷淋干燥的每个阶段，每24h利用半真空状态对该变压器进行1次绕组绝缘电阻测试，数据见表1-25，并在变压器装配完毕后，对该变压器绕组进行绝缘电阻及介质损耗因数测试，数据见表1-26，以检测变压器的整体绝缘水平。

表1-25　　　　　　　　　　　绕组绝缘电阻变化情况

次数	日期	时间	绝缘电阻/MΩ						温度/℃				湿度/%
			高中压侧			低压侧			环境	器身	线圈	工艺油	
			15s	60s	吸收比	15s	60s	吸收比					
1	第1日	17：00	80	80	1.00	40	40	1.00	18	80	80	83	55
2	第2日	21：00	2300	3000	1.30	1000	1200	1.20	14	80	80	83	68
3	第3日	3：00	2000	2800	1.40	1100	1300	1.18	12	80	80	81	65
4	第4日	11：23	2700	3500	1.30	2300	3400	1.48	20	78	73	60	70
5	第5日	11：50	3500	5000	1.43	2600	4500	1.73	16	77	74	59	49
6	第6日	12：35	6000	10000	1.67	2600	4000	1.54	24	78	74	61	35
7	第7日	14：30	8000	13000	1.63	4000	7200	1.80	24	73	59	60	40

注意事项：

绝缘电阻测试必须在半真空状态下进行，否则会因真空度的影响导致绝缘电阻数值失真。

表1-26　　　　　　　　　　　绕组介质损耗因数变化情况　　　　　　　　　%

次数	日期	时间	介质损耗因数	
			高中对低及地（折算至20℃）	低对高中及地（折算至20℃）
1	第1日	17：00	0.5630	0.5218
2	第2日	21：00	0.5793	0.5294
3	第3日	3：00	0.5345	0.4836
4	第4日	11：23	0.4260	0.4285
5	第5日	11：50	0.3463	0.3284
6	第6日	12：35	0.2863	0.2347
7	第7日	14：30	0.2238	0.1692

从数据中可以看出，线圈的绝缘电阻值 R_{60} 随干燥时间的延长呈明显的平稳上升趋势，吸收比明显上升。绕组介质损耗因数随干燥时间的延长整体呈上升趋势，特别是在高真空阶段迅速下降且符合标准（介质损耗因数不大于 0.005）。变压器整体绝缘性能显著提升，器身干燥效果良好。

（五）总结

（1）热油喷淋干燥技术是一种成本低、效率高的变压器现场干燥技术，可以有效地处理大型电力变压器器身受潮缺陷。

（2）热油喷淋干燥技术采用热油、空气同时作为导热介质，有安全性高、稳定性好、升温快、加热均匀的优点，在器身加热的同时还能实现器身冲洗；但在设备操作、数据采集工作中需要大量的人力劳动，在集成化、自动化程度上仍需进一步改进提升。

（3）热油喷淋干燥为有氧干燥，易发生铁芯生锈、绝缘老化。在条件允许的情况下，可以使用现场煤油气相干燥，以煤油、煤油蒸汽替代绝缘油、干燥空气为导热介质，保证无氧干燥环境，更可进一步提高加热温度，使干燥效果更为彻底。

第二章
变压器套管

第一节　概　　述

一、变压器套管用途与分类

变压器套管是将变压器内部高、低压引线引到油箱外部的绝缘部件，作为引线之间及引线与箱壳之间的绝缘，同时担负着固定引线的作用，并且也是载流元件之一。

变压器套管按主绝缘结构，可分为非电容式和电容式；按外绝缘结构，可分为电瓷式和硅橡胶式；按填充材料，可分为充气式、充油式及油气式；按应用场所，可分为交流套管、交直流套管及直流套管；按引线的引出方式，可分为穿缆式和导管式。

二、变压器套管原理及结构

（一）外绝缘原理及结构

套管外绝缘制作成伞形形状，以增加外绝缘爬电距离。为避免雨水顺伞裙滑落，形成水幕，导致伞间桥接，伞裙设计成为大、小伞裙相间的形式。

（二）主绝缘原理及结构

1. 非电容式套管

非电容式套管主要分为单瓷体绝缘套管（BD）、硅橡胶套管、复合式套管（BF）、带有附加绝缘的套管（BJ、BJL）及法兰式低局部放电套管，实物依次如图 2-1 所示。

2. 电容式套管

电容式套管分为油纸电容套管和干式电容套管两类。

（1）油纸电容套管。油纸电容套管如图 2-2 所示，为全密封结构，其通过强力弹簧将电容芯子、底座、上下瓷件、储油柜等连接在一起。各连接处都采用优质密封胶垫进行密封。电容芯子是套管的主绝缘，它在空心导电铜管外面用电缆纸紧包一定厚度绝缘层，在其外面再包一层铝箔，组成串联同轴圆柱电容器，使得电压较均匀地分配在电容芯子绝缘上，芯子用高质量绝缘油进行浸渍。

（2）干式电容套管。干式电容套管的基本原理与油纸电容套管相同，可分为环氧树脂浸纸和玻璃纤维浸环氧树脂两类。环氧树脂浸纸干式电容套管的主绝缘为环氧树脂在真空

(a)单瓷体绝缘套管(BD)　(b)硅橡胶套管　(c)复合式套管(BF)　(d)带有附加绝缘的套管(BJ、BJL)　(e)法兰式低局部放电套管

图 2-1　非电容式套管

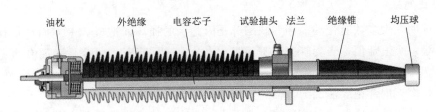

图 2-2　油纸电容套管的基本结构

状态下胶浸以高电气性能绝缘纸缠绕的电容芯子并经高温固化而成；玻璃纤维浸环氧树脂干式电容套管电容芯子用高绝缘性能玻璃纤维浸以超低黏度耐高温环氧树脂，经高温固化制成。

三、变压器套管常见缺陷及其对运行设备的影响

1. 过热

根据套管的致热原理不同，套管的过热可分为电流致热和电磁致热（电压致热）。

电流致热是指电流流经电阻而产生热量，这类故障比较容易发现，对于穿缆式套管，电流制热型的故障点一般为将军帽与导电杆连接处、握手线夹连接处、顶部引线排连接处等；对于导管式套管，电流致热型问题一般为套管底部接线排、握手线夹、顶部引线排连接处等。

电磁致热是指电压作用引起的过热，常见原因包括套管受潮、套管绝缘老化、漏油等几种类型。此类问题相对温差较小，前期不易发现，当问题出现时通常已较为严重。

2. 放电

套管的放电主要包括沿面放电、局部放电、贯穿性放电及末屏对地放电，对变压器的安全运行会产生严重影响。

沿面放电是在固体绝缘和电气分界面上，按"放电现象—沿面放电—贯穿性空气击穿—闪络"的顺序出现。沿面放电比气体或固体单独存在时的击穿电压都低。

局部放电是由于绝缘材料绝缘性能不同，加上各种质量问题，其内部产生局部放电。

贯穿放电是指内部绝缘击穿，通常源于局部放电、套管过热或绝缘受潮等长期累积。

末屏对地放电的主要表现形式多为接触不良，早期变压器套管产品末屏故障以发生内部断线或松动的较多，主要是因为外部试验拆、装接地线时导电杆转动，使内部引线脱落或松动。

3. 渗漏

套管的渗漏是变压器运行中的常见缺陷，渗漏油可能为变压器油，也可能为套管内部油。变压器油渗漏部位一般位于套管法兰及套管顶部两处。内部油渗漏部位一般为油样活门、末屏、瓷套粘接处、套管油位计等。套管内部油渗漏会导致套管油位降低，当油面低于电容芯子时，易使套管过热，甚至使套管绝缘受到损伤，严重影响变压器的安全运行，应及时补油。但需考虑油位计指示异常是否由于自身故障所导致。

4. 绝缘损坏

实践证明，大多数套管的损坏和缺陷都是因绝缘的损坏而造成。一方面，套管的绝缘电阻并不是一个恒定值，当套管表面脏污吸收水分、表面有灰尘、瓷件表面有污垢及套管内部进入潮气时，会使套管绝缘性能降低严重，易引起套管过热甚至放电、炸裂等情况；另一方面，套管内部绝缘油及绝缘会随着套管运行年限的增加而裂化分解，导致绝缘性能降低，绝缘性能的降低导致套管过热，从而进一步降低其绝缘性能。变压器套管处在恶劣环境中或经受不良工况时，也会对其绝缘性能产生不良影响，过热、过电压及短路冲击等都会对套管的绝缘造成损伤。

第二节　变压器套管检修典型案例

一、套管将军帽旋紧不到位处理

（一）设备概况

1. 变压器基本情况

某交流 220kV 变电站 1 号变压器为哈尔滨变压器厂生产，型号为 SFSZ10 - 180000/220，于 2005 年 7 月 15 日出厂，2006 年 9 月 3 日投运。

2. 变压器主要参数信息

联结组别：YN，yn0，yn0，d11

调压方式：有载调压

冷却方式：油浸风冷（ONAF）

出线方式：架空线/架空线/架空线（220kV/110kV/35kV）

开关型号：CMⅢ - 500Y/63C - 10193W

使用条件：室内□　　　　室外☑

（二）缺陷分析

1. 缺陷描述

红外测温发现，该变压器中压侧 Bm 相套管头部温度较 Am、Cm 相偏高，最大温差达到了 77.1℃，红外测温图谱如图 2-3～图 2-5 所示。

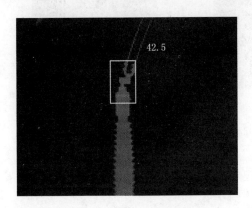

图 2-3　Am 红外测温图谱*

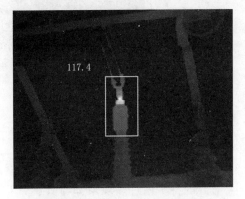

图 2-4　Bm 红外测温图谱*

相对温差 δ 为

$$\delta=\frac{T_1-T_2}{T_1-T_0}\times100\%　　　（2-1）$$

式中：T_1 为发热相套管头部温度；T_2 为最低相套管头部温度；T_0 为环境参照体温度，即环境气温。

在本案例中，T_1 为 117.4℃，T_2 为 40.3℃，T_0 为 36℃，经计算 $\delta=94.7\%$。

对于金属部件间的连接：130℃≥热点温度≥90℃或 δ≥80%，但热点温度<90℃为严重缺陷[1]。

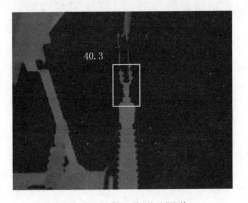

图 2-5　Cm 红外测温图谱*

此套管头部过热缺陷为严重缺陷，需立刻安排停电进行检修。

2. 成因分析

（1）缺陷查找。查阅检修记录，该相套管曾因将军帽松动发生过过热的现象，当时对将军帽进行紧固处理后，缺陷消除。但变压器投入运行一段时间后，过热缺陷再次发生。根据上次检修结果与将军帽结构，初步判断故障应位于套管将军帽处。对将军帽进行拆解，查找故障成因。

1）检查发现该将军帽仅有 4 条固定螺栓。

2）拆除将军帽的固定螺栓。经检查，固定螺栓未发生过滑丝、脱扣的现象，紧固到位。用 25N·m 力矩扳手将将军帽旋紧到位后，留下标记，发现将军帽固定螺孔与法兰盘固定螺孔之间位置偏差了 30°，如图 2-6 所示。

---

❶ 引用自《带电设备红外诊断应用规范》（DL/T 664—2016）。

3）检查套管导电头，其外螺纹上存在过热烧蚀痕迹，如图 2-7 所示。

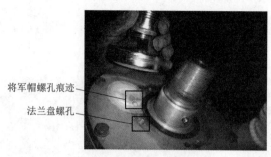

将军帽螺孔痕迹

法兰盘螺孔

图 2-6　螺孔偏差情况*

图 2-7　导电头处过热痕迹*

4）检查密封胶垫，发现其未发生变形，且密封效果良好。

5）取出定位销，发现有轻微形变。

（2）缺陷分析。该缺陷是由于将军帽固定螺孔数量偏少，导致旋紧不到位，引发过热。大部分的将军帽过热现象都与其旋紧状态有关。

将军帽旋紧过程中，其内螺纹上表面与导电头外螺纹下表面接触，是一个由将军帽内螺纹抬起、导电头外螺纹爬升的状态，如图 2-8 所示。

由于将军帽内螺纹上方有一部分空隙，并不是全螺纹，如图 2-9 所示。旋紧过程中存在旋紧过度或不到位的情况，此时均会有部分螺纹露出，存在尖端放电的可能，从而导致过热；且当旋紧未到位时，内外螺纹的有效载流面积比正常状态要小，这也是过热隐患之一。

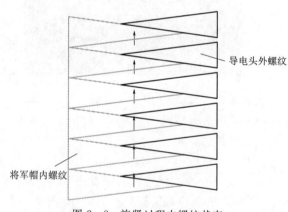

导电头外螺纹

将军帽内螺纹

图 2-8　旋紧过程中螺纹状态

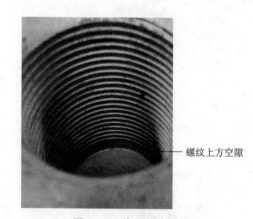

螺纹上方空隙

图 2-9　将军帽内螺纹

注意事项：

尖端放电不仅包含角尖放电，棱边在强电场的作用下，也会存在放电或电晕情况。

将军帽旋紧到位的状态：此时导电头上端面应未触及将军帽，且导电头定位销应恰处于其限位槽的最上端，如图 2-10 所示。

当将军帽使用一段时间后，其内螺纹或导电头外螺纹产生氧化膜或发生轻微锈蚀。此时发生过热缺陷，常通过加大紧固力，多旋紧一些角度，增大内外螺纹之间压力的方式来降低接触电阻。

过度旋紧确实会在短时间内降低内外螺纹接触电阻，解决过热缺陷，但从长远来看，过度旋紧会产生新的过热隐患：过度旋紧短时间会使导电头定位销发生弹性形变，导电头轴套会给定位销施加一个向下的压力，如图 2-11 所示。此时螺纹之间压力增大，接触电阻降低。当运行一段时间后，定位销由弹性形变转变为塑性形变，内外螺纹之间接触压力降低，此时过热再次发生。

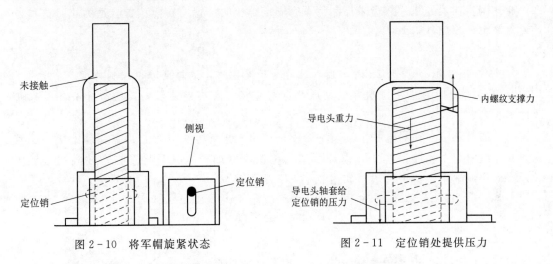

图 2-10 将军帽旋紧状态　　　　　图 2-11 定位销处提供压力

（3）过热原因。该套管将军帽仅有 4 个固定螺孔，将军帽旋紧后 2 个螺孔之间的调节角度为 90°，将军帽旋紧时，其固定螺孔距下一个法兰盘固定螺孔差 30°，存在螺孔无法对正的情况，如图 2-12 所示。此时为了安装固定螺栓，只能牺牲紧度，回退将军帽 60°。回退后，将军帽无法完全旋紧，内外螺纹间接触压力降低，有效载流面积减少；而且因为压力降低，导致内外螺纹咬合不够紧密，螺纹结合处易产生氧化膜，接触电阻升高，从而导致过热。

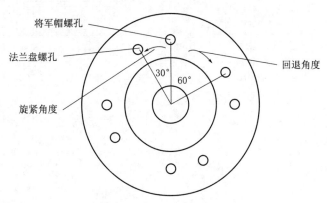

图 2-12 螺孔位置偏差示意图

（三）检修方案

1. 方案简述

对于固定螺孔过少导致将军帽旋紧不到位的情况，有打孔法、加铜片法和加铜环法三种常见解决办法。

（1）打孔法。将将军帽由 4 螺孔固定结构改为 8 螺孔，将其调整角度由 90°减少至 45°，以更好地平衡紧度和角度的关系，保证内外螺纹之间有足够压力，防止过热现象发生。

（2）加铜片法。在导电头顶部加垫铜片，使导电头与将军帽内端面直接接触，增大载流面积，如图 2－13 所示。

一般采用 0.1mm 厚的铜皮剪成直径比导电头直径稍小的圆形垫片，加垫在导电头顶部，通过调整加入的垫片数量来控制将军帽固定螺栓的位置，直至位置合适为止。这种方法操作简单，实用性强。

注意事项：

1. 铜皮应选用 0.1～0.2mm 厚度，过薄需反复操作，过厚则难以控制角度。

2. 所裁剪的圆形垫片应尽可能接近导电头直径，太小则易滑动，给套管头部带来新的过热隐患。

（3）加铜环法。在导电头上套装一个铜环，略大于导电头轴套，再在铜环上垫一层胶木垫。在旋紧将军帽的过程中，铜环压紧定位销，增加导电头与将军帽螺纹间的接触压力，降低接触电阻，避免过热，如图 2－14 所示。

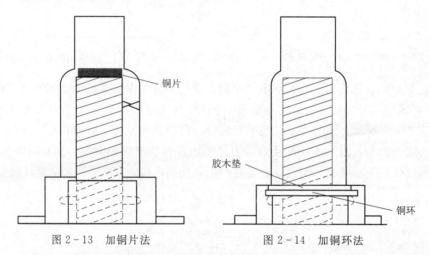

图 2－13　加铜片法　　　　　　　　图 2－14　加铜环法

但此方法受将军帽结构制约，并不适用于全部将军帽型式；而且胶木垫随运行时间增长会发生老化变形，给套管头部过热留下隐患。

经过综合对比分析，此次处缺工作采用打孔法，增加固定螺孔数量，将将军帽旋紧到位。

处理时间：6h

工作人数：3～4 人

2. 工作准备

工具：活扳手（12″）、锉刀、丝锥（10mm）、管钳、钢直尺、壁纸刀、铜丝刷、钢丝刷、钳子、划针、样冲、铁锤、手虎钳、电源线、接地线

材料：百洁布、棉纱、研磨膏、导电膏、砂纸、酒精、无毛纸

备件：套管顶部法兰盘×1、握手线夹×1、将军帽×1（包含配套螺栓、垫片和密封

胶垫）、80mm×70mm×3mm 密封胶垫×1

　　设备：手电钻、切割机

　　特种车辆：高空作业车

（四）缺陷处理

1. 处理过程

（1）修前试验。对变压器中压侧进行直流电阻测试，三相不平衡系数已超标❶，直流电阻试验不合格，数据见表 2-1。

表 2-1　　　　　　　　　　　修 前 直 流 电 阻 数 据

接线	直流电阻/Ω	三相不平衡系数/%
AmOm	0.07314	
BmOm	0.07487	2.78
CmOm	0.07282	

（2）将军帽打孔。

1）拟将将军帽由 4 螺孔改为 8 螺孔均布结构，首先用划针标记出要打孔的位置。

2）将将军帽放置于干净平整地面，用 3mm 样冲在将军帽目标孔位冲眼，辅助钻头定位，如图 2-15 所示。

3）用手虎钳将将军帽固定牢固，选用 10mm 的高速钢或高钻钢钻头，对准预留孔位用手电钻垂直钻孔，如图 2-16 所示。

图 2-15　标出打孔位置

图 2-16　标记位置钻孔

---

　　❶　引用自《电气装置安装工程 电气设备交接试验标准》（GB 50150—2016）与《输变电设备状态检修试验规程》（DL/T 393—2010）。

4）缓慢进刀，时刻调整钻头位置，待钻头主切削刀全部切入，确认位置正确后，再按正常速度进刀，以免孔位跑偏。

5）打孔完毕，待将军帽冷却后，用锉刀清除钻孔处毛刺，再用砂纸对钻孔周围进行细打磨，最后用无毛纸蘸取酒精擦拭干净。

注意事项：

1. 打孔前需检查手电钻状态，预先试钻，保证钻头无歪斜，切削刀未受损。

2. 受现场条件限制，此次使用手电钻打孔。有条件的应选用车床或台钻，加工精度更高。

3. 打孔直径不小于 6mm 时，严禁用手扶持加工件。

4. 对金属件打孔应适当降低转速、提升扭矩。

（3）过热部位处理。

1）使用铜丝刷，对将军帽的内螺纹与导电头外螺纹进行粗打磨，再使用砂纸或百洁布对其进行精细打磨，打磨完毕后用无毛纸蘸取酒精擦拭干净；用棉纱蘸取研磨膏，顺螺纹方向反复拉磨内、外螺纹，直至彻底去除氧化膜；再次用酒精进行清洁，然后涂抹 0.2mm 厚的导电膏进行保护。

2）更换导电头定位销。

（4）将军帽复装。

1）取下旧密封胶垫，将新品密封胶垫放在将军帽与法兰盘之间的密封位置，用 25N·m 的力矩扳手旋紧将军帽。

2）循环紧固将军帽固定螺栓，且保证紧固到位。

（5）握手线夹复装。

1）使用砂纸或百洁布对将军帽接线柱外表面以及握手线夹连接套孔内表面进行打磨，直至表面光洁，露出自然的金属光泽，然后用干净棉纱蘸取酒精擦拭干净。

2）等待表面彻底干燥以后，敷涂适量的导电膏。将握手线夹套放在将军帽的接线柱上，调整握手线夹的连接板方向与母线连接板方向一致，循环紧固压力板压紧螺栓直至紧固到位。

3）连接握手线夹连接板和母线连接板。

（6）修后试验。复测变压器中压侧直流电阻，试验数据见表 2-2。Bm 相直流电阻明显下降，与 Am、Cm 相基本保持一致，且三相不平衡系数在规定范围内[1]，证明过热处理完毕。

表 2-2　　　　　　　　　　　修 后 直 流 电 阻 数 据

接线	直流电阻/Ω	三相平衡系数/%
AmOm	0.07312	
BmOm	0.07308	0.36
CmOm	0.07286	

---

❶ 引用自《电气装置安装工程 电气设备交接试验标准》（GB 50150—2016）与《输变电设备状态检修试验规程》（DL/T 393—2010）。

（7）整理现场。清点工具，防止遗落，清理现场。

2. 处理效果

送电后，通过红外测温检测变压器中压侧 Bm 相套管温度，证实过热缺陷已消除。且运行至今未再发生过热现象。

（五）总结

（1）将军帽通过内外螺纹接触进行载流，绝大多数将军帽过热缺陷均与其旋紧状态有关。当其未旋紧到位时，由于接触压力不足，接触面易出现氧化膜，导致接触电阻偏高，从而引发过热；当其旋紧过度时，易造成螺纹损伤或定位销弯曲等情况，导致将军帽与导电头之间有效载流面积降低或接触压力不足，从而引发过热。

（2）旋紧将军帽确实可以通过增大内外螺纹接触压力的方式降低两者之间的接触电阻。但仍需严格检查其过热原因，当旋紧到位时发生过热，若采取旋紧的方式处理过热，不仅会导致定位销损伤，而且旋紧力过大时会损伤内外螺纹，使螺纹边缘弯曲或翘起，反而降低螺纹之间的有效载流面积，造成更严重的过热。

（3）若采用均布打孔方式增加螺孔数量无法使将军帽旋紧到位，可采取针对性打孔方式，即按照其上下螺孔偏差角度打孔。这种打孔方式加工难度大，精确度要求较高，必须要用台钻或车床严格控制角度，精确打孔，以免造成将军帽密封不良。

（4）当将军帽旋紧不到位时，内外螺纹贴合不紧密，运行中可能会发生电位差电焊现象。此时只能略抬起将军帽，取出定位销，然后提高将军帽与导电头，用切割机将导电杆或电缆截断，重新制作导电头并更换新品将军帽。

二、BRLW 型套管油位计指示归零处理

（一）设备概况

1. 变压器基本情况

某交流 500kV 变电站 2 号变压器为特变电工沈阳变压器集团有限公司生产，型号为 ODFSZ-400000/500，于 2012 年 5 月 1 日出厂，2015 年 11 月 15 日投运。

2. 变压器主要参数信息

联结组别：I，a0，i0

调压方式：有载调压

冷却方式：油浸自冷/油浸风冷（ONAN，70%/ONAF，100%）

出线方式：架空线/架空线/架空线（500kV/220kV/66kV）

开关型号：UCLRE 650/2400/III

使用条件：室内□　　　　室外☑

3. 220kV 套管主要参数信息

型号：BRLW-252/4000-4

额定电压：252kV

额定电流：4000A

电容量：649pF

生产厂家：特变电工沈阳变压器集团有限公司

（二）缺陷分析

1. 缺陷描述

巡视发现该变压器 A 相 220kV 套管油位指示归零，B、C 相 220kV 套管油位指示均在"8 点钟"位置，如图 2-17 所示。由于套管实际油面位置无法确定，存在较大的安全运行隐患。

图 2-17　套管油位指示归零

2. 成因分析

（1）油位下降的原因。造成套管油位指示归零有以下两种可能的原因。

1）套管储油柜实际油位确实到达油位计指示的最低点以下。导致套管实际油位下降，分为外漏与内漏两种情形。对于外漏，就是套管瓷套的粘接部位、瓷套与法兰密封部位、放气塞或末屏接地装置等位置密封不良，套管油自上述位置渗漏至套管外部。此种渗漏可从套管外部的渗漏位置直观看到，经检查该套管外部无任何渗漏情形，可排除套管外漏原因。

对于内漏，就是下节瓷套与法兰密封部位、下节瓷套与导电底座密封部位等位置密封不良，套管油自上述位置渗漏至变压器内部。由于套管储油柜为封闭结构，套管油渗漏至内外压差平衡后达到稳定状态，渗漏停止。此种渗漏可通过检查套管储油柜油位进行判断。

2）套管油位计自身故障。该型套管油位计是浮筒加连杆的机械结构，可能由于指针松脱或浮筒失灵造成油位指示归零，此种情形需取下套管油位计进行检查。

（2）实际油位检查。停电后对套管油位进行检查，打开抽空注油孔后，无负压进气情况，实际油位在套管储油柜中间偏上位置，油位正常，确认该油位指示归零缺陷是由于油位计自身故障造成。

注意事项：

检查套管油位也可借助红外测温等手段，但注意排除试验误差，此案例中采用红外测温手段未能检测出套管实际油位。

（3）油位计检查。套管储油柜结构如图 2-18 所示，将透明软管一端从抽空注油孔中伸入套管储油柜油面以下，将塑料桶放于略低于套管油面的位置，用针管连接软管另一端并将套管内绝缘油抽出，利用连通器原理将套管内绝缘油面排至套管油位计下边缘以下 20mm，如图 2-19 所示。

注意事项：

1. 由于储油柜为铝制而塞子为钢制，打开抽空注油孔时不可过度用力，若用力不当可能会导致螺纹损坏，产生金属碎屑掉入套管内部，影响绝缘，并且可能影响到套管储油柜密封。

2. 打开塞子后注意检查密封胶垫，视密封胶垫老化情况决定是否更换。

3. 放油完毕后及时装回塞子，防止灰尘杂物进入套管。

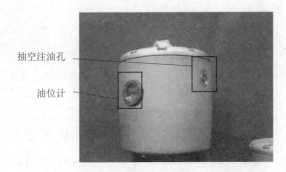

抽空注油孔

油位计

图 2-18　套管储油柜结构

图 2-19　套管排油

使用十字螺丝刀松开油位计表盘的 3 条固定螺栓，将油位计外倾 45°从套管储油柜上取下，如图 2-20 和图 2-21 所示。

图 2-20　拆除固定螺栓

图 2-21　取下油位计

经过对油位计进行检查，发现其浮筒为不锈钢材质的浮球，在球体焊缝处存在裂痕，晃动球体时能明显感觉出其内部存在液体，如图 2-22 所示。

注意事项：

1. 油位计上有 6 条螺栓，有凹槽的 3 条为与储油柜连接固定的螺栓，没有凹槽的 3 条为油位计自身表盘的固定螺栓。

2. 拆卸油位计时，注意用汤布在油位计下方盛接，防止绝缘油滴落。

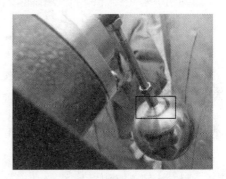

图 2-22　浮筒焊缝处的裂痕

（4）缺陷原因。造成套管油位计指示归零的原因为油位计浮球进油失去浮力，沉入储油柜底部，致使油位计一直指示在最低位置。

（三）方案简述

1. 处理方案

结合停电，针对上述套管油位计故障，采用实心浮筒的新油位计对其进行更换。

处理时间：4h

工作人数：2人

2. 工作准备

工具：开口扳手（8mm、10mm、12mm）、螺丝刀（十字）、刻度尺、塑料桶

材料：酒精、汤布、白土、玻璃针管、透明软管

备件：UZF-90TH型套管油位计1套、油罐1t（含0.5t合格绝缘油）

设备：无

特种车辆：高空作业车

（四）缺陷处理

1. 处理过程

（1）新油位计检查。更换工作开始前，用酒精对新油位计擦拭清洁，去除表面附着的灰尘杂质，检查油位计高、低油位指示是否正常，浮筒是否完好，连杆是否弯折，机械传动结构是否转动灵活，各部位紧固件是否紧固到位，如图2-23和图2-24所示。

图2-23 检查油位计指示位置　　　　图2-24 检查油位计浮筒及连杆

注意事项：

1. 即使型号相同，不同的套管厂家其使用的油位计形式各异，需提前查阅资料或向生产厂家进行确认，核实好安装尺寸。

2. 对于空心浮筒还需进行密封性检查，可采用油浸法进行测试，即将其完全浸入绝缘油中24h，其内部应无绝缘油进入。

（2）油位计更换。测量原油位计浮筒连杆长度，调整新油位计连杆长度与其一致；使用汤布蘸取酒精对油位计安装基座进行擦拭，清洁密封面；将密封胶垫置于新油位计定位槽中，然后倾斜角度将油位计的浮筒及连杆放入套管储油柜内；将新油位计表盘安装至储油柜上，依次紧固3条固定螺栓，保证密封良好，如图2-25和图2-26所示。

图 2-25　油位计安装　　　　　图 2-26　表盘紧固

注意事项：

1. 擦拭安装基座时，注意避免将灰尘带入套管内部。

2. 复装油位计时，不可一次将 1 条螺栓拧得过紧，要均匀紧固 3 条螺栓，防止损伤表盘。

（3）套管补油。将准备补油的塑料桶内壁擦拭干净，准备合格的绝缘油，用合格绝缘油对补油的针管及透明软管进行 2 次冲洗。

油位计复装完毕后，重新打开抽空注油孔，将塑料桶放至套管顶部高于注油孔位置，将软管一端插入塑料桶内，另一端放至低于桶内油面的位置，用玻璃针管将油抽出，形成稳定油流后，捏紧软管后插入抽空注油孔然后松手，将绝缘油注入套管内，如图 2-27 所示。注油过程中时刻注意油位计指针变化，油位应平稳缓慢上升，指针不应存在抖动及卡滞，如图 2-28 所示。补充绝缘油至正常油位后，将抽空注油孔重新密封，清理周围油迹。

图 2-27　套管补油　　　　　图 2-28　油位计指针变化

注意事项：

工作过程中应注意避免将绝缘油滴落在套管伞裙上，若不慎滴落，应及时清理干净，防止影响套管爬距。

（4）整理现场。清点工具，防止遗落，清理现场。

2.处理效果

套管油位计更换完毕后，油位指示正常，处理前后效果对比如图2-29和图2-30所示。

图2-29　套管油位计处理前

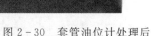
图2-30　套管油位计处理后

（五）总结

（1）对于油纸电容绝缘结构的套管，当绝缘油油面降低导致电容芯子暴露时，电容屏之间介质的介电常数改变进而造成电容量变化，导致层间电压分配不均，可能引起电容屏击穿。因此，当套管储油柜油位指示归零或指示不准时应提高警惕，尽快安排停电处理。

（2）套管实际油位判断时应缓慢打开套管顶部抽空注油孔，以判断储油柜内部是否存在负压，打开后要注意检查实际油面位置，判断套管有无内漏、绝缘是否存在暴露情况。

（3）套管油位计浮筒连杆长度选择应适宜，防止出现浮筒与储油柜内壁刮蹭；对于空心浮筒，必须进行密封性检查，防止出现渗漏造成假油位的情况。

三、套管末屏接地装置更换

（一）设备概况

1.变压器基本情况

某交流220kV变电站3号变压器为合肥ABB变压器有限公司生产，型号为SFSZ-180000/220，于2007年4月25日出厂，2007年7月24日投运。

2.变压器主要参数信息

联结组别：YN，yn0，yn0＋d11

调压方式：有载调压

冷却方式：油浸风冷（ONAF）

出线方式：架空线/架空线/架空线（220kV/110kV/35kV）

开关型号：UCGRN 650/600/I

使用条件：室内□　　　　室外☑

3.套管主要参数信息

该变压器110kV侧Cm相套管为抚顺传奇套管有限公司生产，型号为BRDLW2-126/1250-4，主要参数见表2-3。

表2-3　　　　　　　　　　套 管 主 要 参 数 信 息

型号	BRDLW2-126/1250-4	代号	OT548KMQ
编号	071959	电容量	435pF
额定电压	126kV	额定电流	1250A
雷电冲击电压	550kV	工频耐受电压	230kV
爬电比距	81mm/kV	重量	225kg

（二）缺陷分析

1.缺陷描述

该套管末屏接地装置接地帽的内丝扣与套管末屏底座外丝扣均严重损坏，造成套管末屏接地不良，无法有效密封，目前采取临时引出接地线接地并用封泥密封的方式运行，如图2-31和图2-32所示。此种处理方式若长期运行，可能会由于密封性不良导致套管绝缘受潮，影响套管绝缘性能。

图2-31　临时接地处理的套管末屏　　　　图2-32　末屏装置丝扣损坏情况*

通过套管末屏引出装置可以测量套管的电容量、介质损耗，从而判断套管的绝缘状况。运行中需保证套管末屏能可靠接地❶。若运行中套管末屏开路，套管末屏将形成悬浮高电位，继而产生放电，持续发展极易损坏套管绝缘❷。

2.成因分析

该套管的末屏接地装置类型为内置式，内置式套管末屏接地装置接地帽与引线柱连接方式分为弹簧片连接和直接接触连接，该末屏为直接接触连接。其套管末屏接地引线穿过

---

❶ 引用自《电力变压器检修导则》（DL/T 573—2010）。

❷ 引用自国家电网有限公司，《国家电网有限公司十八项电网重大反事故措施》，中国电力出版社，2018。

小瓷套通过对地绝缘的引线柱引出，引线柱外罩金属接地帽，接地帽拧紧后顶住接线柱，接线柱通过接地帽实现接地。末屏接地装置的接地帽内丝扣与底座外丝扣均为铝制，机械性能差，丝扣损坏的原因应为打开或回装套管接地帽时未对正内、外丝扣，强行松开或紧固时对丝扣造成了不可修复性的损坏。

（三）检修方案

1. 方案简述

针对上述缺陷情况，结合停电，采用与原套管末屏接地装置相同结构类型与规格尺寸的新品套管末屏接地装置对其进行更换。为缩短工作时间，采用不动套管、直接带油进行更换的方法。

处理时间：30h

工作人数：2人

2. 工作准备

工具：内六方、壁纸刀、压线钳（0.5～6mm²）、木槌

材料：酒精、汤布、白土、压接套管

备件：BRDLW2-126/1250-4套管末屏接地装置1套、DB-45号合格绝缘油1桶（30kg）

设备：介质损耗测量仪、2500V绝缘电阻表、万用表

特种车辆：无

（四）缺陷处理

1. 处理过程

（1）新品末屏接地装置选择。为保证新品装置可替换性，选择结构类型为直接接触连接的内置式末屏接地装置，且固定螺孔对角中心距60mm、螺孔直径10mm；为避免引线连接处发生电化学腐蚀，造成接触电阻过大，新品引线需选择与套管末屏引线相同的材质与规格。

为克服旧品末屏装置丝扣极易损坏这一缺陷，新品装置接地帽由原内螺纹改为外螺纹结构，相应底座外螺纹改为内螺纹结构，且接地帽采用机械性能更好的不锈钢材质，如图2-33～图2-35所示。

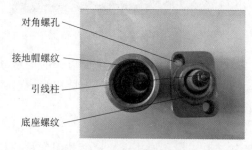

图2-33 旧末屏接地装置

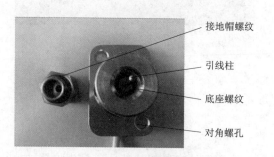

图2-34 新末屏接地装置

将末屏接地装置接地帽拆除，测量新品末屏对地绝缘电阻，经测试绝缘电阻大于1000MΩ，数据合格，末屏引线对地绝缘良好；将末屏接地帽复装，用万用表测量末屏接地装置的引线与底座之间导通良好，如图2-36所示。

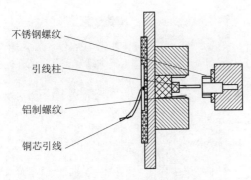
不锈钢螺纹
引线柱
铝制螺纹
铜芯引线

图 2-35　新品装置结构图

图 2-36　测量新品末屏装置

（2）更换前试验。拆除旧品套管末屏接地帽，采用 2500V 绝缘电阻表测量套管和套管末屏对地绝缘电阻；采用 10000V 正接线法测量套管介质损耗、电容量，采用 2000V 反接线法测量套管末屏接地装置的介质损耗、电容量，经测试试验数据均合格。

注意事项：

采用反接线法测量套管末屏接地装置的介质损耗、电容量时，电压应选取 2000V 挡，不可过高，防止套管末屏小瓷套击穿。

（3）旧品末屏接地装置拆除。拆除固定旧品底座的 2 条内六角螺栓，过程中，套管内部绝缘油会流出，需边拆除边用力压住末屏接地装置。螺栓拆除后，将末屏接地装置轻轻向外拉出 20～30mm，并迅速用汤布堵住套管末屏引线口，以免套管出油过多，拆除过程如图 2-37～图 2-40 所示。

图 2-37　拆除底座内六角螺栓

图 2-38　按压住末屏接地装置

注意事项：

1. 旧品装置拆除时需做好充足准备，尽可能减少套管出油量，保证更换过程中不致套管油位过低，这是此种更换方式能够实现的前提。若出油量过多，则必须采取吊下套管水平更换的常规方式。

2. 末屏装置底座有时会粘连在套管上，此时只需用工具轻轻敲击即可，但注意不可用硬物敲击，以免损伤底座。

3. 末屏装置向外拉出时，不要用力过猛，引线不要拉出过长，防止末屏引线与套管电容屏焊接处断开。

图 2-39 敲击末屏接地装置

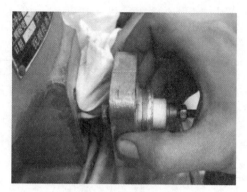

图 2-40 拉出套管末屏接地装置

（4）新品末屏装置引线连接。引线连接方法要根据连接引线种类、连接方式而确定，常用连接方法有绞合连接、紧压连接、焊接等。本案例中套管末屏引出线与末屏接地装置的连接线均为铜芯线，可采用压接套管紧压连接的方法，即将被连接的 2 根芯线插入压接套管，再用压线钳紧压套管使芯线保持连接。

压接套管结构分为圆形与椭圆形截面两种。圆形截面套管内可以插入一根导线，椭圆形截面可以并排插入两根导线，本案例采用圆形截面的压接套管压接。压接套管需选择与待压接芯线相同材质的铜制材料，压接套管的尺寸根据芯线的规格选择，两根芯线截面尺寸均为 1.5mm²，此处选择外径 4mm、内径 2mm、长度 15mm 的压接套管。常见的压接套管型号与适用导线的截面参数对照见表 2-4。

表 2-4　　　　　　　　压接套管型号与适用导线的截面参数对照表

序号	型号	尺寸/mm			适用导线截面/mm²
		d（内径）	D（外径）	L（管长）	
1	PNT1.7	1.7	3.3	15	1.0
2	PNT2.0	2.0	4.0	15	1.5
3	PNT3.0	3.0	5.0	15	2.5
4	PNT3.4	3.4	5.5	15	4.0

首先将接地装置侧引线绝缘层剥除，露出约 7.5mm 长的裸金属导线，将引线绝缘护套套在引线上，然后将 7.5mm 长度的芯线全部插入压接套管内，选择 2mm² 的钳口紧压套管，为保证连接可靠，可在压接套管上并排压两个压坑，如图 2-41～图 2-44 所示。

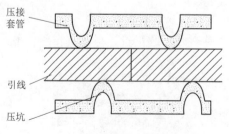

图 2-41 引线连接方式示意图

图 2-42 压接套管截面

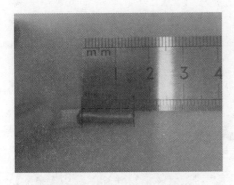

图 2-43 压接套管长度测量

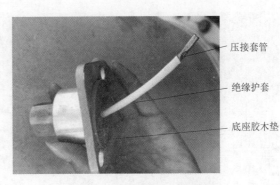

压接套管

绝缘护套

底座胶木垫

图 2-44 装置侧引线压接

将拉出的套管末屏引线在接线柱根部割断，剥出约 7.5mm 的裸金属导线，穿入底座密封胶垫，将套管末屏引线插入压接套管，用压线钳紧压。拉动绝缘护套套住压接套管，确保引线绝缘良好。工作过程如图 2-45～图 2-50 所示。

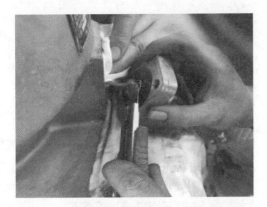

图 2-45 末屏引线切割

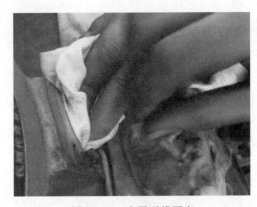

图 2-46 末屏引线固定

图 2-47 末屏引线插入

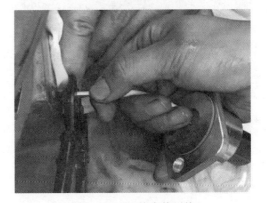

图 2-48 压接套管压接

注意事项：

1. 割套管引线的绝缘层时，应小心剥除，不可损伤引线的金属导线。

图 2-49　绝缘护套固定

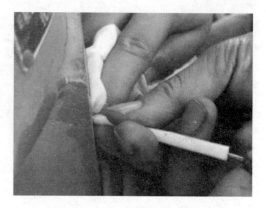
图 2-50　引线连接效果

2. 紧压连接前，应先清除导线芯线表面和压接套管内壁上的氧化层、粘污物，以确保接触良好。

3. 为保证引线连接可靠，前后两次冷轧方向应成直角，冷轧后如果出现尖角、毛刺等需及时处理。

4. 紧压连接时，一般情况下只要在每端压一个坑即可满足接触电阻要求，此例中为加强引线连接处机械强度，防止运行中套管末屏接地引线断线，选择在每端压两个压坑。对于较粗导线或机械强度要求较高的场合，可适当增加压坑数目。

5. 绝缘护套内径尺寸应略小于压接套管外径，使其能够固定在引线冷轧处而不窜动。

（5）新品末屏接地装置安装。连接好引线后，移除汤布，迅速将新品末屏接地装置复装，紧固装置底座固定螺栓，如图 2-51 和图 2-52 所示。

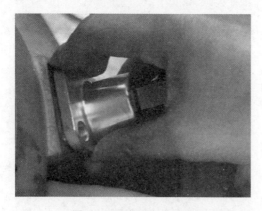
图 2-51　末屏底座对正

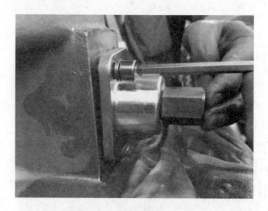
图 2-52　末屏装置安装

安装完成后，清理溢出的绝缘油。观察套管油位，虽略有下降，但仍在允许值范围内，无需补油❶。

---

❶　引用自《电力变压器检修导则》（DL/T 573—2010）。

注意事项：

1. 末屏接地装置复装时，需确保底座密封垫位置正确，必要时可预先将密封胶垫粘在密封部位。

2. 若发现套管油位低于最小允许值，应实施真空回油，避免混入空气使套管绝缘性能降低。

3. 补油时应优先选用同一油基、同一牌号及同一添加剂类型的油品，如果补充量大于 5%，需先测凝点，再做混油试验。

（6）更换后试验。重新测量套管和套管末屏对地绝缘电阻，测量套管和末屏接地装置的介质损耗、电容量，并与修前试验数据比对，测量结果均合格。

（7）整理现场。清点工具，防止遗落，清理现场。

2. 处理效果

对套管末屏接地装置进行更换后，该套管末屏接地可靠，密封良好，套管油位正常。投运后，变压器运行状况良好。

（五）总结

（1）此类套管末屏接地装置结构极易出现底座与接地帽丝扣损坏的缺陷，日常检修工作中，应结合停电加强对此类末屏接地装置接地帽部位的检查，防止出现接地或密封状况不良的情况。

（2）末屏接地装置引线尽量选择与套管末屏引线相同材质的材料，如果采用不同材质的芯线，如铝制芯线，由于铜与铝的标准电极电势不同，直接压接容易在接触面发生电化学腐蚀，引起接触电阻过大而过热，有可能造成引线故障。

（3）引线紧压连接必须可靠，以免变压器运行中出现套管末屏引线断线、末屏不能可靠接地的情况。绝缘护套要尺寸适宜，使套管末屏引线紧压连接处可卡在绝缘护套内，防止引线接地。

（4）若在更换过程中有气体进入套管内部，则必须对套管进行真空处理，防止气泡进入电容芯，降低套管绝缘水平，发生击穿现象。

四、BFW 型套管渗漏处理

（一）设备概况

1. 变压器基本情况

某交流 220kV 变电站 1 号变压器为合肥 ABB 变压器有限公司生产，型号为 SFSZ-150000/220，于 2008 年 9 月 5 日出厂，2008 年 12 月 24 日投运。

2. 变压器主要参数信息

联结组别：YN，yn0，d11

调压方式：有载调压

冷却方式：油浸风冷（ONAF）

出线方式：电缆/架空线/架空线（220kV/35kV/10kV）

开关型号：VCGRN 650/600/I

使用条件：室内☑　　　　　　室外☐

3. 套管主要参数信息

套管型号：BFW－40.5/3150－4

生产厂家：南京智达电气有限公司

（二）缺陷分析

1. 缺陷描述

该变压器 35kV 侧 Bm 相套管法兰出现渗漏，对该套管法兰螺栓进行紧固后，渗漏情况有加重趋势。目前，变压器套管法兰、升高座部位渗漏严重，油箱顶部及侧面均存在大量油迹，如图 2－53 和图 2－54 所示。

图 2－53　套管法兰油迹

图 2－54　油箱侧面油迹

2. 成因分析

（1）套管法兰结构。BFW 型套管法兰处结构如图 2－55 所示。该型号套管金属法兰与瓷套之间用水泥黏合剂连接，金属法兰平面与瓷套密封面应平齐。安装时套管金属法兰下压，通过黏合剂带动瓷套产生向下的压力，瓷套压台瓷面作为密封面将下方的 T 型密封胶垫压紧，起到密封作用。

按照设计要求，金属法兰螺栓紧固力矩为 20N·m，螺栓紧固到位后，7.5mm 厚的密封胶垫被压缩 1/3（2.5mm）。而密封胶垫限位槽深 4mm，因此密封胶垫应高于限位槽 1mm，瓷面与升高座法兰间不直接接触，应有 1mm 左右的间隙。

（2）套管法兰处受力分析。在安装过程中套管法兰下压时产生下压力 F_1，通过黏合剂对瓷套的 O 点产生一个剪切力 F_2。紧固力矩大于 20N·m 时，剪切力 F_2 有可能大于瓷套可承受的最大应力，导致瓷套破损，受力情况如图 2－56 所示。

若制造过程中出现套管法兰面与瓷套密封面不平齐的情况，则更易导致法兰处渗漏或瓷面破损，如以下两种情况：

1）瓷面内凹，如图 2－57 所示。若瓷面高于法兰面 1mm 以上，用 20N·m 的力矩紧固螺栓时，密封胶垫的压缩量将不足 2.5mm，套管对密封胶垫压紧力不足，可能导致渗漏。

2）瓷面不对称外凸，如图 2－58 所示。用 20N·m 的力矩紧固螺栓时，凸出较多的瓷面与升高座压紧，将受到过大的支持力，可能造成瓷套破损。

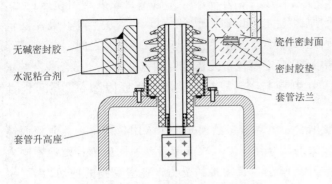

图 2-55　BFW 型套管法兰处结构图

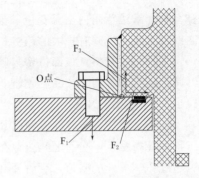

图 2-56　套管瓷套受力情况

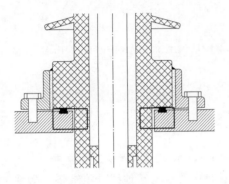

图 2-57　瓷面内凹

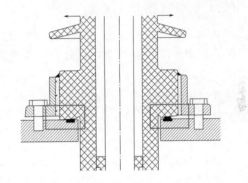

图 2-58　瓷面不对称外凸

注意事项：

若瓷面均匀外凸且尺寸不大，在法兰螺栓紧固力矩不超过 20N·m 且瓷面不与套管升高座接触的情况下，一般不会对套管造成较大影响。

（3）缺陷可能原因。从上述缺陷描述可知，渗漏点应位于套管法兰处，造成该部位渗漏的原因包括：①套管螺栓紧固不到位；②密封胶垫未固定在限位槽中；③密封胶垫老化、弹性不足，失去密封性；④套管瓷套损坏；⑤瓷套与套管法兰间水泥黏合剂松动。具体渗漏位置如图 2-59 所示。

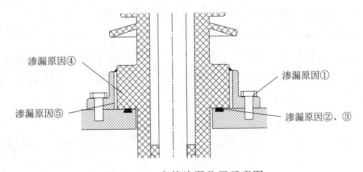

图 2-59　套管渗漏位置示意图

观察套管法兰与升高座间已无缝隙，用力矩扳手尝试紧固套管法兰螺栓，至 40N·m

时仍无任何紧固余量，排除原因①。在套管法兰、升高座、无碱密封胶处均匀涂撒白土，瓷套与套管法兰间白土无变色，排除原因⑤；15min后观察发现，套管法兰与升高座法兰之间白土变色，并有扩大的趋势，因此渗漏点位于套管法兰与升高座法兰之间。

查阅相关资料，该部位密封胶垫为T型定型垫，无搭接口，容易入槽，结合该台变压器其余同型套管均无渗漏的情况，初步判断与密封胶垫有关的渗漏原因②和③的可能性较小。

鉴于套管法兰与升高座间已紧密贴合，密封胶垫已被完全压入限位槽内，此时瓷面被压紧在升高座上，它们之间应存在较大的相互作用力，故推断渗漏原因应为：螺栓紧固力矩超过20N·m的限值，套管瓷套与升高座法兰直接接触受力，瓷套受到的剪切力 F_2 超过其可承受的最大应力值，造成瓷面破损，导致渗漏，即原因④。

（三）检修方案

1. 方案简述

结合停电，变压器排油，拆除套管检查其损坏情况，检查密封胶垫，更换套管和密封胶垫后真空回油。

处理时间：16h

工作人数：7人

2. 工作准备

工具：力矩扳手、开口扳手（17mm、19mm、24mm、27mm）、活扳手（12″）、电动扳手、临时油标管、壁纸刀、氮气减压器、油管、电源线、接地线、绝缘垫、脚手架

材料：胶皮、塑料布、汤布、白土、氮气、氮气管、毛刷、酒精、白布带

备件：BFW-40.5/3150-4型套管备件×1

设备：真空滤油机、直流电阻测量仪、油罐20t

特种车辆：无

（四）缺陷处理

1. 处理过程

（1）修前试验。拆除套管前，测量变压器直流电阻，作为修后直流电阻的参考值，判断修后套管油中引线是否连接牢固。经测量，$R_{Am\text{-}Om\text{ 前}}=0.011813\Omega$、$R_{Bm\text{-}Om\text{ 前}}=0.011876\Omega$、$R_{Cm\text{-}Om\text{ 前}}=0.011955\Omega$，相对误差 $\beta_{前}=1.2\%<2\%$ 符合要求❶。

（2）排油。关闭散热器本体侧汇流管阀门（BDF3-1.1-200×4）、电缆仓与本体间阀门（DN25×3）。拆除本体储油柜吸湿器，打开胶囊与储油柜间的连通阀门，从本体放油阀排油。自本体下部油样活门处连接临时油标管，用于观察变压器油位。当变压器油面低于35kV套管安装手孔20mm后，停止排油。

注意事项：

由于35kV套管手孔位于本体油箱侧面，出油量尽可能精确，以减少器身绝缘件的暴露。

---

❶　引用自《输变电设备状态检修试验规程》（Q/GDW 168—2008）。

（3）拆除套管。清理套管伞裙、法兰以及升高座上的灰尘和油污，防止更换过程中异物进入变压器内部。首先拆除套管顶部接线排，然后打开套管手孔法兰封板。在油中引线下方铺设塑料布，使之浮于油面之上并引出至手孔外，防止拆卸过程中螺栓、螺母掉落在变压器中。所用活扳手用白布带系紧，并绑扎在手腕上，拆除 35kV 引线与套管导杆间的连接螺栓。最后拆除套管法兰紧固螺栓。工作过程如图 2-60～图 2-63 所示。

图 2-60　拆除套管顶部接线排

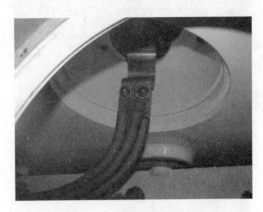

图 2-61　引线与套管连接部位

图 2-62　拆除油中连接引线

图 2-63　拆除套管法兰螺栓

两人对侧站立，竖直将套管缓慢抬出，套管抬升过程中设专人扶持，开始时先扶住套管顶部，防止倾覆；下瓷套露出后，扶持好下瓷套，避免其与升高座发生磕碰。将拆除套管送至地面水平放置，垫好胶皮，做好防滚动措施，如图 2-64 所示。

检查密封胶垫，密封胶垫充满限位槽、弹性良好且没有伤痕，如图 2-65 所示。检查套管，查看瓷套压台瓷面，发现瓷面较法兰面外凸约 1mm，瓷面上存在 3 条贯通裂痕，如图 2-66 和图 2-67 所示。确认渗漏原因为螺栓紧固力矩过大，造成瓷套直接与升高座接触受力，形成贯通瓷密封面的裂痕，破坏了密封面，绝缘油沿裂痕渗出所致。

注意事项：

1. 拆除油中引线时，必须采取可靠的防异物掉落的措施。

2. 为防止电动扳手套头、活扳手部件落入变压器内，拆除油中引线螺栓时严禁使用电动扳手和活扳手。

3. 拆除过程中应避免损坏引线绝缘层与软铜排。

4. 此案例中因设备位于室内且无行车，故采用人工抬升套管的方法，具备条件时建议采用起重吊车或行车等专用起吊设备起吊套管。

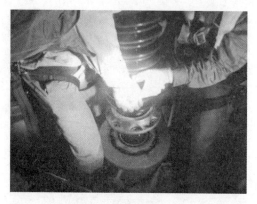

图 2-64　抬升套管

图 2-65　密封胶垫状况

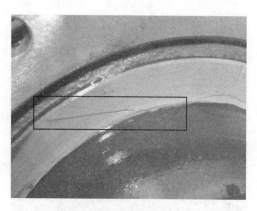

图 2-66　第 1 条裂痕*

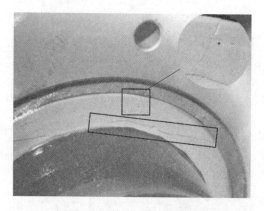

图 2-67　第 2、第 3 条裂痕*

（4）更换新套管。

1）检查备品套管。更换前应对新套管进行如下检查：

a. 套管瓷套有无破损。套管瓷套应完好无损，无磕碰掉瓷。

b. 查看套管金属法兰与瓷套密封瓷面是否平齐。套管法兰与瓷面应平齐，瓷面凸于法兰面不应超过 3mm，瓷面凹于法兰面或者与法兰面不对称凸出的套管严禁使用。

c. 套管金属法兰与瓷套粘接可靠。金属法兰与瓷套应用水泥黏合剂粘连紧密，无相对位移，密封胶密封良好。

d. 套管密封情况。套管所有密封部位密封良好，紧固到位。

e. 密封胶垫尺寸与质量。密封胶垫内外径尺寸与限位槽一致，厚度满足压缩量要求，材质良好，弹性充足。密封胶垫压缩量应在 1/3，此限位槽深度 4mm，压紧后瓷面与升高座法兰间留有 1mm 的理想间隙时，厚度应为 7.5～10mm。宜采用 T 型密封胶垫，T型密封胶垫被压缩后可充满限位槽，且边缘不会被挤压，既可保证密封效果，又能防止密封胶垫损坏。选用厚度为8mm的T型定型胶垫，压缩率为37.5%，符合要求。

注意事项：

1. 一般平垫的压缩量为密封胶垫厚度的1/3，T型密封胶垫或者O型圈可适当增大压缩量，但最大不能超过厚度的1/2。

2. T型密封胶垫下口尺寸以能充满限位槽为宜。

2）更换套管。清理限位槽与套管瓷套密封瓷面，用蘸有酒精的汤布擦拭密封面与密封胶垫，将密封胶垫放入限位槽中并按压到位。由于现场无起吊工具，安装时应两人抱住套管，垂直缓慢地将套管插入升高座法兰孔内，由于下瓷套与法兰孔间的间隙较小，应设专人扶持下瓷套，防止瓷套与升高座发生磕碰。

旋转调整套管角度，使套管导杆接线排与油中引线接线端子位置与取出时一致，对正套管法兰与升高座法兰的螺孔，对角均匀紧固螺栓，最终紧固力矩为20N·m。紧固到位后测量瓷面与升高座法兰间隙，约为1mm。连接油中引线，取出手孔内塑料布，安装手孔法兰封板。调整套管顶部接线排位置，恢复接线排。工作过程如图2-68～图2-71所示。

图2-68 更换新套管

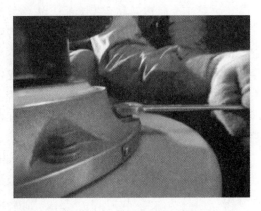

图2-69 紧固套管法兰螺栓

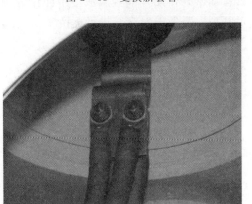

图2-70 连接油中引线

图2-71 连接顶部接线排

注意事项：

1. 在安装套管时，注意做好防倾覆与防磕碰措施。

2. 套管导杆接线排与油中引线接线端子位置应与取出时一致，防止出现 $180°$ 的偏差。

3. 套管法兰螺栓紧固力矩严格控制在 $20N·m$，过小会导致密封胶垫密封不严，过大则易导致瓷件破损。

4. 瓷面与升高座法兰间应保留合理间隙，一般约为 1mm 左右，瓷面与升高座法兰不得直接接触。

（5）回油、排气及调整油位。真空回油至正常油位；破除真空，关闭胶囊与储油柜间的连通阀门，安装吸湿器；打开散热器本体侧汇流管、电缆仓与本体间连通阀门；从套管、本体气体继电器放气塞处排气。

（6）修后试验。再次测量变压器直流电阻，$R_{Am-Om后}＝0.011834\Omega$、$R_{Bm-Om后}＝0.011913\Omega$、$R_{Cm-Om后}＝0.011967\Omega$，相对误差 $\beta_后＝1.1\%＜2\%$符合要求，说明套管油中引线连接牢固。

（7）整理现场。清点工具，防止遗落，清理现场。

2. 处理效果

更换套管后，经多日运行，该 35kV 套管法兰处无渗漏现象。

（五）总结

（1）对于金属法兰黏合型套管，法兰与瓷套的相对位置非常重要。法兰与密封瓷面应保持平齐，特别是瓷面不能凹入或倾斜，若瓷面凹于法兰面，则会导致密封胶垫压缩量不够，密封不严；若瓷面倾斜，则会因受力不均造成瓷套破损。若瓷面凸起，紧固力矩过大导致瓷面与升高座法兰直接接触，也会造成瓷套破损。

（2）法兰螺栓紧固力矩的限值是根据瓷套可承受的最大剪切力设定的，超过此限值，即使瓷面不与升高座法兰直接接触，也极有可能导致瓷套受损，所以在安装时紧固力矩必须符合规定值。

（3）对于此类型套管法兰部位的密封，密封胶垫尺寸的选择非常关键。过厚或过薄均会产生不良后果，特别是若选用的密封胶垫过薄，紧固时会导致瓷面与法兰直接接触，损伤瓷套。

（4）黏合套管法兰与瓷套的水泥黏合剂不具备油密封作用，故金属法兰不能作为密封面使用。水泥黏合剂起到力的传导作用，若出现开裂，需及时对套管进行更换。

第三章
分接开关

第一节 概　　述

一、分接开关用途与分类

变压器分接开关通过改变变压器的匝数比来调节电压，分为有载分接开关和无励磁分接开关两种。有载分接开关在变压器励磁和带负载的情况下改变分接位置，无励磁分接开关用于变压器无励磁的状态下变换分接位置。限于篇幅，本书对有载分接开关进行概述。

二、有载分接开关原理及结构

1. 组合式有载分接开关

组合式有载分接开关选择分接头和通断电流的过程分开执行，调压原理及基本结构如图 3-1 和图 3-2 所示。以 6 分接切换至 5 分接为例，起始时刻，负载电流由 K1 触头流过，单数层分接选择器动触头由 7 分接移至 5 分接；切换开关内 K1、K2 两触头跨接，负载电流由 K1、K2 触头内同时流过；切换开关内 K2、K3 两触头跨接，K1 触头断开，负载电流由 K2、K3 触头内同时流过，调压绕组 5、6 分接之间与过渡电阻 R1、R2 内形成循环电流；切换开关内 K3、K4 两触头跨接，K2 触头断开，负载电流由 K3、K4 触头内同时流过；K3 触头断开，负载电流由 K4 触头流过，切换过程结束。

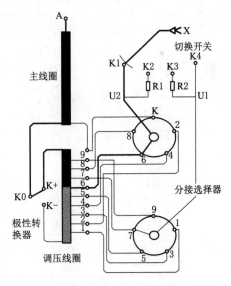

图 3-1　组合式有载分接开关调压原理

2. 复合式有载分接开关

复合式有载分接开关选择分接头和通断电流的过程同时执行，调压原理及基本结构如图 3-3 和图 3-4 所示。以 3 分接切换至 2 分接为例，起始时刻负载电流由触头 K 流过；主轴逆时针旋转，触头 K1、K 在 3 分接位置跨接，负载电流由 K1、K 内流过，触头 K2 移动至 2、3 分接位置中间；触头 K2 与 2 分接位置接触，触头 K 与 3 分接位置脱离，负载电流由 K1、K2 流过，调压绕组 2、3 分接之间与过渡电阻 R1、R2 内形成循环电流；触头 K 与 2 分接位置接触，触头 K1 与 3 分接位置脱离，负载电流由 K、K2 流过；触头 K2 与 2 分接位置脱离，负载电流由 K 流过，切换过程结束。

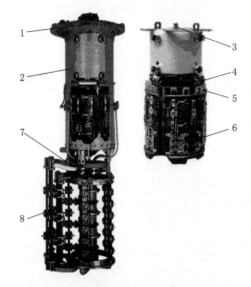

图 3-2　组合式有载分接开关基本结构

1—分接开关头；2—油室；3—绝缘传动轴；4—快速机构；

5—触头系统；6—过渡电阻；7—分接选择器；8—转换选择器

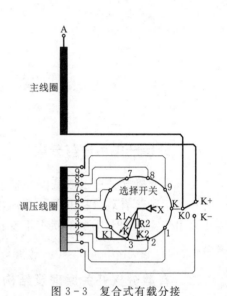

图 3-3　复合式有载分接
开关调压原理

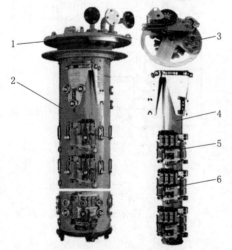

图 3-4　复合式有载分接开关基本结构

1—分接开关头；2—油室；3—快速机构；

4—主轴；5—触头系统；6—过渡电阻

三、有载分接开关常见缺陷及其对运行设备的影响

1. 绝缘缺陷

当分接开关长期运行时，绝缘油中杂质增多，品质劣化，可能导致绝缘油介质损耗增大、局部放电击穿等现象，进而影响切换开关的绝缘性能及触头熄弧。绝缘结构设计或制造不合理也会导致绝缘内部电场分布不均匀，发生局部放电。分接开关的固体绝缘多由纤维性材料构成，此类材料与水的亲和力强，易吸水，固体绝缘严重受潮时，其绝缘性能明显降低。

2. 密封缺陷

常见于有载分接开关头盖法兰、放气塞、储油柜、连接管路等处密封不严和焊缝虚焊、砂眼等缺陷造成的分接开关绝缘油渗漏，影响有载分

接开关油位。如果有载分接开关油室密封不良，与本体相通，可能使变压器本体绝缘油色谱监测中出现 C_2H_2 等特征气体，这也需要引起注意。

3. 切换开关与分接选择器缺陷

切换机构的动、静触头系统的紧固措施不当，长期运行可能会出现松动甚至脱落，出现严重放电。触头的异常磨损和弹簧的疲劳变形也导致触头接触不良，使触头过热，短时不影响变压器正常运行，但若任其发展可能会造成放电性缺陷。部分分接选择器存在刚性不足、变形量大的缺陷，造成动、静触头结合不到位、分接变换阻力大等问题，最终导致触头过热。

4. 电动机构缺陷

如果电动机构箱箱体密封不严，水分潮气极易进入，造成内部元器件腐蚀、电动机轴承锈死或传动轴与齿轮盒连接处轴承锈死等现象，导致无法调整分接位置。

分接开关与电动机构、电动机构与远控指示位置如果不一致，会引起分接开关拒动、断轴、分接程序错乱等问题，严重时会引起放电。

第二节　分接开关检修典型案例

一、直流电阻不合格分析与处理

(一) 设备概况

1. 变压器基本情况

某交流 35kV 变电站 1 号变压器为天津市变压器厂生产，型号为 SFZ7-16000/35，于 1993 年 2 月 12 日出厂，1994 年 6 月 6 日投运。

2. 变压器主要参数信息

联结组别：YN，d11

调压方式：有载调压

冷却方式：油浸自冷（ONAN）

出线方式：架空线/架空线（35kV/10kV）

开关型号：SYXZ-35/400-7

使用条件：室内□　　　　室外☑

(二) 缺陷分析

1. 缺陷描述

测量变压器高压侧三相所有分接的直流电阻，测试数据见表 3-1，高压侧 B 相双数分接直流电阻偏高，直流电阻不平衡系数超标❶。

---

❶ 引用自《输变电设备状态检修试验规程》（Q/GDW 168—2008）。

表 3-1 直流电阻测量值（温度：20℃）

分接头	R_{AO}/Ω	R_{BO}/Ω	R_{CO}/Ω	不平衡系数/%
1	0.1835	0.1846	0.1849	0.76
2	0.1778	0.1822	0.1790	2.45
3	0.1734	0.1748	0.1751	0.97
4	0.1694	0.1733	0.1703	2.28
5	0.1636	0.1652	0.1652	0.97
6	0.1603	0.1648	0.1605	2.78
7	0.1536	0.1553	0.1554	1.16

2. 成因分析

变压器直流电阻试验是一项方便且高效的考核绕组纵绝缘和电流回路连接状况的试验。它能够反映绕组匝间短路、绕组断股、有载分接开关接触状态不稳定以及导线电阻存在差异、触头接触不良等缺陷故障。

不同温度下的电阻值应换算到同一温度下进行比较，换算公式为

$$R_2 = R_1 \left(\frac{T+t_2}{T+t_1} \right) \tag{3-1}$$

式中：R_1、R_2 分别为温度 t_1、t_2 时的电阻值；T 为常数，对于铜导线 $T=235$，对于铝导线 $T=225$。

不平衡度的计算公式为

$$\mu = \frac{R_{\max} - R_{\min}}{\dfrac{R_{AO} + R_{BO} + R_{CO}}{3}} \times 100\% \tag{3-2}$$

（1）直流电阻不合格成因。以 YN，d11 接线方式为例，测量高压侧 C 相相间直流电阻时，变压器直流电阻测量电流回路如图 3-5 所示。根据其测量回路，直流电阻不平衡原因可以粗略分为测量部分、套管部分、有载分接开关部分、变压器内部绕组部分，以下逐一进行分析。

注意事项：

当测量无中性点引出的 Y 或者△接线时，可测量 AB、BC、CA 的线间直流电阻。

1）测量部分。直流电阻不平衡度超标时，首先考虑是否为测试仪器本身的原因。检查如下方面：①试验引线长度以及直径是否满足试验要求；②试验用的测量夹头是否与被测部位接触良好；③测试仪器电池电压是否充足。必要时更换试验仪器，并多次测量，对比数据，以排除测量误差。

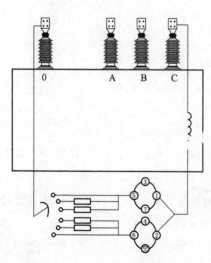

图 3-5 直流电阻测量电流回路

2）套管部分。本案例套管结构如图 3-6 所示，分析图中连接部位，可以得出可能导致直流电阻不平衡度超标的情况有：①握手线夹与套管将军帽之间接触不良；②将军帽与套管导电杆（电缆）之间接触不良；③套管导电杆（电缆）与引线之间接触不良。

前两种情况可由红外测温发现，通过重新紧固或更换将军帽、握手线夹解决；最后一种情况则需要拆开套管将军帽，单独对引线以及导电杆（电缆）进行测量，视情况对引线或者导电杆（电缆）进行更换。

需注意的是：当直流电阻试验合格时，仍有可能发生套管接头过热。这是由于将军帽与导电杆（电缆）之间的接触电阻相对于变压器整个直流电阻回路很小，对直流电阻的影响较小，未导致不平衡度超标。此时直流电阻试验数据表现为不平衡系数比历史试验数据大，但又未大于规定

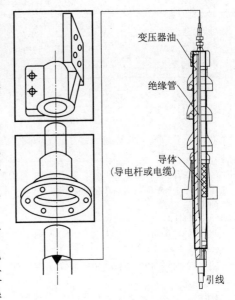

图 3-6　套管结构

值，主要原因为将军帽旋紧不到位或连接螺纹处存在氧化膜，可通过重新旋紧将军帽或除去氧化膜的方式解决。

注意事项：

1. 当试验测量夹头位于套管将军帽时，则无需考虑握手线夹对直流电阻的影响；同理，当试验测量夹头直接夹在导电杆（电缆）上时，则无需考虑将军帽与握手线夹对直流电阻的影响。

2. 测量直流电阻时需注意，不是所有的将军帽都导电，部分将军帽只起密封与支撑作用。

3）有载分接开关部分。有载分接开关接触不良在直流电阻不合格原因中占比较高，主要表现为直流电阻偏高，原因有有载分接开关触头不清洁、触头表面镀层脱落、动静触头接触不良以及烧损、弹簧压力不足等，需开展有载分接开关吊检查找并维修故障。

注意事项：

测试前应多次切换开关挡位，去除有载分接开关动静触头之间的氧化膜，降低接触电阻，以防影响直流电阻试验结果。

4）变压器内部绕组部分。以上原因皆排除后，若直流电阻不平衡情况仍存在，则判断其变压器内部绕组存在故障，主要由绕组与引线虚焊、脱焊、断线、压紧螺栓松动、绕组断股、层间短路、绕组烧损等造成。此类故障严重影响变压器运行，需立即开展变压器解体大修解决故障。

5）直流电阻试验故障现象分析。根据直流电阻试验结果可简单判断出一些故障原因，常见情形见表 3-2。

表 3 - 2　　　　　　　　　　常见直流电阻异常情况与故障原因对照表

直流电阻异常情况	故 障 原 因
一相双数（单数）分接直流电阻偏高，该相其余分接以及其余相的所有分接均正常	有载分接开关双数（单数）分接的独立回路有接触不良或者固定螺栓松动情况
一相所有分接直流电阻偏高，其余相的所有分接均正常	该相套管连接部分接触不良；变压器该相绕组引线接触不良
仅有某一相的某一个或几个分接直流电阻偏高	有载分接开关的选择开关部分上该相一个或几个分接的触头松动或接触不良
Y 接线：1 个线间电阻值不变，两个线间电阻值测不出。 △接线：2 个线间电阻值较正常值上升 1.5 倍，1 个线间电阻值为正常值的 3 倍	变压器绕组存在一相断股情况
Y 接线：1 个线间电阻值不变，2 个线间电阻值降为正常值的 0.5～1 倍。 △接线：2 个线间电阻值增至正常值的 1～3 倍，1 个线间电阻值降至正常值的 0～1 倍	变压器绕组存在一相匝间短路情况
Y 接线：1 个线间电阻值不变，2 个线间电阻值升高。 △接线：1 个线间电阻值不变，2 个线间电阻值升高	变压器一相绕组与引线接触不良
Y 接线：3 个线间电阻值测不出（阻值很大）。 △接线：1 个线间电阻值等于正常值的 3 倍，2 个线间电阻值测不出（阻值很大）	变压器绕组存在两相断股情况
Y 接线：3 个线间电阻都降至正常值的 0.5～1 倍，其中 1 个阻值低很多。 △接线：3 个线间电阻值都降至正常值的 0～1 倍，其中有 2 个的阻值低很多	变压器绕组存在两相匝间短路
Y 接线：3 个线间电阻值较正常值增大，其中有 1 个的阻值增得大得多。 △接线：3 个线间电阻值较正常值较大，其中有 1 个的阻值增得大得多	变压器两相绕组与引线接触不良

注意事项：

表 3 - 2 总结的为普适性规律，极小概率的偶然事件并未收录。例如：当 B 相选择开关有且仅有 1、3、5、7 分接的 4 个静触头同时松动，也会导致表 3 - 2 中的第一种情况（即 B 相单数分接直流电阻偏高）发生，但此种情况出现概率很低，故不再作为规律性判断依据进行总结。

（2）直流电阻数据分析。通过分析表 3 - 1 中直流电阻测量数据，结合变压器直流电阻回路，对照上述影响直流电阻不平衡的 4 部分原因查找缺陷。

1）通过反复测试的方式排除测量误差因素。

2）若故障点出现在套管连接不良的部位，则应为该相上所有分接位置直流电阻均偏高，与试验测量结果不符，故可排除套管连接故障。同理，若故障点位于变压器内部绕组，则故障相上所有分接直流电阻都应偏高，故排除绕组故障。

通过上面的分析，将故障位置确定在有载分接开关上。

（3）有载开关电流回路分析。分析有载分接开关电流回路，进一步查找故障位置。

1）切换开关部分。当切换分接到位时，测试电流通过切换开关的电路如图 3-7～图 3-10 所示。

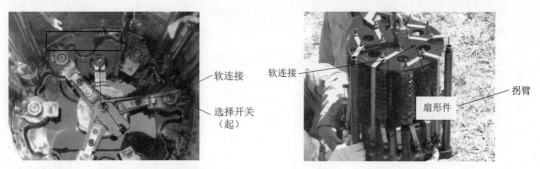

图 3-7　油室底部电流回路图*　　　　　　图 3-8　切换开关电流回路图*

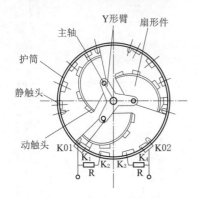

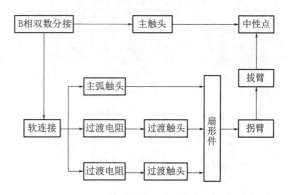

图 3-9　切换开关内部电流回路图　　　　图 3-10　切换开关电流回路等效连线图

综合电流回路图分析，缺陷可能为：①切换开关 B 相双数主触头动静触头接触不良，位置位于图 3-11 的①处；②切换开关 B 相双数主触头的静触头紧固螺栓松动，位置位于图 3-11 的②处；③切换开关 B 相软连接上下连接松动，位置位于图 3-11 的③处以及 3-12 的④处；④切换开关 B 相双数主弧触头连接片紧固螺栓松动，位置位于图 3-12 的⑤处；⑤切换开关 B 相双数扇形件与中性点连接不良，位置位于图 3-13 的⑥处；⑥切换开关 B 相双数主弧触头与扇形件接触不良，位置位于图 3-13 的⑦处。

图 3-11　油室底部连接点　　　　　　　图 3-12　切换开关外部连接点

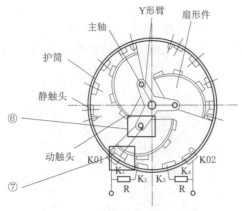

图 3-13 切换开关内部连接点

2）选择开关部分。对于 7 级调压的
SYXZ 型开关而言，其选择开关为单轴选择
器，采用分层间隔布置，每相的单数分接头在
上层，双数分接头在下层。电流在选择开关中
的回路如图 3-14 所示。

当切换到位时，选择开关动静触头接触，
其电流回路如图 3-15 所示。根据其选择器结
构可以得知，选择开关上存在缺陷可能为：
①B 相双数分接动静触头接触不良，位置位于
图 3-16 的⑧处；②B 相双数分接静触头松
动，位置位于图 3-16 的⑨处。

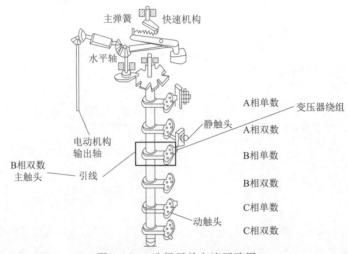

图 3-14 选择开关电流回路图

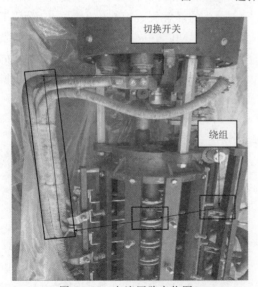

图 3-15 电流回路实物图*

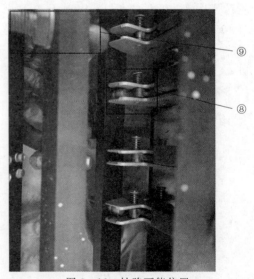

图 3-16 缺陷可能位置

3）切换开关与选择开关连接部分。切换开关与选择开关直接通过引线连接，造成缺陷的原因可能为：①B相双数分接引线与切换开关连接部位松动，位置位于图3-17的⑩处；②B相双数分接引线与选择开关连接部位松动，位置位于图3-17的⑪处。

（4）综合判断结果。与其他类型开关结构不同，SYXZ型开关主触头位于切换开关油室底部。当切换到位时，等效电流走向图如图3-18所示，从B相双数触头到中性点有两条并联的支路，其中主触头支路不需要经过切换开关。

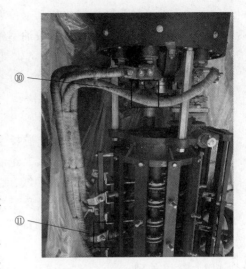

图3-17 连接部分缺陷位置

切换到位后，主触头回路的电阻远远小于通过主弧触头回路的电阻。根据并联电阻公式 $1/R_{并}=1/R_{弧}+1/R_{主}$，当 $R_{弧}\gg R_{主}$ 时，$R_{并}\approx R_{主}$，可以得知，此时主弧触头回路的电阻变化对整个并联电阻的影响可以忽略。

故对于SYXZ型开关而言：切换开关上的触头接触不良、固定螺栓松动以及软连接松动不会造成直流电阻试验中直流电阻偏高。当分接切换到位后，有载分接开关去除切换开关部分仍可正常工作，所以排除①、④、⑤、⑥、⑦位置影响直流电阻，可以进一步确定导致直流电阻不合格的原因为②、③、⑧、⑨、⑩、⑪中所列位置松动。

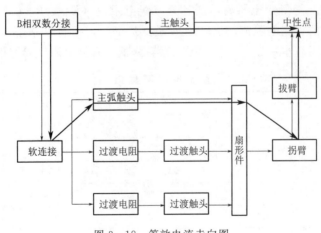

图3-18 等效电流走向图

注意事项：

此结论仅适用于SYXZ型有载分接开关，对于不同的开关型式需结合其结构进行针对性分析。

（三）检修方案

1. 方案简述

根据SYXZ型有载开关的结构，开展有载分接开关吊检工作，检查并修复切换开关B

相双数主触头的静触头紧固螺栓松动（位置②）、切换开关 B 相双数主触头动静触头接触不良（位置③）缺陷，同时更换开关油室绝缘油。修后复测直流电阻，若仍偏高，开展变压器吊罩检修，检查并修复⑧、⑨、⑩、⑪位置缺陷。

处理时间：6h

工作人数：5～6 人

2. 工作准备

工具：活扳手（12″）、下箱衣、游标卡尺、螺旋测微仪、U 型吊环、吊带、塞尺、T 型套筒、电动扳手、电源线、接地线、绝缘梯、壁纸刀、油管、油桶

材料：塑料布、酒精、汤布、砂纸、百洁布、白土、406 胶水、毛刷、无毛纸

备件：SYXZ 型开关各类触头以及配套垫片若干、12mm 胶棍 3m

设备：直流电阻测量仪、变比测量仪、油泵、油罐 2t（含 1t 合格绝缘油）

特种车辆：起重吊车 8t

（四）缺陷处理

1. 处理过程

（1）吊芯检修。参照《变压器分接开关运行维修导则》（DL/T 574—2010）对有载分接开关进行吊芯检修。

检查 B 相双数分接中②和③所示位置螺栓以及动静触头配合情况，发现主触头的静触头固定螺栓松动（位置②），且主触头的动触头未在静触头中间位置（位置③）。

微调动触头使动触头恰处于静触头中间位置，并紧固松动的静触头固定螺栓。

（2）修后试验。复测变压器高压侧各分接线电阻值（R_{AO}、R_{BO}、R_{CO}）并做好记录，测量所有分接挡位的直流电阻值，试验结果见表 3-3，B 相偶数分接直流电阻明显降低，与其余两相直流电阻基本一致，三相不平衡系数降低，直流电阻试验合格。

表 3-3 直 流 电 阻 测 量 值

分接头	R_{AO}/Ω	R_{BO}/Ω	R_{CO}/Ω	不平衡系数/%
1	0.1835	0.1846	0.1849	0.76
2	0.1778	0.1786	0.1790	0.67
3	0.1730	0.1745	0.1750	1.15
4	0.1694	0.1688	0.1703	0.88
5	0.1637	0.1648	0.1648	0.67
6	0.1603	0.1590	0.1605	0.94
7	0.1538	0.1552	0.1552	0.90

证明变压器直流电阻超标确为有载分接开关上述问题导致，且经检修已消除缺陷，无需再开展吊罩检修。

（3）整理现场。清点工具，防止遗落，清理现场。

2. 处理效果

经过对有载分接开关切换部分触头固定螺栓松动和配合不良缺陷的处理，开关各触头

完好，切换动作正确，调压功能正常，变压器高压侧直流电阻试验合格，符合运行要求。

（五）总结

（1）直流电阻试验可以简单、有效地检测整个变压器电流回路是否存在接触不良的情况。但由于检测范围过大，直流电阻不平衡的具体原因需结合测量数据、变压器结构、开关结构以及红外测温结果等因素进行综合判断。其中直流电阻数据的分析尤为重要，正确的分析可以缩小故障的判断范围，提高检修效率。

（2）SYXZ 型有载开关主触头的动静触头由于其特殊的配合方式，易发生接触部分配合不良和固定螺栓松动的问题。当直流电阻不合格时，此两处位置发生故障的概率远大于其他位置，检修时需重点检查。

（3）切换开关芯体触头接触不良与固定螺栓松动不会影响直流电阻试验结果，且在切换到位的情况下，对开关运行无影响。但芯体连接不良会使有载分接开关在切换分接时存在烧毁风险，故在开关吊检中，仍需严格对切换开关芯体部分进行检修。

（4）开展直流电阻试验后，需与历史数据进行对比，当发现三相不平衡系数较历史数据明显升高，即使未超过规定限值，仍应判断直流电阻存在问题，需依次检查全部可能的缺陷位置。

二、V 型有载分接开关口圈渗油处理

（一）设备概况

1. 变压器基本情况

某交流 35kV 变电站 2 号变压器为天津市电力工业局供电设备修造厂生产，型号为 SZ9 - 20000/35，于 1999 年 5 月 1 日出厂，1999 年 5 月 26 日投运。

2. 变压器主要参数信息

联结组别：YN，d11

调压方式：有载调压

冷却方式：油浸自冷（ONAN）

出线方式：架空线/架空线（35kV/10kV）

开关型号：SVⅢ - 500/35 - 1007

使用条件：室内☑　　　　　室外□

（二）缺陷分析

1. 缺陷描述

该变压器有载调压开关油室顶盖处渗漏严重，存在大量油污，渗出的油积存于油箱顶部，如图 3 - 19 所示。

2. 成因分析

（1）开关油室顶盖结构。开关油室顶盖主要由开关头部安装法兰、开关头部法兰、开关头盖、减速齿轮箱、爆破盖、排气阀、挡位视窗、回油管、抽油管、继电器连通管以及连通口组成，结构如图 3 - 19 所示。

（2）渗漏位置判断。根据上述结构，开关油室顶盖处存在 7 处渗漏部位。

1）开关头部法兰渗漏。开关头部的连接结构如图 3 - 20 所示，该变压器油箱顶部焊

减速齿轮箱
爆破盖
头盖
继电器连通管(R)
开关头部法兰

排气阀
挡位视窗
回油管(Q)
连通口(E)
抽油管(S)

图 3 - 19　有载分接开关顶盖渗油

接开关头部的安装法兰，为防止渗漏一般内、外都进行焊接。开关头部法兰用连接螺栓装在安装法兰上，通过密封胶垫进行密封。一般在安装法兰上开有盲孔，用以安装螺杆，盲孔的制作方法分为两种：一种是盲孔在制作时先贯通，然后在孔底补焊；另一种是在厚度较大的安装法兰上钻孔，孔深约为法兰厚度的 2/3，并不贯通。

　　从图 3 - 19 中可以看出，开关头部法兰处渗漏的原因有：①安装法兰材质存在缺陷或盲孔焊接不良；②安装法兰的内、外部焊缝同时焊接不良；③密封胶垫老化、损伤或螺母松动压缩不到位。

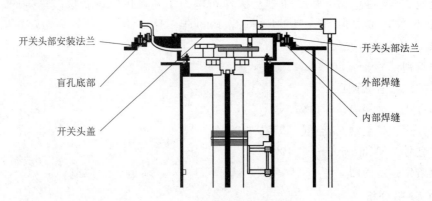

开关头部安装法兰
盲孔底部
开关头盖

开关头部法兰
外部焊缝
内部焊缝

图 3 - 20　开关头部的连接结构

　　2）开关头盖法兰渗漏。开关头部法兰及头盖结构如图 3 - 21 和图 3 - 22 所示，开关头盖法兰处渗漏一般为密封胶垫老化或紧固螺栓松动使密封胶垫压缩量不足而引起。

　　3）减速齿轮箱渗漏。减速齿轮箱通过两道密封圈与头盖密封，通过垂直传动轴轴封使齿轮箱内部与开关油室隔离，其密封结构如图 3 - 23 和图 3 - 24 所示。减速齿轮箱渗漏分为齿轮箱底座与头盖连接处渗漏和齿轮箱内部渗漏。前者一般由密封胶垫老化或压紧垫脚松动引起，后者为垂直传动轴轴封处密封不严，使开关油室的绝缘油进入齿轮箱内，进而从水平传动轴轴承处或顶部密封盖处漏出。

图 3-21　开关头部法兰

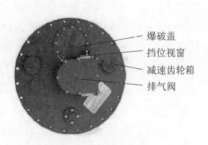
图 3-22　开关头盖

图 3-23　与头盖连接处密封

图 3-24　垂直传动轴轴封

4）爆破盖渗漏。爆破盖位置如图 3-22 所示，此处渗漏一般为密封胶垫老化、螺栓松动以及防爆膜破损引起。

5）排气阀渗漏。排气阀位置如图 3-22 所示，排气阀渗漏分为安装法兰渗漏和阀芯渗漏，安装法兰渗漏主要由密封胶垫老化或螺栓松动引起，而阀芯渗漏的原因可能为阀芯位置不正、压紧弹簧压力不足以及密封胶垫老化等。

6）开关挡位视窗渗漏。开关挡位视窗位置如图 3-22 所示，此处渗漏主要由玻璃视窗的密封胶垫老化、螺栓松动或玻璃破损引起。

7）连管法兰渗漏。开关连管结构如图 3-19 和图 3-21 所示，此处渗漏一般由开关抽油管（S）、回油管（Q）、保护气体继电器连接管（R）及连通口（E）的密封胶垫老化或螺栓松动导致。

从图 3-19 可以看出，开关头盖上部积存大量油污，由于此处油污干涸，不能确定上述渗漏部位 2）～7）处是否渗漏；而开关头部法兰以下及变压器油箱顶部存在大量新油迹，可初步判断应为上述渗漏部位 1）开关头部法兰处渗漏。

彻底清理油污，待各密封面缝隙内残留油污吸尽后，在可能渗漏的 2）～7）处各部位用毛刷涂撒薄薄的一层白土进行试漏，30min 均无渗漏情况，则排除 2）～7）部位。再对开关头部法兰部位试漏，头部安装法兰外焊缝处 30min 内无渗漏情况；开关安装法兰与头部法兰密封面处几分钟后有油渗出浸湿白土。由此可以判断，渗漏部位确为开关头部法兰部位。

（3）渗漏原因分析。根据试漏情况，可以排除焊缝原因。针对安装法兰材质存在缺陷或盲孔焊接不良问题，通过查阅相关资料及检修记录，此安装法兰盲孔为非贯通式，无需进行焊接封堵；该部位多年运行良好，直至近期发生渗漏，亦不符合法兰材质问题造成渗漏的情形，排除盲孔渗漏的因素。针对该部位密封胶垫的问题，尝试紧固开关头部法兰的压紧螺母，无紧固裕量，排除螺母松动、密封胶垫压缩不到位的可能。

综上所述，最终渗漏原因为开关头部安装法兰与头部法兰间的密封胶垫老化、损伤。

注意事项：

1. 试漏时应先清理缝隙内的残留油污再行试漏，以免影响判断。

2. 对于渗漏点难以判断的情况，可对其进行正压试漏。如检验头部法兰处是否存在渗漏，可在本体充入 0.02～0.03MPa 的氮气；检测开关头盖是否存在渗漏，可在开关油室内部充入 0.02～0.03MPa 的氮气。但需注意，对开关油室加压时，需先将头盖上的爆破盖更换为普通封板。

（三）检修方案

1. 方案简述

结合停电，吊出开关芯体，将开关油室下沉，拆下开关头部法兰，检查开关头部安装法兰与头部法兰间的密封胶垫状况并进行更换。

处理时间：30h

工作人数：5～6 人

2. 工作准备

工具：开口扳手（10mm、17mm、19mm）、活扳手（12″）、套筒、螺丝刀（一字）、壁纸刀、油管、油桶、吊带、U 型吊环、绝缘手套、绝缘垫、电源线、接地线

材料：塑料布、白布带、汤布、白土、406 胶水、密封胶、记号笔、毛刷

备件：6mm、8mm、12mm 胶棍各 2m、焊条若干

设备：板式滤油机、电焊机、直流电阻测量仪、变比测量仪、万用表、油罐 3t（含 1t 合格绝缘油）

特种车辆：起重吊车 8t

（四）缺陷处理

1. 处理过程

（1）排油吊芯。关闭本体气体继电器两侧阀门及所有散热器排管阀门，排出本体油至开关油室与头部连接处之下 300mm 左右，稍稍出油后即打开套管顶部放气塞通气，以便快速排油。

有载分接开关吊芯部分相关工作参照《变压器分接开关运行维修导则》（DL/T 574—2010）。

注意事项：

1. 本体排油位置需考虑一定裕量，以防排油量过少，在阀门关闭不严时储油柜或散热器油渗入本体而淹没开关油室。

2. 排油后及时打开套管顶部放气塞，防止憋气，放气塞打开时间以不会从放气塞处漏油为准。

3. 本案例中为节省检修时间，未排出储油柜及散热器油，时间允许或阀门不严时也

可将储油柜及散热器油一并排出。

4. 拆装头盖紧固螺栓禁止使用电动扳手，以免将不锈钢螺栓折断。

（2）拆除头部法兰。开关芯体吊出后，将专用吊具置入开关油室内，待吊带绷紧后停止起吊，拆卸开关油室与头部法兰的连接螺栓，完成后将开关油室沉入油箱内，如图3-25所示。继续拆卸头部法兰与安装法兰间的连接螺栓，取下头部法兰，拆卸头部法兰前用记号笔在头部法兰与安装法兰上做好对应标记，如图3-26所示。

图3-25　下沉开关油室

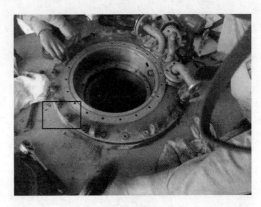

图3-26　拆卸头部法兰

注意事项：

1. 为避免螺栓、螺母掉入开关筒或油箱内，拆卸工具应有防坠措施。

2. 开关筒下沉时要缓慢，注意开关筒与头部法兰相对位置；避免开关筒错位使定位销受力过大，损坏定位销及头部铝制法兰。

3. 当开关筒下沉不到位、定位销与头部法兰无法脱开时，拆卸定位销，并做好开关筒与头部法兰的对应标记。

（3）检查密封胶垫。取下头部法兰后，发现密封胶垫严重老化，存在1处断裂口，在取下密封胶垫的过程中，密封胶垫又发生2处断裂，第1处断裂口如图3-27中①所示，第2、第3处如图3-27中②、③所示。检查密封胶垫，其硬脆而无弹性，说明渗漏确由其老化、断裂引起。

另外，该开关头部法兰紧固螺杆从上部直接焊接固定在盲孔内，个别螺杆根部焊面凸起，挤压密封胶垫，使密封胶垫局部压缩量过大，加速了密封胶垫的老化，密封胶垫受挤压而形成的凹痕如图3-27中④所示，螺杆根部焊面凸起情况如图3-28所示。

（4）更换密封胶垫。对凸出的螺杆焊面进行打磨处理，确保密封面不影响密封效果。采用12mm胶棍制作密封胶垫（原密封胶垫厚度约8mm左右），制作完成后，使用密封胶将密封胶垫固定在开关口圈处，如图3-29和图3-30所示。

注意事项：

1. 安装头部法兰密封胶垫前，必须处理好密封面。

2. 胶棍必须使用搭接，搭接面切口须平整且搭接面长度应大于直径的2倍。

3. 固定密封胶垫宜使用不溶于油的密封胶，注意密封胶垫不可错位。

4. 密封胶垫的搭接面必须平放，且搭接面应置于任意2条螺栓中间，避免正对螺栓。

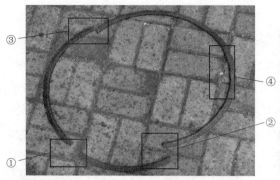

图 3-27　原密封胶垫

图 3-28　螺杆根部焊面

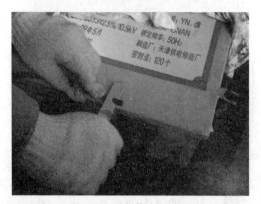

图 3-29　制作密封胶垫

图 3-30　固定密封胶垫

图 3-31　连接开关油室与头部法兰

（5）复装头部法兰与开关筒。按照拆卸头部法兰前做好的标记复装开关头部法兰。

更换开关油室与头部法兰连接处密封胶垫，将密封胶垫置于定位槽内，用专用吊具起吊开关油室，将开关油室定位销插入头部法兰定位销孔，连接紧固螺栓，如图 3-31 所示。

注意事项：

1. 复装头部法兰时对准标记。

2. 连接开关筒与头部法兰时对准定位销或标记。

3. 开关筒回装时注意密封胶垫不要出定位槽，防止造成剪切。

4. 遇引线对开关筒存在较大作用力造成开关筒错位严重难以安装的情况，复装时可先连接开关筒与头部法兰，然后再安装头部法兰。

（6）芯体复装。开关芯体复装部分工作参照《变压器分接开关运行维修导则》（DL/T 574—2010）。

（7）回油、排气及调整油位。本体回油，回油前确保油样试验结果合格；拧好套管顶部放气塞，打开吸湿器和储油柜顶部放气塞，打开本体气体继电器两侧阀门使储油柜油注入本体内；自储油柜注放油管回油，至油位与"油温—油位"曲线对应；打开所有散热器排管阀门，在变压器各放气塞部位进行排气，最后进行油位调整。

（8）检查密封性。检修工作完成后，在开关头部安装法兰与头部法兰间密封面处涂撒一层薄薄的白土，并在储油柜胶囊中充入 0.03MPa 的氮气，静置 24h。检查开关头部法兰处未发现渗漏现象，开关口圈渗漏处理工作已完成，同时验证了盲孔或安装法兰材质不存在问题。

（9）整理现场。清点工具，防止遗落，清理现场。

2. 处理效果

通过对该变压器有载分接开关头部安装法兰与头部法兰间密封胶垫的更换，彻底消除了开关油室顶盖处的渗漏缺陷，设备运行良好。

（五）总结

（1）对于此类有载分接开关油室顶盖部位较复杂的渗漏情况，需针对每个可能渗漏的部位进行逐一排查与判断，以确定原因并采取针对性处理措施。

（2）该案例中密封胶垫使用时间接近 20 年，已严重老化造成断裂，对于变压器的密封胶垫，一般在 10～15 年应对其进行检查并更换。

（3）密封效果除了密封胶垫外，亦与密封面密切相关。该案例中个别螺杆根部焊面凸起，挤压密封胶垫，使密封胶垫局部压缩量过大，加速了密封胶垫的老化，所以保证平整光洁的密封面非常重要。

（4）开关头部法兰部位的渗漏情况中，盲孔渗漏也占有相当的比例，特别是对一些贯通后补焊的盲孔，要加强检查。油箱制作完成后，应进行正、负压密封性试验。

三、有载分接开关顶盖渗漏处理

（一）设备概况

1. 变压器基本情况

某交流 220kV 变压器为保定天威保变电气股份有限公司生产，型号为 SFSZ9-150000/220，目前已组装完毕，未投运待备用状态。

2. 变压器主要参数信息

联结组别：YN，yn0，yn0＋d11

调压方式：有载调压

冷却方式：油浸风冷（ONAF）

出线方式：电缆/架空线/架空线（220kV/35kV/10kV）

开关型号：SHZVⅢ-600Y/126C-10193W

使用条件：室内☑　　　　室外☑

（二）缺陷分析

1. 缺陷描述

该变压器有载分接开关顶盖部位布满油污，如图 3-32 所示。进入夏季以来，渗漏情况愈发严重。

2. 成因分析

（1）渗漏情况检查。该有载开关顶盖部位渗漏严重，难以直观判断渗漏点，需进行进一步查找。首先使用高压水枪彻底清理油污，用干燥空气吹净缝隙内的残余水分。用白土试漏法对开关顶盖的可能渗漏部位进行漏点查找，检查发现吸油管（S）根部、头部法兰封板、回油管（Q）根部、油室顶盖放气塞等多处部位均存在不同程度的渗漏情况，渗漏位置如图 3-32 中的方框所示。

逐一检查渗漏部位，各位置法兰螺栓紧固到位，放气塞无松动、回落到位，如图 3-33 所示。

图 3-32　有载开关顶盖污染情况

图 3-33　顶盖放气塞检查

注意事项：

1. 使用高压水枪冲洗油污后，应使用干燥空气或高纯氮气将密封面吹干；油污、油迹需用白土彻底吸除干净，以免对渗漏点查找造成干扰。

2. 有载开关顶盖上部字母含义如下："R"是用于连接有载分接开关气体继电器，"S"是用于连接有载开关滤油或吸除油室内绝缘油，"Q"是连接有载开关回油管，"E2"是变压器溢油排气孔。

连通器

图 3-34　开关油室与本体间连通器

（2）渗漏原因分析。该变压器为备用设备，目前有载开关储油柜处于未安装状态，有载开关油室与变压器本体用连通器连通，共同经本体吸湿器进行呼吸，如图 3-34 所示。尝试紧固连通器紧固螺栓，无任何紧固裕量，密封胶垫被过度压缩。

根据开关油室的连通结构，结合夏季温度升高时开关顶盖部位同时出现多点渗漏的情况，判断渗漏原因为：连通器密封胶垫压缩量过大，将有载开关油室与本体的呼吸通道堵塞，造成油室呼吸不畅，发生异常"窒息"情况。受外界气温升高影响，有载开关油室内的绝缘油膨胀，短时内压力无法通过堵塞的呼吸通道进行传导，导致油压选择从有载开关顶盖处的吸油管（S）、回油管（Q）、放气塞等密封相对薄弱的部位进行传泄，从而导致顶盖部位的大面积渗漏。

（三）检修方案

1. 方案简述

针对上述原因，需打开有载开关油室与变压器本体间的连通器，检查其呼吸通道的堵塞情况，更换呼吸效果更为通畅的新型连通器，临时解决开关油室呼吸不畅的问题。后续安装有载开关储油柜，彻底解决开关油室的呼吸问题。

处理时间：12h

工作人数：5～6人

2. 工作准备

工具：开口扳手（12mm、17mm、19mm、24mm、27mm、30mm）、活扳手（12″）、电动扳手、绝缘梯、螺丝刀（一字）、尼龙绳、壁纸刀、内六方、150mm放油法兰（配快速接头）、真空管、油管、电源线、临时油标管、接地线

材料：绝缘包布、406胶水、生料带、汤布、白土、清洗剂、毛刷、塑料布、白布带

备件：本体与有载开关连通器×1、60mm×40mm×5mm密封胶圈×2、M10×45mm螺栓×2、各类放气塞垫若干

设备：真空滤油机、检修电源箱、冲洗机、水罐2t（含1t水）、油罐10t

特种车辆：高空作业车

（四）缺陷处理

1. 处理过程

（1）排油。拆除本体吸湿器，打开储油柜与胶囊的旁通阀，将胶囊与本体连通，关闭电缆仓与本体间的阀门，用真空滤油机排油，排油过程中用临时油标管随时观察油位，当本体气体继电器视窗内无油时，减缓排油速度，将油排至拱顶下方5～10mm处停止。

注意事项：

1. 对于此类储油柜有旁通阀的变压器，排油时可以打开旁通阀，利用吸湿器管路进气，对于无旁通阀的变压器，需从储油柜排气管或顶部放气塞进气。

2. 出油量尽可能精确，以减少身暴露，缩短工作时间。

（2）连通器拆除。拆除连通器前再次清理该部位油污，避免拆除后油污杂质落入有载开关油室和本体油箱内，如图3-35所示。

拆除连通器，取下密封胶垫，开关油室与本体油箱间的互通结构如图3-36所示。检查密封胶垫，发现其被过度压缩，与互通结构平面接触的密封部位出现明显凹痕，连通器气道被密封胶垫堵塞，不能有效连通有载开关油室与本体油箱，呈"窒息"状态，如图3-37所示。

图3-35 清理连通器油污

图3-36 互通结构平面

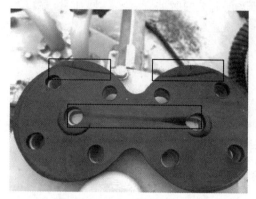

图3-37 连通器气道堵塞情况

连通器内部设计有通气凹槽，安装时应将凹槽位置的密封胶垫切除，防止密封胶垫堵塞呼吸通道。造成此次开关顶盖部位渗漏的根本原因应为安装连通器时工作失误，未切除通气槽处的密封胶垫导致。

（3）连通器更换。为从根本上解决呼吸不畅的问题，采用管径10mm"桥形"气道连通器替代原有结构，达到增大呼吸气道的目的，同时选用密封胶圈替代原被过度压缩的密封胶垫。将互通结构平面擦拭干净，放好密封胶圈，安装连通器并紧固到位，如图3-38和图3-39所示。

图3-38 密封胶圈位置

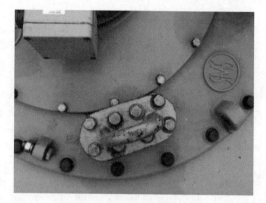

图3-39 连通器安装效果

注意事项：

1. 选用尺寸适宜的密封胶圈，并放置在适当位置，中心不能堵塞连通孔，边沿不能压住紧固螺孔。

2. 紧固连通器螺栓时应防止密封胶圈错位，密封胶圈压缩量控制在1/3，保证可靠密封。螺栓不可过度紧固，以防铝制内螺纹脱扣。

（4）回油、排气及调整油位。打开上述关闭的电缆仓阀门，从吸湿器管路对变压器抽真空，至133Pa以下维持4h。自变压器箱顶的注油阀处真空回油，回油过程中控制油流速度，一般以3~4t/h为宜。待本体气体继电器视窗可见油位时，减缓回油速度，重点观察储油柜油位表指示，按照"油温—油位"曲线回油至适当位置。

关闭旁通阀，利用本体内残余真空自行补充胶囊，最后回装吸湿器。分别从套管、电缆仓以及本体气体继电器处进行充分排气。

全部工作完毕后，清理油箱油污，对变压器进行水冲洗。

注意事项：

1. 从本体上部或储油柜注油法兰回油，可以防止变压器底部沉淀杂质漂浮，影响变压器绝缘性能，从而缩短静置时间。

2. 关闭旁通阀后，储油柜胶囊可利用自身真空自行从吸湿器口充气，省略充氮步骤。

3. 为检验处理效果，可增加与前述一致的密封性检查步骤。

4. 变压器水冲洗工作不能在抽真空或真空回油阶段进行，以防变压器密封不严吸入水汽。

（5）整理现场。清点工具，防止遗落，清理现场。

2. 处理效果

通过对有载开关油室与本体油箱间连通器的更换，保证了油室呼吸通畅，渗漏缺陷已彻底消除，如图 3-40 所示。

（五）总结

（1）本次有载开关顶盖多点渗漏，是由于开关油室呼吸不畅，压力无法通过堵塞的呼吸通道进行传导，导致油压选择从密封薄弱环节的路径进行传泄。变压器密闭部位同时多点渗漏往往是由于压力异常增高造成。

图 3-40 缺陷处理效果

（2）变压器真空回油时，应接通连通器，保持开关油室与变压器本体压力相同，回油后及时拆除，保证正常运行时变压器本体与开关油室不导通。

（3）变压器长期存放应严格按照安装工艺将有载开关储油柜、吸湿器管路安装齐整，保证其有一套完整的呼吸系统，而不应采取安装抽真空用途的连通器替代开关油室的呼吸系统。

四、BUL 型电动操作机构传动轴卡滞处理

（一）设备概况

1. 变压器基本情况

某交流 220kV 变电站 4 号变压器为保定天威保变电气股份有限公司生产，型号为 SSZ11-180000/220。于 2012 年 9 月 1 日出厂，2013 年 3 月 26 日投运。

2. 变压器主要参数信息

联结组别：YN，yn0，yn0+d11

调压方式：有载调压

冷却方式：油浸自冷（ONAN）

开关型号：UCGDN 650/600/I

出线方式：电缆/电缆/架空线（220kV/110kV/35kV）

使用条件：室内□　　　　室外☑

3. BUL 型电动操作机构主要参数信息

电动机额定功率：0.18kW

电动机额定电压：380～420V，3 相

电动机额定电流：0.7A

电动机额定频率：50Hz

输出传动主轴最大扭矩：30N·m

每级分接变换输出传动主轴转数：5

每级分接变换时间：5s

控制回路电压：AC 220V

重量：75kg

生产厂家：ABB 公司

（二）缺陷分析

1. 缺陷描述

该变压器有载分接开关运行于"4"分接挡位，在电动远方及就地控制模式下向 1→n 和 n→1 方向切换挡位均拒动，具体表现为电动机通电后电机保护开关立即动作，不能完成调压操作。将控制电源断开后改用手动操作，发现难以摇动手柄。

2. 成因分析

（1）有载分接开关传动部分结构。该 UCG 型有载分接开关配备 BUL 型电动操作机构，其传动部分的结构如图 3-41 所示，图中编号对应组部件名称见表 3-4。传动工作原理为：操作机构电机旋转或手摇手柄带动输出传动，通过操作机构顶部的输出联轴装置传动至垂直方轴，经伞型齿轮盒 1 传动至水平方轴，再经伞型齿轮盒 2 传动至切换开关驱动轴从而进行分接变换。

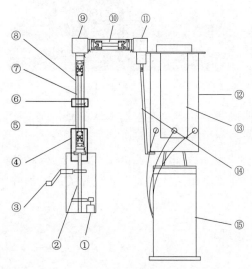

图 3-41　UCG 型有载分接开关传动部分结构

表 3-4　　　　　　　　　UCG 型有载分接开关组部件名称

编号	名　　称	编号	名　　称	编号	名　　称
①	电机	⑥	输出传动主轴	⑪	手柄
②	输出联轴装置	⑦	下截保护管	⑫	软管夹子
③	垂直方轴	⑧	上截保护管	⑬	伞型齿轮盒 1
④	水平方轴	⑨	伞型齿轮盒 2	⑭	切换开关油室
⑤	切换开关芯体	⑩	切换开关驱动轴	⑮	分接选择器

（2）输出联轴装置结构。输出联轴装置结构如图 3 - 42 所示，图中编号对应组部件名称见表 3 - 5。

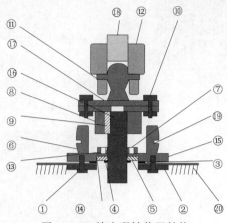

图 3 - 42　输出联轴装置结构

表 3 - 5　　　　　　　　　　　　　　输出联轴装置组部件名称

编号	名称	编号	名称	编号	名称	编号	名称
①	底座固定螺栓	⑥	底座法兰	⑪	密封胶垫	⑯	卡簧
②	传动轴承	⑦	轴承座	⑫	轴封	⑰	下截联轴器
③	平键	⑧	连接螺栓	⑬	上截联轴器	⑱	方轴连接卡箍
④	轴封孔	⑨	轴承孔	⑭	轴承座凸沿	⑲	输出传动主轴
⑤	传动销	⑩	垂直方轴	⑮	拉马孔	⑳	操作机构箱顶

轴承座通过底座法兰固定在操作机构箱顶部，如图 3 - 43 所示。下截联轴器通过平键固定在输出传动主轴轴端，上截联轴器与下截联轴器用两条连接螺栓锁死，最后通过方轴连接卡箍将上截联轴器与垂直方轴相连，从而使垂直方轴与输出传动主轴等转速传动。轴承座上设有一道专用排水槽，用以排除轴承座内的积水；设有 2 个拉马孔，用以拆除轴承座，其结构如图 3 - 44 所示。

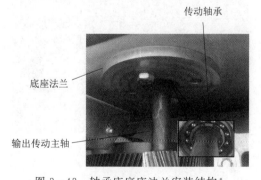

图 3 - 43　轴承座底座法兰安装结构

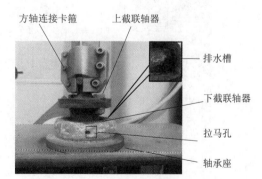

图 3 - 44　输出联轴装置实物结构

传动轴承位于轴承座内，在径向上通过轴承内圈与输出传动主轴过盈配合，外圈与轴承座底部轴承孔过盈配合，通过滚珠实现转动；在轴向上通过轴承座与卡簧定位在输出传

图 3-45 轴承传动结构

外圈
滚珠
轴承孔壁
卡簧
内圈
输出传动主轴

动主轴上，其结构如图 3-45 所示。

轴封是常见的标准密封件，可对流体进行密封，并防止灰尘、沙土等异物侵入。该案例中轴封利用过盈配合固定在轴封孔内，其密封唇内径小于轴径，加上箍簧产生的径向力使轴封与输出传动主轴间形成一道滑动密封面，其结构如图 3-46 和图 3-47 所示。

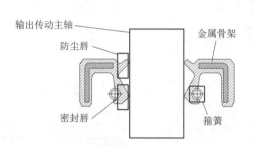

输出传动主轴
防尘唇
密封唇
金属骨架
箍簧

图 3-46 轴封结构剖面图

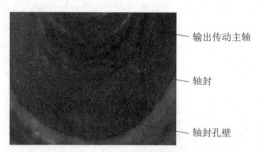

输出传动主轴
轴封
轴封孔壁

图 3-47 轴封处密封结构

（3）缺陷位置确定。根据 UCG 型有载分接开关传动部分结构及其传动方式，结合缺陷状态，变压器停电后应自下至上逐一分析缺陷可能存在的部位，包括操作机构箱内部电机和传动构件、输出联轴装置、垂直方轴、伞型齿轮盒 1、水平方轴、伞型齿轮盒 2、有载分接开关芯体。

1）操作机构箱外部检查。现场看到垂直方轴上截保护管向下脱落约 300mm，如图 3-48 所示；下截保护管向下滑溜至轴承座底部，如图 3-49 所示，已无排水间隙，排水槽失去作用。

衬圈

图 3-48 上截保护管脱落情况

图 3-49 下截保护管滑溜情况

用十字螺丝刀将垂直方轴保护管中部和下部软管夹子松开，发现夹子松动。向上窜动下截保护管，露出输出联轴装置。发现上下截联轴器及轴承座上存在大量泥土、树枝以及疑似鸟的尸骸等杂物，上下截联轴器和轴承座锈蚀严重，如图 3-50 所示。

打开上、下截联轴器间的 2 条连接螺栓，将上、下截联轴器脱开，然后手动操作机构，发现仍难以摇动手柄。用活扳手卡住垂直方轴旋转，发现垂直方轴连同上部传动部分转动灵活无异常。由此可以确定自上截联轴器向上的传动构件均无问题，缺陷部位为输出联轴装置下截联轴器以下的部分。

2）操作机构箱内部检查。由于电动与手动均不能完成正常调压，首先可以排除电机与电源故障。

将操作机构转为就地控制模式，断开控制电源，用十字螺丝刀拆除操作机构箱内的防护罩，仔细检查各传动齿轮有无异物、卡滞，经检查均未发现异常，检查情况如图 3 - 51～图 3 - 53 所示。

图 3 - 50　输出联轴装置处异物

图 3 - 51　检查部位①

图 3 - 52　检查部位②

图 3 - 53　检查部位③

根据上述检查结果，造成操作机构难以调压的缺陷位置应在输出联轴装置的底座法兰以上部分。

3）最终缺陷位置。输出联轴装置的底座法兰以上至下截联轴器以下部分结构较简单，可能造成卡滞的部件只有输出传动主轴与轴承座之间的传动轴承。

注意事项：

1. 对于此类传动部件较多的结构，可采取断开传动部件之间连接，进行分段查找的方法，以方便判断故障部位。

2. 对于此类有载开关传动异常缺陷在未查明故障原因之前，最好不要使用电动传动方式，以防在电机保护开关损坏的情况下电机过载烧损。

3. 检查各传动齿轮时注意释放压力或做好定位措施，防止夹手。

（4）缺陷原因。根据上述部件结构以及检查情况，可推测缺陷原因为：在运行过程中，软管夹子松动，造成上、下截保护管脱落，雨水、尘土等异物沿上截保护管与垂直方轴间的缝隙进入，由于下截保护管挡住排水间隙，使排水槽失去作用，造成水分、异物长时间积聚于输出联轴装置轴封处。积聚的异物长时间磨损、腐蚀轴封，致使其防尘唇口和密封唇口失去作用，轴封密封性被破坏。水分、异物侵入轴承，造成轴承内部锈蚀、卡滞，滚珠不能正常转动，从而"抱死"输出传动主轴，致使操作机构不能正常工作。

（三）检修方案

1. 方案简述

结合停电，彻底清理输出联轴装置处的异物，拆解检查输出联轴装置，对各部件进行逐一清洁、擦拭；做好轴承润滑，恢复轴承的传动功能，如轴承锈蚀严重还需更换轴承，以彻底恢复输出联轴装置传动性能；更换轴封，重新连接垂直方轴，调整操作机构与开关芯体的对应位置；安装垂直方轴保护管，保证其密封严密、排水间隙合理。

处理时间：4h

工作人数：4人

2. 工作准备

工具：开口扳手（17mm、19mm）、活扳手（18″）、套筒、螺丝刀（一字、十字）、轴封起子、偏口钳、尖嘴钳、内六方、钢丝刷、两爪拉马、木槌、胶管

材料：氮气、除锈润滑剂、润滑油脂、毛刷、清洗剂、百洁布、汤布

备件：30mm×17mm×10mm TC 骨架轴封×1、6003 轴承×1、85mm×50mm×6mm 密封胶垫×1

设备：无

特种车辆：无

注意事项：

涉及有载分接开关传动的检查与处理工作最好在停电时进行，即使断开某传动连接点，只对非有载分接开关芯体部分进行检修，因修后缺少开关内外对应位置的实际验证手段，亦不推荐带电进行。

（四）缺陷处理

1. 处理过程

（1）清除异物。先用螺丝刀将输出联轴装置处的大块异物剔除，打开方轴连接卡箍，取下垂直方轴与上截联轴器；向下截联轴器和轴承座喷适量的除锈润滑剂，再用钢丝刷清除下联轴器表面和轴承座内外的锈蚀和氧化物，如图 3-54 和图 3-55 所示。

注意事项：

除锈润滑剂易燃，应远离火源，严禁在其附近敲击。

（2）取下轴承座与轴封。向下截联轴器与输出传动主轴接触处喷涂适量除锈润滑剂，用拉马拆除下截联轴器。拆除操作机构箱内顶部 2 条底座固定螺栓，将两爪拉马的爪插入

轴承座拉马孔，旋转拉马顶针，缓慢将轴承座向上拉起，拉马工具与下截联轴器结构如图3-56和图3-57所示。

图3-54　清除联轴装置异物

图3-55　喷涂除锈润滑剂

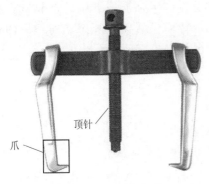

图3-56　两爪拉马

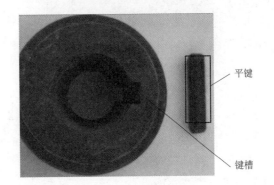

图3-57　下截联轴器

用轴封起子撬出轴封，发现轴封的防尘唇口和密封唇口均有不同程度的磨损，轴封与输出传动主轴间无润滑油脂，已不能起到良好的密封作用，轴封情况如图3-58和图3-59所示。

图3-58　轴封外侧

图3-59　轴封内侧

注意事项：

1. 拆除箱内顶部螺栓时应注意防止垫片、弹簧垫圈掉入操作机构箱内。

2. 使用拉马时要使顶针对准轴的中心孔，不得歪斜，还应随时注意拉马爪与轴承座的受力情况，防止损坏输出传动主轴和轴承座。

3. 若轴封老化与轴封孔壁粘连难以撬出，可先用偏口钳将轴封剪切成小段，用尖嘴钳将其夹出，防止划伤轴封孔壁。

（3）轴承的检查与处理。检查轴承部位情况，发现输出传动主轴表面和轴承端面锈蚀严重，轴承内外圈间的滚珠、滚道内充满铁锈与异物，轴承完全丧失了传动功能。

用百洁布擦拭输出传动主轴表面与轴承端面，用毛刷蘸取清洗剂清理轴承滚珠、滚道和保持架上的铁锈与异物，用高压氮气吹去异物。在滚道内喷涂除锈润滑剂浸润 30min

输出传动
主轴

保持架

滚道

图 3-60　轴承处理后情形

后，用手缓慢转动轴承外圈，同时用干净的毛刷继续清扫，此时发现轴承下方有锈蚀的铁屑出现，清理铁屑，继续转动轴承，并用高压氮气多次吹洗，直至铁屑不再出现。在轴承滚珠与滚道间涂抹适量润滑油脂，继续转动轴承，直至轴承转动灵活无阻涩感。处理后的轴承情况如图 3-60 所示。

注意事项：

1. 用百洁布擦拭过盈配合部件时应轻柔，防止影响过盈量。

2. 用高压氮气吹洗时应佩戴手套，防止冻伤。

3. 转动轴承恢复其功能时，预先在轴承下方围垫汤布，防止铁屑落入机构箱内部造成传动齿轮卡涩或电气部分造成短路。转动过程中可根据需要持续加入除锈润滑剂。

4. 轴承检修完毕后用干净汤布擦掉轴承外圈的汗与污渍并涂油，防止产生纹锈。

5. 若轴承清洁、润滑后转动依然有阻涩感，则需更换新轴承。

（4）复装轴承座。更换操作机构箱顶轴承座的密封胶垫，在轴承座轴封孔及轴承孔内壁均匀涂抹少量润滑油脂，将轴承座套在输出传动主轴上缓慢下放，当轴承座与轴承端面接触时保持其水平，用木槌沿轴承座上端圆周对称敲击使其降至预定位置，轴承座装配如图 3-61 所示。最后用螺栓将操作机构箱内顶部底座法兰与轴承座相连接，使其固定在操作机构箱顶部。

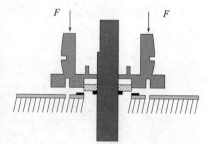

图 3-61　轴承座装配示意图

注意事项：

1. 用木槌敲击轴承座时应注意观察，及时调整力的大小和作用点，防止倾斜。

2. 安装困难时可采用套筒压住轴承座周圈，通过敲击套筒完成安装。

（5）更换轴封。检查新轴封唇口是否完整，有无损伤、变形，箍簧有无脱落、生锈。在密封唇与防尘唇之间的间隙及轴封腔体内涂抹适量润滑油脂，将其套入输出传动主轴旋转向下，压至轴封孔端面。将长度为 50mm 的 20mm 套筒套在输出传动主轴上，使套筒端面与轴封同心，用木槌轻轻敲击套筒顶部将轴封压入预定位置。套筒实物如图 3-62 所示，轴封装配如图 3-63 所示。

图 3-62　套筒实物

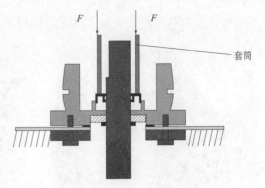

图 3-63　轴封装配示意图

注意事项：

1. 安装轴封前不要太早将包装纸撕开，防止异物附着在轴封表面。

2. 平压轴封入槽时压力不宜太大，速度要均匀，不得倾斜，避免引起轴封变形。

3. 若出现唇口翻边、箍簧脱落或轴封歪斜，必须拆下重新装入。

4. 安装时用塑料薄膜将输出传动主轴键槽部位包裹，防止刮伤轴封唇口。

（6）开关芯体与操作机构联结。

1）检查伞型齿轮盒 2 内挡位指示与操作机构箱内挡位指示是否一致，若不一致，则调整操作机构使其挡位与伞型齿轮盒 2 显示挡位一致，复装上下截联轴器并用 2 条螺栓连接锁死，复装垂直方轴。

2）手动操作 $1→n$ 或 $n→1$ 方向分接变换，记录开关切换时（以听到响声为据）的转动圈数 m。对于 BUL 型操作机构，切换开关在 10 圈左右动作。若圈数不符，松开并取出 2 条连接螺栓，调整圈数 $x=10-m$（若 x 为正数，则朝着原操作方向转动 x 圈；若 x 为负则朝着相反操作方向转动 x 圈）。

3）圈数调整完毕后，重装 2 条连接螺栓，然后手动操作 $1→n$ 或 $n→1$ 方向的分接变换，记录开关切换时的转动圈数。若 $m=10$，则可确认切换开关与操作机构联结正确。

4）联结正确，手动操作检查 $1→n$ 和 $n→1$ 方向终端机械限位是否有效。

5）手动操作检查完毕，切换到电动模式，进行操作机构传动，完成 3～5 次 $1→n$ 和 $n→1$ 方向全分接转换。确保在所有分接位置手动、电动均能正常操作，终端机械、电气限位有效。

注意事项：

1. 记录圈数应从操作机构某挡位起始状态开始，即操作机构挡位显示器右上方的运行指示窗全部为白色，如图 3-64 所示。

2. BUL 型操作机构变换一挡的总圈数为 15 圈。

（7）复装保护管。上述工作均完成无误

图 3-64　挡位起始状态

后，用软管夹子先将上截保护管（直径略大）顶部固定到伞型齿轮盒1法兰座下方的衬圈上，如图3-65所示；将下截保护管底部固定到操作机构箱上方轴承座上，如图3-66所示；最后在距上截保护管下沿25mm处固定上下截保护管重叠部分。

图3-65　上截保护管顶部安装情况

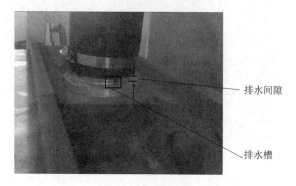

图3-66　下截保护管底部安装情况

注意事项：

注意上截保护管应紧顶伞型齿轮盒1底座法兰封板，防止雨水进入；下截保护管与轴承座底部凸沿之间留3～5mm的缝隙以做排水间隙。

（8）整理现场。清点工具，防止遗落，清理现场。

2. 处理效果

经过对输出联轴装置各组部件特别是轴承部位进行清洁、除锈、润滑后，其传动性能彻底恢复；经过更换轴封，输出传动主轴轴承处密封严密；重新安装保护管至正确位置，排水间隙合格。手动、电动操作均可正常调压。

（五）总结

（1）有载分接开关出现拒动时，首先应判断是机械传动故障还是电气故障，根据各构件结构及传动关系，逐段排查确定故障位置并分析故障原因。

（2）此案例中故障原因为垂直方轴保护管脱落后，未对其及时进行处理，由于异物堆积造成输出传动主轴与轴承座卡滞，主要是忽视了保护管脱落情况会对操作机构造成的严重后果，应加强对此类有载调压开关附属设施的巡视检查和维护工作。

（3）轴封密封处长时间存有异物会使防尘唇与密封唇异常磨损，破坏其密封性，应定期对轴封进行检查，保持轴封表面清洁、干燥。

（4）此案例中的轴承为小型深沟球轴承，现场如需更换可进行冷拆装。冷拆装过程应使用专用工具，以免损坏过盈配合部件。

第四章
变压器油箱

第一节 概 述

一、变压器油箱用途与分类

油箱是变压器的外壳，内装铁芯和绕组并充满绝缘油，使铁芯和绕组浸在油内，以满足变压器的绝缘和散热需要。

变压器油箱根据其结构型式一般分为钟罩式、桶式、波纹式和壳式油箱。

二、变压器油箱原理及结构

1. 钟罩式油箱

常见钟罩式油箱的结构如图4-1所示。钟罩式上节油箱按箱盖的形状分为平顶式和梯形拼接折弯式两种。下节油箱的结构型式主要有两种：一种是平板式，在平板的周围焊下节侧壁；另一种是折板式（整体式），箱底和箱壁的两个长边是一体的，按下节油箱箱底的展开图拼接好后，将两个长边按图样尺寸折起，折起的角度一般选60°、45°或90°，如图4-2所示。

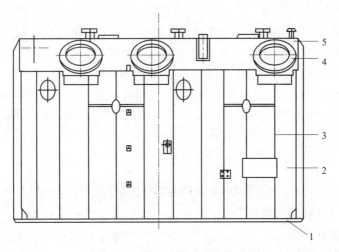

图4-1 常见钟罩式油箱结构

1—箱沿；2—高压箱壁；3—扁钢加强铁；4—高压法兰；5—箱盖

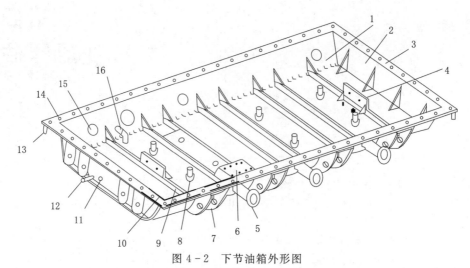

图 4-2　下节油箱外形图

1—箱底；2—侧壁；3—箱沿；4—定位板；5—冷却管接头；6—油道；7—千斤顶吊攀；8—定位钉；9—加强铁；
10—定位方钢；11—油样活门；12—塞座；13—接地；14—接地垫片；15—管接头；16—排污管

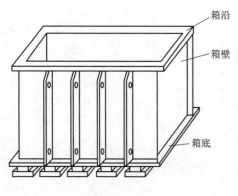

图 4-3　桶式油箱

2. 桶式油箱

桶式油箱由油箱和箱盖两部分组成，和钟罩式油箱的最大区别是箱沿位于油箱的顶部。油箱部分由箱底、箱壁、箱沿三部分组成，如图 4-3 所示。箱盖和油箱之间一般通过螺栓连接在一起，有时也在变压器装配结束试验合格后将油箱和箱盖焊死。

3. 波纹式油箱

波纹式油箱主要用于容量较小的配电变压器。波纹式油箱由波纹栅和油箱组成，它是在油箱箱壁的外侧焊上波纹栅。在几个凸起部位的对应箱壁上开有上、下导油孔，用来导油。波纹式箱壁用薄钢板压制成形，具有较高的弹性和膨胀性，由温度引起的体积变化通过箱壁的胀缩来补偿，调整变压器内部的压力。因此波纹箱壁除了增加散热效果外，还起到储油柜的作用。

4. 壳式油箱

壳式油箱采用钢板焊接结构，一般由三节组成，分别焊有支撑件和压台，用于固定器身和压紧铁芯，油箱装配后沿箱沿焊死。铁芯被固定在上节和下节之间，油箱的一部分起到了夹件的作用，因此油箱的结构复杂，加工精度要求高。

三、变压器油箱常见缺陷及其对运行设备的影响

变压器油箱常见缺陷为渗漏油，轻微渗漏油影响外观，严重渗漏油会使油箱内绝缘油持续流失，油面不断降低，变压器被迫退出运行。渗漏油原因有以下几方面。

1. 胶垫缺陷

本体油箱各连接法兰面采用耐油橡胶垫作为密封件，可分为两类：一类是定型密封胶

垫，根据需要的尺寸模压成型；另一类是非定型密封胶垫，使用胶棍粘接制作而成。对于定型密封胶垫，如果密封元件出现龟裂，无压缩弹性、抗温抗油性能差或密封胶垫上有头发、线头等杂质时，均可导致油从密封处渗漏。而对于非定型密封胶垫，除上述原因外，搭接面长度不够、平整度不够、胶水质量不过关、粘接工艺不好、搭接面放置方向不对等均可导致密封处渗漏。

此外胶垫材质选择不当、叠放使用、厚度不够、选型不当等问题也会导致渗漏油。

2. 密封面缺陷

如果法兰密封面存在光洁度不平、对接面不够吻合等现象时，可造成密封不严密。

3. 铸件质量缺陷

如果变压器铸件存在铸造、焊接或材质不良等现象时，均可导致油从铸件或部件的砂眼处渗漏。

4. 外力破坏

如果变压器油箱受外力作用出现破损、断裂，将导致油从油箱裂缝处渗漏。

5. 未严格执行工艺

未按工艺要求进行安装工作，如漏装密封胶垫，未检查和清洁焊渣，密封胶垫"咬边"，紧固螺栓力度过大、不均匀或不到位，打眼时盲孔贯通等不正确的施工，也可导致渗漏油。

第二节　变压器油箱检修典型案例

一、钟罩口圈密封胶垫更换

（一）设备概况

1. 变压器基本情况

某交流 35kV 变电站 1 号变压器为天津市兆安变压器有限公司生产，型号为 SZ10 - 20000/35，于 2000 年 9 月 16 日出厂，2000 年 12 月 25 日投运。

2. 变压器主要参数信息

联结组别：YN, d11

调压方式：有载调压

冷却方式：油浸自冷（ONAN）

出线方式：架空线/架空线（35kV/10kV）

开关型号：CMⅢ - 500Y/35 - 10071W

使用条件：室内□　　　　室外☑

（二）缺陷分析

1. 缺陷描述

该变压器上、下节油箱口圈处渗漏严重，变压器基础及集油池卵石上有大片油迹，如

图 4-4　油箱口圈渗漏情况

图 4-4 所示。

2. 成因分析

由于该变压器运行年限较长，分析造成渗漏的可能原因有：①变压器长期运行振动使口圈螺栓松动；②口圈密封胶垫老化导致密封失效；③口圈处焊口焊接不良。

对变压器所有口圈螺栓进行紧固，发现个别螺栓松动，但松动螺栓并未处于连续位置，不至对口圈密封造成影响。紧固后对变压器箱沿上的油迹进行彻底清理，在口圈各焊口部位和密封胶垫处涂撒白土，各焊口部位的白土无变化而口圈密封胶垫处的白土有多处被迅速浸润。

综合以上的检查情况，判断该变压器油箱口圈的渗漏原因应为口圈密封胶垫老化导致密封失效所致。

（三）检修方案

1. 方案简述

采取工厂化检修，排净变压器内部绝缘油，拆除变压器组附件，包括套管、有载分接开关、片式散热器、储油柜、气体继电器等，并断开上、下节油箱间的所有连接，吊罩，更换口圈密封胶垫。更换结束后，恢复扣罩，复装各组部件，并注入合格的绝缘油。

处理时间：14h

工作人数：8~10 人

2. 工作准备

工具：开口扳手（12mm、14mm、17mm、19mm、22mm、24mm、27mm、30mm、32mm、34mm、36mm）、电动扳手、开关油室专用吊装工具、吊带、U 型吊环、缆绳、钎子、U 型卡子、扁铲、壁纸刀

材料：406 胶水、白布带、无水乙醇、白土、汤布

备件：30mm×21mm 密封胶排

设备：真空滤油机、油罐 10t

特种车辆：行车 20t（工厂化检修）/起重吊车 20t（现场检修）

（四）缺陷处理

1. 处理过程

（1）吊罩准备。首先检查作业环境，在检修大厅内进行吊罩工作时，需做好防尘措施，并随时监测环境温湿度。在变压器周围放置温湿度表进行环境温湿度的测量，经测量，检修大厅环境温度为 20℃，空气湿度为 50%，满足吊罩作业条件。由于空气湿度小于 65%，器身允许在空气中的暴露时间为 16h。

器身检修工艺要求器身温度应不低于周围环境温度，否则应采取对器身加热的措施，

如采用真空滤油机循环加热,使器身温度高于周围空气温度5℃以上❶。使用真空滤油机对变压器内部绝缘油进行热油循环,从而使器身温度升高至25℃以上,以防止空气遇冷在器身表面结露。

(2)排油。打开储油柜顶部的放气塞,拆除吸湿器,分别将有载分接开关油室内和本体油箱内的绝缘油排净。

注意事项:

在进行排油前,注意将片式散热器与本体油箱之间的连通蝶阀全部打开,以确保片式散热器内的绝缘油全部排净。

(3)组部件拆除。排油完成后,开始拆除变压器有碍起吊工作的组部件及上、下节油箱间的连接,包括套管、储油柜、有载分接开关、气体继电器及上、下节油箱口圈连接螺栓。拆除时,先拆除小型仪表和套管,再拆大型组件,组装时顺序相反。

1)套管拆除。该变压器35kV侧套管及接地套管为穿缆式,套管拆除后用白布带将引线固定,避免缆头掉入油箱内,如图4-5和图4-6所示。10kV侧套管为导杆式,拆除接线板连接时,严防螺母、垫片等零件掉落至器身内部,如图4-7和图4-8所示。

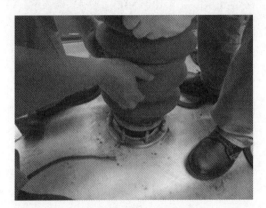

图4-5 拆除高压套管

图4-6 高压引线及缆头

图4-7 拆除低压套管

图4-8 低压套管接线板

---

❶ 引用自《电力变压器检修导则》(DL/T 573—2010)。

2）气体继电器拆除。检查确认气体继电器二次连接线均已拆除，拆除气体继电器两侧法兰的连接螺栓后，将气体继电器取下，并妥善放置。

3）储油柜拆除。将本体与储油柜间连管拆除后，利用行车吊住储油柜，使其微微受力，拆除储油柜支架固定螺栓，起吊过程中做好防滴油措施，将储油柜妥善吊至地面。

4）有载分接开关拆除。起吊前对有载分接开关的位置进行标记，将开关芯体缓慢吊出，如图4-9所示。利用专用吊具将开关油室轻轻吊住，拆除开关油室与本体油箱之间的固定螺栓，将开关油室缓慢沉下，如图4-10所示。

图4-9　吊出开关芯体

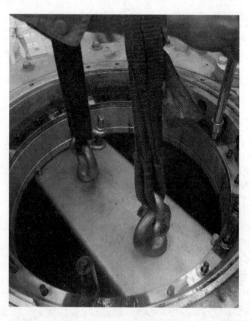

图4-10　沉下开关油室

注意事项：

1. 为了减少器身暴露时间，可以在部分排油后即开始拆除组部件，但注意不要造成漏油。

2. 变压器进行工厂化检修前大部分的二次接线均已拆除完毕，进行吊罩前，应再次进行检查，重点检查储油柜油位计连接的二次接线，避免影响储油柜的拆除。

3. 拆除开关花盘前，应先做好花盘位置标记，然后再进行花盘拆除。

4. 拆除油箱连接螺栓时，注意不得损伤上、下节油箱之间的等电位连接片。

5. 起吊开关芯体时，严格控制起吊速度，出现卡顿时，应停止起吊并进行检查，防止损坏开关芯体。

5）片式散热器拆除。

6）上、下节油箱连接螺栓拆除。由于变压器长期室外运行，螺栓锈蚀严重，拆除前用松锈剂对螺栓丝扣四周进行喷涂。利用电动扳手对螺栓进行拆除，如遇电动扳手无法拆除的情况，改用开口扳手进行手工拆除，必要时可采用加力杆。

（4）钟罩起吊。

1）吊带和吊环选择。变压器起吊时吊带的夹角不应大于60°，经测量，变压器纵轴两个吊点间的距离为 2.2m，横轴距离为 1.4m，经计算吊带长度应至少为 4.6m；变压器钟罩的重量为 2470kg，考虑 5 倍的承载裕度，最终选择长度为 5m、承重 8t 的吊带 2 条。根据吊耳处的承重及尺寸，选取承重为 8.5t 的 U 型吊环 4 个。

2）钟罩试吊。正式吊罩前对钟罩进行试吊，试吊前再次检查有碍吊罩工作的所有附件及连接是否已全部拆除，确认无误后开始钟罩起吊工作。

利用 U 型吊环将吊带固定在变压器钟罩上部的吊耳上，将吊钩调整至钟罩的重心位置，如果发生重心位置偏移的情况应及时进行调整，将 2 条吊带的中点依次挂在吊钩上，保证吊钩两侧的吊带长度基本一致，如图 4-11 所示。

图 4-11　钟罩试吊

注意事项：

1. 吊钩上的吊带切忌出现缠绕、打结、重叠等情况，以防在起吊过程中吊带滑落造成钟罩剧烈晃动，撞击器身。

2. 注意锁紧 U 型吊环时，将销子旋至满扣后回退一扣，以防起吊完成后销子丝扣变形，难以拆下。

3. 一般变压器横轴方向的 2 个吊点共用一条吊带，这样稳定性更佳。

4. 若吊带与箱沿直接接触，则需提前垫好吊带 U 型衬垫，防止损伤吊带。

5. 试吊环节非常重要，可以预先发现正式吊罩时的问题，从而有效防范风险。

6. 一般钟罩的重心位置为箱顶的几何中心，但是不同的变压器设计或个别附件未拆除等情形均有可能改变重心位置、此时需要根据实际情况进行调整。可以采取改变吊钩位置，更换不同尺寸的吊带或吊环予以解决。

3）正式吊罩。起吊前，注意检查行车吊钩上的防脱钩装置是否完好，在钟罩口圈四角的螺孔内插入钎子，在钟罩下部四角分别系好缆绳。控制行车平稳匀速地缓缓上升，并设专人扶持钟罩，起步时注意钟罩与箱底保持垂直，待升起大约 300mm 时将钎子取出，如图 4-12 所示。

此时观察钟罩与器身各侧的距离，对侧应保持一致。继续起吊钟罩，至人不便扶持时改用缆绳进行牵引，通过缆绳随时调整钟罩角度，保证垂直起吊，防止剐蹭器身，如图 4-13 所示。

保持匀速、平稳起吊钟罩，直至高于变压器器身顶部时停止起吊，将钟罩缓慢平移离开器身，并平稳放置于预先铺设好的塑料布上。

注意事项：

1. 钟罩起吊应保持匀速平稳，如遇卡阻立即停止起吊，查明原因并妥善处置后再行起吊，避免损坏器身。

2. 起吊过程中四角的缆绳均应始终保持轻微绷紧状态，不可受力不均。

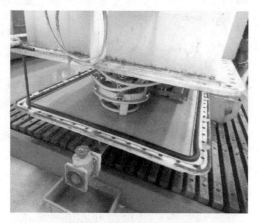

图 4-12　吊罩过程 1　　　　　　　　　　　　　图 4-13　吊罩过程 2

3. 严禁将头、手伸入钟罩下落范围，避免重物不慎坠落伤人。

4. 当钟罩起吊过程中需在空中悬停时，应采取支撑等防止坠落的有效措施。

5. 吊罩过程中需做好防余油洒落的措施。

（5）口圈密封胶垫更换。

1）旧口圈密封胶垫检查。将旧的口圈密封胶垫取下，检查密封胶垫状况，发现其已严重硬化无弹性，失去密封功能，如图 4-14 所示。

2）密封面清理。用扁铲对下节油箱箱沿进行清理，将铁锈、尘土等异物全部铲除，重点清理口圈密封胶垫密封面，铲除残留胶状物，用汤布蘸取无水乙醇进行擦拭，清理时注意异物不要进入挡圈内部，如图 4-15 所示。

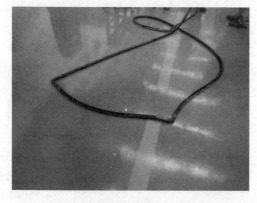

图 4-14　旧口圈密封胶垫情况　　　　　　　　　图 4-15　清理下节油箱箱沿

3）新口圈密封胶垫尺寸选择。变压器口圈内、外侧均存在挡圈，密封胶排尺寸选择应保证密封胶排压缩至挡圈高度时达到最佳密封效果，因此选用密封胶排高度为挡圈高度的 1.5 倍。经测量，挡圈高度为 14mm，此处选取密封胶排规格为 30mm×21mm。

4）口圈密封胶垫制作。将密封胶排起始端以与水平面呈 30°夹角方向切割出一个坡口，选取箱沿一侧长边的中间点作为密封胶排安装起始位置，注意起始位置最好选在两个螺孔中间。

将密封胶排以坡口向上的状态放入口圈密封面上，沿口圈铺设密封胶排，每隔500mm放置一个U型卡子以固定密封胶排，直至与首端相接。选取合适的密封胶排长度，用壁纸刀在密封胶排尾端与水平面呈150°夹角切割出一个坡口，并且确保尾端坡口与首端互补；用角磨机对密封胶排两侧坡口进行粗打磨后，再用砂纸进行细打磨；将406胶水涂抹在两道坡口之间，使密封胶排首尾两端对接到位，完成黏合；对铺设好的口圈密封胶垫进行检查，确保密封胶垫黏合到位，铺设无冗余扭曲情况，口圈密封胶垫的制作过程如图4-16～图4-19所示。

图4-16 胶排首尾端坡口

图4-17 打磨胶排坡口

图4-18 黏合胶排坡口

图4-19 黏合后胶排情况

注意事项：

1. 对密封胶排进行斜切时，切割斜面坡口的底部不得出现厚度裕量，应确保一次性切割到底，自然形成30°夹角，避免重复切割及修整。密封胶排首尾两端的斜切面应刚好可以搭接完全，确保尾端斜切面与水平方向夹角和首端斜切面与水平方向夹角互补。

2. 在密封胶排接口处和拐角处一定要使用U型卡子将密封胶排卡好，避免出现密封胶排错位、翻转的情况，卡子在钟罩压住密封胶排后方可撤出。

3. 搭接处应轻微挤压，位于上方的密封胶排应略微高出下方密封胶排，应保证搭接口的厚度不小于胶排截面厚度，但相差不宜大于 2mm。密封胶排接头黏合应牢固和自然平整，不得出现鼓包及翘头，搭接面长度不少于密封胶排厚度的 2 倍。

4. 对于尺寸较小的密封胶垫，一般采取制作新密封胶垫后再将其安装至目标位置的方式，但对于此类尺寸较大的口圈密封胶垫，由于长度难以把握，宜采取以上先铺设再制作的方式。

（6）钟罩回落。将绑在高压引线上的白布带一端通过高压侧三个套管法兰孔穿出钟罩，由专人站在操作平台上拉拽，扣罩时从套管孔拽出。

操作行车，平稳匀速回落钟罩，如图 4-20 所示。钟罩距下节油箱 300mm 左右时停止下降，将钎子穿入变压器四角的螺孔中，用以调整对正上、下节箱沿的螺孔位置，如图 4-21 所示。钟罩下降到距下节油箱 30mm 左右时，将口圈螺栓穿入螺孔中，继续下落钟罩，当钟罩接触到定位的 U 型卡子时将卡子抽出，将钟罩回落到位。

图 4-20　钟罩回落过程 1

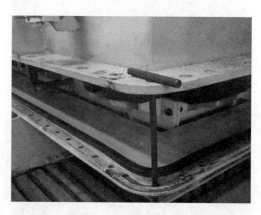

图 4-21　钟罩回落过程 2

对称均匀紧固螺栓，由于变压器口圈长度较长，因此需要多轮次紧固螺栓，直至上节油箱的箱沿完全压住挡圈。

（7）组部件复装及回油。变压器钟罩回落到位后，按照拆除时的相反顺序复装组部件，完成后注入合格的绝缘油，恢复变压器的二次线缆。

（8）整理现场。清点工具，防止遗落，清理现场。

2. 处理效果

对该变压器上、下节油箱连接部位的口圈密封胶垫进行更换后，渗漏现象已彻底消除。

（五）总结

（1）变压器吊罩时器身暴露，对工作环境要求较高，应注意温度、湿度、风力、防尘等条件必须满足工作要求，并严格遵守器身暴露时间的相关规定。

（2）变压器吊罩前应选取合适的吊具并断开有碍起吊的所有连接，找准钟罩重心位置，方可起吊。吊罩工作环环相扣，钟罩起吊和回落过程中，应设专人进行指挥协调并随时观察钟罩与器身之间的距离，不可发生剐蹭。

（3）口圈密封胶垫制作时应注意胶排长度的控制以及接口的处理，铺设时不得发生错位、翻转和冗余扭曲。对于没有挡圈的口圈密封胶垫，紧固时应确保密封胶垫压缩量严格控制在 1/3。

二、非定型密封胶垫渗漏处理

（一）设备概况

1. 变压器基本情况

某交流 220kV 变电站 3 号变压器为合肥 ABB 变压器有限公司生产，型号为 SFSZ10－150000/220，于 2005 年 6 月 23 日出厂，2005 年 12 月 25 日投运。

2. 变压器主要参数信息

联结组别：YN，yn，yn＋d11

调压方式：有载调压

冷却方式：油浸风冷（ONAF）

出线方式：架空线/架空线/架空线（220kV/35kV/10kV）

开关型号：UCGRN 650/500/I

使用条件：室内□　　　　室外☑

（二）缺陷分析

1. 缺陷描述

该变压器 220kV 侧 C 相套管升高座下法兰处渗油，渗油速率为每分钟 3 滴，油迹已沿升高座流至变压器油箱顶盖、侧壁，造成大面积油污，如图 4－22 所示。

2. 成因分析

根据以往 ABB 产品检修经验，ABB 变压器 220kV、110kV 套管、升高座及所有手孔、观察孔处均采用胶棍对接方式进行紧固密封。此种方式在短期内密封效果良好，但当变压器运行 10 年左右时，由于胶棍老化，弹性降低，对接接口处易出现缝隙，从而造成较为严重的渗漏缺陷，如图 4－23 和图 4－24 所示。本案例中该变压器为 2005 年生产并投入运行，已超过 10 年。

图 4－22　升高座渗漏情况

查阅该变压器检修记录得知，该变压器曾于 3 个月前进行了停电检修工作，将全部对接式密封胶棍（包括现已发生渗漏的 220kV 侧 C 相套管升高座下法兰处）更换为搭接式。因此，可以排除由于采用对接式工艺造成渗漏的可能。

根据设备检修记录，该变压器更换密封胶棍后，曾进行 24h 正压密封性试验，试验结果合格，证实密封效果良好。因此，可以判定上次检修过程中胶棍放置位置、压缩量及螺栓紧固程度均满足工艺要求。

查阅该变压器检修期间照片资料发现，新更换密封胶棍虽然采用搭接工艺，但搭接面未与法兰槽平面平行放置，而是采取了垂直放置的方式，如图 4－25 所示，采用此种放置角度，在法兰紧固后，极易造成搭接面承受压力过大导致接口开裂，从而造成密封失效。

图4-23　对接式密封胶棍开口情况

图4-24　对接式密封方法示意

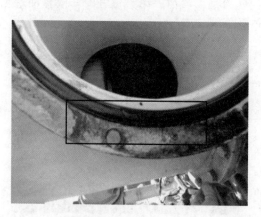

图4-25　胶垫放置角度

由此推断，搭接面放置角度错误极有可能是该变压器再次发生严重渗漏的原因。

为验证上述判断，变压器停电后首先逐条紧固渗漏处法兰螺栓，发现螺栓已基本无紧固量，排除3个月运行中螺栓松动造成渗漏的可能。然后使用汤布、白土将油污清理干净，观察渗油速率变快为每分钟5滴。说明法兰螺栓越紧固，密封胶垫开裂口就会越大，因而渗油会更加严重，进一步印证了密封胶棍搭接面垂直放置造成接口开裂的判断，所以需重新更换密封胶垫以消除渗漏。

（三）检修方案

1. 方案简述

通过查阅检修照片资料证实，除上述C相套管升高座下法兰外，另有高压侧两处观察孔存在密封胶棍搭接面放置角度错误问题，存在开裂渗漏风险，此次一并进行更换。新更换密封胶棍仍采用坡口搭接式工艺，且应注意将搭接面与法兰定位槽平行放置，方可在较长年限内保证密封质量。

具体检修方案如下：关闭本体与冷却系统连通的所有阀门，排油至观察孔以下位置，拆除连气管，将套管升高座吊起，更换密封胶棍，更换观察孔密封胶棍，更换连气管及放气塞密封胶垫并完成回装。本体连同储油柜抽真空、回油、静置，工作结束。

其中，升高座和套管可按正常检修方式分别拆解，将套管拔出，再将升高座吊下，更换密封胶垫。为了减少工作量与缩短检修时间，此次检修采用不单独拔套管和不将升高座吊下的方法。将套管连同升高座共同起吊至一定高度（一般以刚好可以满足将手伸入工作为宜，此次工作起吊高度为100mm），即可更换密封胶棍。

处理时间：1天

工作人数：6～8人

2. 工作准备

工具：开口扳手（12mm、19mm、24mm）、电动扳手、活扳手（12″）、吊带、绝缘梯、螺丝刀（一字）、U型吊环、钎子、锉刀、木槌、液扳手、临时油标管、压力表、氧气表、壁纸刀、内六方、150mm放油法兰、真空管、油管、电源线、胶管

材料：绝缘包布、406胶水、人字带、白布带、尼龙绳、麻绳、氮气、道木、汤布、白土、清洗剂、油漆、毛刷、塑料布、真空封泥、胶木垫

备件：M10/M20螺母螺栓、垫片、各型号放气塞垫若干、3.5mm/10mm胶棍各5m、52mm×48mm×4mm O型圈×10

设备：真空滤油机、干燥空气发生器、检修电源箱、冲洗机、水罐2t（含1t水）、油罐10t

特种车辆：高空作业车、起重吊车12t

（四）缺陷处理

1. 处理过程

（1）修前试验。对变压器高压侧三相绕组连同套管进行直流电阻试验，记录变压器在运行分接位置时，A、B、C相阻值分别为0.3406Ω、0.3422Ω、0.3418Ω，直流电阻不平衡率为0.4685%＜2%[1]。

（2）排油。

1）打开储油柜胶囊旁通阀，拆下本体储油柜吸湿器。

2）在变压器本体下部放油阀门处连接排油法兰，将排油管路连接至真空滤油机。

注意事项：

1. 此变压器储油柜无单独排气管，储油柜内部与胶囊通过旁通阀相连，因此排油时必须打开旁通阀，以使空气能进入变压器，实现内外气压相等，否则排油时，胶囊可能因为过度膨胀而损坏。

2. 真空滤油机排油速度为每小时6t，速度较快，因此需拆下储油柜吸湿器，便于空气顺畅进入。

3）在变压器本体油样活门处连接临时油标管，利用高空作业车将临时油标管另一头固定于储油柜最高处，通过连通器原理观察本体油箱内油位实时变化情况。

注意事项：

优先选择离储油柜近的油样活门，检查油样活门无堵塞，以确保临时油标管显示真实油位。

4）关闭冷却器上、下部与本体油箱间所有阀门，开启真空滤油机进行排油，观察临时

---

[1] 引用自《输变电设备状态检修试验规程》（Q/GDW 168—2008）。

油标管油位，排油至需要更换密封胶垫的法兰（观察孔）位置以下约50mm，停止排油。

注意事项：

1. 油位下降至拱顶以下位置后，由于芯体占据油箱内部大部分空间，单位体积内油量减少，因此油位下降速度会突然加快，此时应设专人时刻关注油位变化情况，达到预定位置后，立即停止排油，以防过量排油后，增加绝缘件受潮风险。

2. 排油及检修过程中向油箱内充入露点不大于 $-50℃$ 的干燥空气。

（3）升高座（套管）起吊。

1）拆除与升高座相连的连气管。

2）拆除将军帽，松开套管缆头，用专用绳控制套管缆头，防止缆头坠下。

3）先拆除3条升高座下法兰连接螺栓，拆除的螺栓构成三角形，用长杆螺栓替代，长杆螺栓的长度满足预先设定的限位要求，保证起吊高度不超过100mm。再依次拆除其他连接螺栓，指挥吊车将升高座连同套管缓慢起吊至预定限位位置，在升高座法兰缝隙处垫好尺寸合适的垫块，垫块采用三角形布置，保持套管与升高座的稳定。

注意事项：

专人控制套管缆头，随升高座（套管）起吊缓缓下放。

图 4-26　旧胶棍开裂情况

（4）更换密封胶垫。

1）检查原有密封胶棍状况。经检查发现，原垂直放置的密封胶棍搭接口已完全开裂，如图4-26所示，无法起到密封作用，需重新进行更换。

2）胶棍选型。法兰面定位槽为矩形，应优先选用定型密封胶垫，在无定型密封胶垫的情况下可选用胶棍制作密封胶垫，为了防止胶棍受力后在定位槽内滚滑或者被切断，应根据定位槽深度和宽度选择合适的胶棍。

为了便于分析，以密封胶棍压缩量为1/2、压缩后截面面积未发生变化进行计算，绘制示意图，如图4-27所示。假设密封胶棍截面直径为 D，压缩后厚度为 $0.5D$，宽度为 X，由于截面积未变化，则有 $\pi \times (0.5D)^2 = \pi \times (0.25D)^2 + 0.5D \times (X - 0.5D)$，可以求得 $X = 1.68D$。

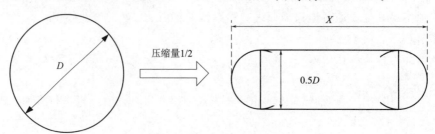

图 4-27　密封胶棍压缩示意图

为了保证密封胶棍压缩量能达到 1/2，密封胶棍压缩后，其截面高度应大于凹槽深度 H，即 $0.5D > H$。如果密封胶棍过粗，压缩后凹槽可能会剪切密封胶棍，从而导致漏油，所以密封胶棍压缩后截面宽度应小于凹槽宽度 L，即 $1.68D < L$。从而 $2H < D < 0.6L$，还可以得出 $L > 3.33H$，即凹槽宽度与深度应满足这个关系。

实际工作中，为了防止密封胶棍受力后滚滑，密封胶棍压缩后应尽量贴紧凹槽，所以密封胶棍直径应选择为凹槽宽度的 0.6 倍为宜。如果凹槽深度较深，与宽度的比例不满足上述条件，则密封胶棍截面直径应稍大于凹槽宽度的 0.6 倍，防止压缩量不到位。

经测量，凹槽宽度为 11mm，深度为 4mm，不满足 3.33 倍以上的关系，所以密封胶棍可选择为凹槽宽度的 0.7 倍左右，选择直径 8mm 的密封胶棍即可。

3）制作合格密封胶垫。将密封胶棍沿法兰凹槽平放以确定密封胶棍长度（预留出搭接面的长度），切出长度合适的密封胶棍，使用壁纸刀切出搭接面，搭接面长度为 25mm，然后使用角磨机打磨搭接面，用 406 胶水黏合接缝处。

注意事项：

1. 制作密封胶棍长度应略长于定位槽实际尺寸，以使密封胶棍接口处有足够挤压力，防止开裂。

2. 搭接面长度不小于密封胶棍直径的 2 倍，这样紧固压缩力大部分分解在搭接面垂直方向，而沿搭接面水平方向的力较小，可确保法兰紧固后，胶水黏合的接缝处不会开裂。

3. 密封胶垫制作时应注意使密封胶棍搭接面在不受力的自然状态下与法兰面平行。

4）放置密封胶垫。清理定位槽内及法兰面油污，清除锈迹和凸起的焊渣、漆膜等杂质，确保密封面平整清洁。将制作好的密封胶垫放入法兰定位槽内，密封胶棍搭接面放置角度应特别注意与法兰面平行，如图 4-28 所示。

注意事项：

1. 密封胶垫搭接口应放置在两个螺孔的中间位置。

2. 为防止回装过程中密封胶棍发生滚动，可在定位槽内涂抹少量密封胶进行固定。

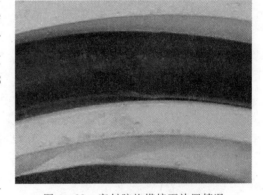

图 4-28　密封胶垫搭接面放置情况

（5）组附件回装。

1）升高座（套管）回装，应按照拆除顺序反向依次回装，由于该部位定位槽预留深度为 4mm，为不留间隙式设计，故紧固到位至两个法兰面紧密接触为止。

注意事项：

紧固螺栓时注意应对角循环进行紧固。

2）更换所有套管放气塞、连气管处密封胶垫，回装连气管，整体检查变压器顶部，确认无敞口或松动部位。

（6）更换观察孔密封胶垫。制作观察孔密封胶垫方法同上。

注意事项：

竖直放置的密封胶棍，接口部位最好位于最高点，以降低静油压。

（7）回油及试漏。

1）将真空机组与本体吸湿器法兰相连。滤油机回油管路与本体油箱顶部注油法兰相连，开启真空机组，抽真空至 133Pa 以下保持 4h，过程中应检查油箱局部弹性形变不超过油箱壁厚的 2 倍，并检查各部件及真空系统的密封状况❶。

注意事项：

1. 该变压器储油柜为全真空设计，可与本体油箱一起进行抽真空回油。

2. 回油时避免从本体下部回油，应从本体上部注油法兰或储油柜注油法兰回油，防止油箱底部沉淀杂质漂浮，影响变压器绝缘性能。

2）真空回油。抽真空状态下打开真空滤油机，开启各侧阀门，进行回油，对照"油温—油位"曲线，补油至合适油位后停止回油与抽真空。

注意事项：

1. 真空滤油机开启加热，保证注油油温略高于器身温度，但不能超过 60℃。

2. 变压器清理、冲洗工作不能在抽真空或真空回油阶段进行，以防变压器密封不严吸入水汽。

3）胶囊充氮。关闭储油柜胶囊旁通阀，在吸湿器处连接补氮管路对胶囊补充氮气，观察放气塞有油溢出后，关闭氮气瓶阀门，停止补氮。

注意事项：

对于具有连通阀结构的变压器，关闭连通阀后储油柜胶囊可自行从吸湿器口充气，也可省略充氮步骤。

4）试漏。使用白土法对新更换密封胶垫法兰处进行试漏，静置 30min，观察各法兰处没有渗油现象。

（8）静置及本体排气。开启冷却器与本体油箱间的阀门，自各放气塞处进行排气。

（9）修后试验。再次对变压器高压侧三相绕组连同套管进行直流电阻试验，记录变压器在运行分接位置时，A、B、C 相阻值分别为 0.3408Ω、0.3420Ω、0.3425Ω，C 相数据与修前试验数据相比无明显变化，且直流电阻不平衡率为 0.4974％＜2％。

（10）整理现场。清点工具，防止遗落，清理现场。

2. 处理效果

通过对 220kV 侧 C 相套管升高座下法兰及观察孔密封胶垫的更换，变压器渗漏缺陷全部消除，设备运行情况良好。

（五）总结

（1）在变压器监造及验收环节关注使用的密封胶垫类型及质量，避免使用对接型密封胶垫，大口径法兰封板必须使用定型密封胶垫或经过热熔处理的密封胶垫。

（2）对于采用对接式密封胶垫的变压器设备，运行年限达到 10 年以上时，应密切关注其密封情况，发现问题随时处理。

---

❶ 引用自《电力变压器检修导则》（DL/T 573—2010）。

（3）对于搭接式密封胶垫，搭接面放置角度不能与法兰平面垂直，否则密封胶垫黏合部位受到挤压后可能会开裂，法兰紧固程度越高，渗漏会越严重。因此，使用搭接式工艺时应特别注意，确保搭接面与法兰槽平面平行，这样紧固时可以使搭接面越压越紧。

三、电缆仓出线法兰孔渗油处理

（一）设备概况

1. 变压器基本情况

某交流 220kV 变电站 1 号变压器为西门子变压器有限公司生产，型号为 SSZ - 180000/220，于 2008 年 10 月 27 日出厂，2009 年 12 月 28 日投运。

2. 变压器主要参数信息

联结组别：YN，yn0，d11

调压方式：有载调压

冷却方式：油浸自冷（ONAN）

出线方式：电缆/电缆/架空线（220kV/110kV/35kV）

开关型号：CMⅢ - 500Y/63C - 10193W

使用条件：室内□　　　　室外☑

（二）缺陷分析

1. 缺陷描述

该变压器 110kV 侧 Cm 相电缆仓的出线法兰孔部位出现严重渗漏，渗漏油一部分沿安装螺杆滴落至地面，一部分沿电缆流至地面，渗漏情况如图 4 - 29 和图 4 - 30 所示。

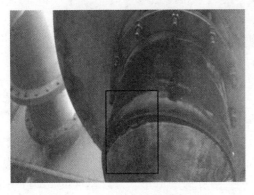
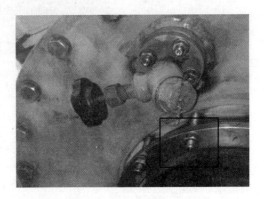

图 4 - 29　电缆铅封油迹　　　　　　　图 4 - 30　安装螺杆油迹

2. 成因分析

（1）电缆仓出线部位结构。电缆仓底板通过螺栓与电缆仓连接，在电缆仓底板上设有注放油阀；底板中心处开有电缆仓出线法兰孔，用以与电缆终端连接，结构如图 4 - 31 和图 4 - 32 所示。

电缆仓出线法兰孔部位结构较简单，法兰孔边预加工有安装密封胶垫的定位槽、安装螺杆的盲孔，盲孔内旋有安装螺杆。提升电缆终端，紧固电缆连接法兰，电缆终端环氧套管（插座）的压台密封面会压紧定位槽中的密封胶垫，从而起到密封作用，如图4-33所示。

（2）渗漏原因分析。电缆仓底板可能造成渗漏的密封部位有电缆仓底板口圈、注放油阀门和电缆仓出线法兰孔3处。

图4-31　电缆仓出线部位结构

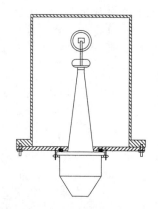

图4-32　电缆连接结构示意图

图4-33　出线法兰孔部位结构

彻底清理油污，检查电缆仓渗漏位置，发现上述前两处渗漏部位无任何渗漏油迹象，而电缆仓出线法兰孔处可明显看到有油渗出，确定其为渗漏部位。

根据该部位结构，造成渗漏的原因有盲孔渗漏和密封胶垫渗漏两种。盲孔渗漏一般是由于开孔过深贯通法兰，密封胶垫渗漏一般是由于紧固螺栓松动或密封胶垫老化、损伤。查阅图纸，该电缆仓底板厚度为30mm，盲孔开孔深度为20mm，为总厚度的2/3，一般不会造成贯通；查阅检修记录，变压器已运行10余年，该部位从近期方开始渗漏，亦与盲孔渗漏现象不符，排除该原因。尝试紧固电缆终端压紧螺母，已无紧固裕量，排除螺栓松动造成密封胶垫压缩不到位的可能。

根据上述分析，确定最终的渗漏原因为电缆仓出线法兰孔处的密封胶垫老化或损伤。

（三）检修方案

1. 方案简述

针对上述原因分析，确定通过更换电缆仓出线法兰孔处的密封胶垫处理该缺陷，具体工作方案如下：

结合停电进行修前试验，排净 Cm 相电缆仓中的绝缘油，然后将电缆终端自电缆仓中拔出，检查电缆终端与电缆仓出线法兰孔间的密封胶垫状况并对其进行更换，随后复装电缆终端，在确认缺陷消除后对变压器进行修后试验。

处理时间：12h

工作人数：4～6 人

2. 工作准备

工具：开口扳手（8mm、10mm、13mm、16mm、17mm、18mm、19mm、22mm、24mm）、活扳手（8″、12″）、内六方、螺丝刀（一字、十字）、吊带、链条葫芦、绝缘梯、电动扳手、铁锤、凿子、板锉、壁纸刀、油管、电源线、接地线

材料：汤布、白土、封堵泥、406 胶水、毛刷、塑料布

备件：M10×45mm 螺栓×8、M12×50mm 螺栓×8、螺母及垫片 16 套、10mm 胶棍 2m、放气塞垫若干

设备：110kV GIS 试验套管、真空滤油机、真空过渡罐、2500V 绝缘电阻表、直流电阻测量仪、介质损耗测量仪、交流耐压试验设备、油罐 10t

特种车辆：无

（四）缺陷处理

1. 处理过程

（1）修前试验。打开 110kV GIS 接地块，测试变压器 110kV 侧的直流电阻、本体绝缘电阻、本体介质损耗和电容量，测试 110kV Cm 相套管介质损耗和电容量、末屏绝缘电阻[1]。

注意事项：

1. 室内站设备往往会积累大量的灰尘，应在工作前对变压器进行彻底清扫，防止灰尘进入变压器内部，影响绝缘性能或对试验工作产生干扰。

2. 测试的变压器试验数据是连同电缆和 GIS 设备的整体值，只作为修后试验数据对比使用。不同的 GIS 设备结构各异，有可能无法测量相关数据。

（2）排油。关闭 110kV 侧 Cm 相电缆仓顶部与导气管连接阀门，自电缆仓底部注放油阀将电缆仓内部油排净。排出少许油后打开电缆仓顶部放气塞，使外部空气能够进入电缆仓以通气。

注意事项：

开始排油后及时打开电缆仓顶部放气塞，防止憋气，放气塞打开时间以不会从放气塞处漏油为准。

（3）解除电缆终端连接。打开电缆仓侧面工作孔法兰封板，首先解开引线与油—油套管间的连接，然后解开引线与电缆终端的连接，取出连接引线。拆下电缆终端顶部均压球，并用干净汤布对电缆终端环氧树脂套管进行包裹，电缆仓内部结构及各部件如图 4-34～图 4-37 所示。

拆卸电缆终端均压球部位时应使用 6mm 内六方，并用长柄垂直插入六角形螺孔中，

---

[1]　引用自《电力设备预防性试验规程》（DL/T 596—1996）。

转动短柄松开螺栓，以防损伤螺栓均压帽与套管均压球。

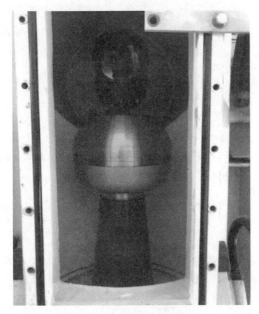

图 4-34　电缆仓内部结构

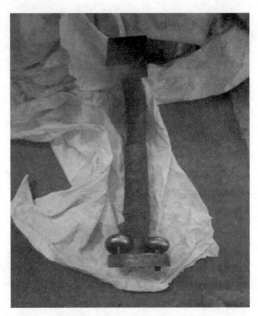

图 4-35　连接引线

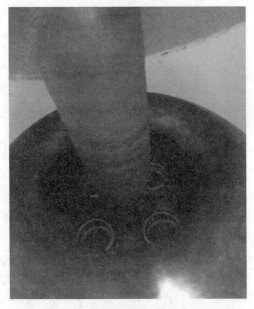

图 4-36　电缆终端连接部位结构

图 4-37　电缆终端均压球

注意事项：

1. 下箱检查人员应掏空口袋并着连帽下箱衣，以防止随身物品、毛发等异物落入并遗留在电缆仓内。

2. 拆除、取出均压球时不得磕碰，防止造成凹陷损伤，影响均压性能。

3. 连接引线拆下后及时用塑料布包裹或浸于绝缘油中，防止绝缘受潮。

4. 电缆终端环氧套管需紧密包裹，防止其下沉时与电缆仓法兰口磕碰，影响绝缘性能。

（4）脱出电缆终端。为防止电缆突然坠落造成电缆终端受损，下沉前首先使用链条葫芦固定住出线电缆，然后破拆主变室内电缆入地孔洞部位的水泥封堵，依次拆除固定卡环、电缆接地线，检查所有影响电缆终端脱出的连接确都已打开后，拆除电缆终端法兰压紧螺母。

缓慢降下链条葫芦吊钩，使电缆终端从电缆仓中脱出约200mm，如图4-38所示。

注意事项：

1. 使用链条葫芦固定电缆时，一要做好防滑措施，防止电缆窜动；二要做好保护措施，防止损伤电缆外皮。

图4-38 电缆终端脱出情况

2. 电缆终端拆除前需做好与安装法兰孔间的对应标记，出线电缆需做好与固定卡环间的标记，以便回装。

（5）检查密封胶垫。检查电缆终端与电缆仓出线法兰孔间的密封胶垫，发现密封胶垫与定位槽平齐，借助一字螺丝刀将密封胶垫取下，发现其已老化变硬、无任何弹性，没有足够的伸缩量保证密封性能，应属材质不良造成，如图4-39所示。

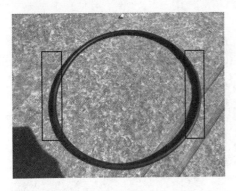

图4-39 密封胶垫老化情况

（6）更换密封胶垫。

1）更换密封胶垫前，需清理密封面附近的脏污及异物，用蘸有酒精的汤布擦拭定位槽、电缆头环氧套管压台密封面。

2）比照原密封胶垫尺寸，用10mm胶棍制作新密封胶垫待用。

3）在电缆仓内部将新密封胶垫穿过电缆终端头之后，缓慢送至下部环氧套管压台位置，在密封胶垫定位槽内涂抹胶水，将密封胶垫固定于定位槽内。

4）将电缆终端法兰螺栓孔对准电缆仓上连接螺杆，检查连接处所做标记位置是否正确，使用链条葫芦将电缆终端回升直至环氧套管压台均匀压紧密封胶垫。

5）将法兰压紧螺母均匀紧固，然后从电缆仓处开始，由上至下依次回装全部固定卡环，保证出线电缆支撑稳固且电缆各处受力均匀。

6）完毕后拆除链条葫芦，恢复主变室地面电缆孔水泥封堵。

工作过程如图4-40～图4-43所示。

注意事项：

1. 密封胶垫应预先固定在定位槽内，不宜随环氧套管压台一起上升压紧，以防密封胶垫错位，造成剪切。若胶垫窜动，可使用一字螺丝刀压住密封胶垫，防止其从定位槽中脱落。

2. 回装电缆终端时，严格按照拆卸时所做标记回装，不可发生"错方"现象。

3. 回装电缆固定卡环时必须自电缆仓由上至下依次回装全部固定卡环，不可颠倒顺序，防止造成电缆受力不均。卡环安装完毕后，注意检查与拆卸时所做标记对应，若发生错位，需查明原因并妥善处置。

图 4-40　压台密封面清理

图 4-41　定位槽密封面涂胶

图 4-42　密封胶垫固定

图 4-43　电缆终端回升到位

（7）恢复电缆终端连接。剥下包裹电缆终端环氧套管的汤布，使用蘸有酒精的汤布擦拭电缆终端的环氧套管、均压球等各部位，彻底清洁电缆仓内部后回装电缆终端顶部均压球和连接引线。全部安装工作结束并检查无误后，更换电缆仓工作孔封板密封胶垫并将封板回装。

注意事项：

连接引线回装前应检查其所包绝缘情况良好，安装时不得受力损伤绝缘。

（8）回油、排气及调整油位。拆下电缆仓上部导气管连接阀门，用封板对主导气管侧做好密封。自电缆仓侧阀门法兰处连接抽真空管路，对电缆仓抽真空，当真空度降至133Pa 以下后，保持 2h。

自电缆仓下部注放油阀将合格绝缘油注入电缆仓内，直至电缆仓满油。复装电缆仓上部导气管连接阀门，在电缆仓顶部放气塞处及本体气体继电器处充分排气。

注意事项：

1. 因注放油阀的注油口较细，应调整滤油机流速至 $1\sim1.5t/h$，防止因压力过大导致油管爆裂或注油接头松脱。

2. 回油时尽可能在真空状态下一次注满电缆仓，为防止绝缘油进入真空滤油机，可加装过渡小油罐，既可收集溢出的绝缘油，又可随时监测注油位置。

（9）修后试验。以上工作结束后，复测变压器直流电阻、本体绝缘电阻、本体介质损耗和电容量，复测 110kV Cm 相套管介质损耗和电容量以及末屏绝缘电阻，全部试验项目数据经与修前数据对比均合格。

静置 48h 后进行交流耐压试验，合格后变压器投入运行。

注意事项：

电缆试验结束，应对被试电缆进行充分放电，并在被试电缆上加装临时接地线，待电缆尾线接通后方可拆除，运行中电缆接地线必须保证可靠接地。

（10）整理现场。清点工具，防止遗落，清理现场。

2. 处理效果

经对 Cm 相电缆终端与电缆仓出线法兰孔间的密封胶垫进行更换后，该严重渗漏缺陷完全消除，变压器运行良好。

（五）总结

（1）本案例中渗漏缺陷主要是由于密封胶垫老化变形、失去压缩量造成，出现此情形的原因主要是密封胶垫材质不良或压缩过度等，故选用质地优良与规格恰当的密封胶垫非常重要。

（2）因该部位的处缺涉及电缆终端的拆装以及电缆试验，工序工艺复杂，故应高度重视此类位置的检修质量。

四、电缆仓套管末屏接地装置渗漏处理

（一）设备概况

1. 变压器基本情况

某交流 220kV 变电站 2 号变压器为西门子变压器有限公司生产，型号为 SFSZ -180000/220，于 2008 年 3 月 2 日出厂，2008 年 7 月 15 日投运。

2. 变压器主要参数信息

联结组别：YN，yn0，yn0＋d11

调压方式：有载调压

冷却方式：油浸风冷（ONAF）

出线方式：电缆/电缆/架空线（220kV/110kV/35kV）

开关型号：MⅢ600Y‐123/C‐10193W

使用条件：室内☑　　　　室外☐

（二）缺陷分析

1. 缺陷描述

2019 年 4 月 17 日，该变压器本体检查中发现，110kV 侧 Bm 相电缆仓出现大量油迹，Bm 相套管末屏底座法兰下部可见有油滴下，速率为每分钟 3 滴。渗漏油一部分自末屏位置向下沿电缆仓蔓延，一部分自末屏底座法兰滴落至正下方的电缆仓支撑架上，并顺沿支撑架横向流至变压器油箱外表面，渗漏情况如图 4‐44 和图 4‐45 所示。

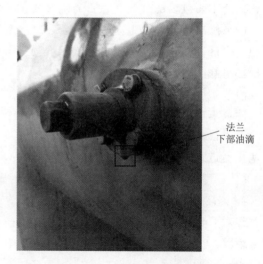

图 4‐44　电缆仓渗漏油迹　　　　　图 4‐45　末屏法兰渗漏情形

2. 成因分析

根据观察，可判定 Bm 相中压电缆仓渗漏部位为油—油套管末屏接地装置。打开末屏帽，发现末屏芯子引线柱压紧螺母处不断有油渗出，如图 4‐46 所示。

（1）末屏接地装置结构。该型套管末屏接地装置主要由底座、引线柱、引线柱压紧螺母、内部瓷套及各部位密封胶垫构成，如图 4‐47 和图 4‐48 所示。

（2）渗漏路径分析。该型末屏接地装置的内部结构如图 4‐49 所示。

经分析，该末屏的渗漏路径有两条：

1）渗漏路径一。该路径为双密封结构，有两处密封部位，即胶木垫②、③位置，当这两处密封均失效时，绝缘油会沿瓷套与末屏底座之间的缝隙溢出。通过紧固末屏底座螺栓可压紧图 4‐49 中胶木垫②、③，使绝缘油无法从该路径溢出。

2）渗漏路径二。该路径亦为双密封结构，有两处密封部位，即胶木垫①、O 型圈④

位置，当这两处密封均失效时，绝缘油会沿瓷套与末屏引线柱之间的缝隙溢出。通过紧固末屏引线柱压紧螺母，可压紧图 4-49 中胶木垫①、O 型圈④，使绝缘油无法从该路径溢出。

图 4-46　末屏芯子部位结构

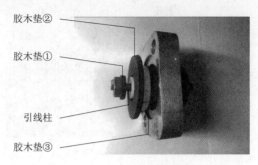

图 4-47　该型末屏背面视图

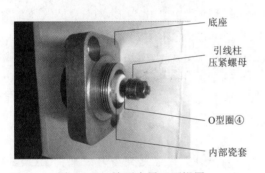

图 4-48　该型末屏正面视图

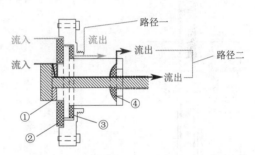

图 4-49　末屏接地装置内部结构示意图*

　　将末屏装置外表面清洁后，用白土试漏，几分钟后末屏引线柱与压紧螺母紧固处有油溢出，而瓷套与末屏底座之间的缝隙处无油溢出。由此可判定，绝缘油通过图 4-49 中的渗漏路径二渗出。

　　（3）渗漏原因分析。尝试紧固引线柱压紧螺母，无紧固裕量，且金属件已直接与瓷套接触，说明末屏渗漏不是由于螺母松动引起，而是由于图 4-49 中路径二的两处密封胶垫（胶木垫①、O 型圈④）均密封不良导致。

　　胶木垫①放置在引线柱根部与瓷套之间，起到油密封和保护瓷套、防止磕碰的作用。若胶木垫①损伤或老化变形，绝缘油会沿引线柱根部与瓷套的接触部位渗出，表示图 4-49 中渗漏路径二的第一道密封已失去作用。该密封处在此案例中并未实际打开检查，故此处的渗漏原因为分析推测。

　　引线柱为半螺纹结构，靠近引线柱根部的是光滑螺杆部分，另一半为螺纹部分，如图 4-50 所示。O 型圈套入引线柱后，紧固引线柱螺母，高于瓷套的部分受到压缩，会在引线柱上朝着竖直和水平方向受力膨胀，起到第二道密封作用，如图 4-51 所示。

　　O 型圈具体受力分析如图 4-52 所示，F 为瓷套对 O 型圈斜向上的支撑力，F 水平方向的分力 F_x 作用在引线柱上，可以防止绝缘油沿 O 型圈与引线柱接触面渗出；F 竖直方

向的分力 F_y 的反作用力 F'_y 作用在瓷套上，可防止绝缘油沿 O 型圈与瓷套接触面渗出，从而使 O 型圈能够在水平和竖直两个方向起到密封作用。

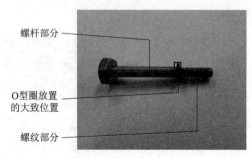

图 4-50　引线柱结构

螺杆部分

O 型圈放置
的大致位置

螺纹部分

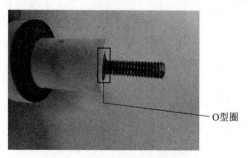

图 4-51　O 型圈密封状况

O 型圈

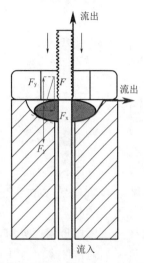

图 4-52　O 型圈受力示意图*

拆下引线柱螺母，发现该 O 型圈基本与瓷套平齐。经分析，O 型圈经长时间运行发生老化变形，已无足够压缩裕量，使得图 4-49 中渗漏路径二的第二道密封也失去作用。

最终的渗漏原因为：胶木垫①损伤或老化变形，致使第一道密封失去作用；O 型圈④经长时间运行发生老化变形失去弹性，已无足够压缩裕量，致使第二道密封失去作用。两道密封同时失去作用，最终导致末屏芯子处的渗漏。

注意事项：

O 型圈应满足下列条件，才能起到密封效果：①O 型圈内径小于引线柱外径，以保证其抱紧引线柱；②O 型圈应与其接触的瓷套弧度接近，以保证两者有较好贴合度；③O 型圈高于瓷套部分应至少保持其厚度的 1/3，以满足压缩量的要求；④O 型圈受力压缩后须位于引线柱的光滑螺杆部分，否则无法密封油路。

（三）检修方案

1. 方案简述

如果将这两处密封胶垫均进行更换，需电缆仓出油及真空处理，因停电时间不满足作业需求，此次不对胶木垫①处的密封进行处理。因属临时发现缺陷，无适合尺寸的 O 型圈备品，故采取临时性方案处理 O 型圈④处的密封缺陷，即在 O 型圈的外部增加一个 10mm×5mm×3mm 的密封胶垫套入引线柱，通过密封胶垫间接压缩 O 型圈，以达到密封效果。

密封胶垫外径略小于瓷套凹槽口径，内径可紧抱引线柱，拧紧引线柱压紧螺母后，通过压力传导可使 O 型圈在水平和竖直方向的密封作用恢复至正常状态，密封原理结构如图 4-53 所示。

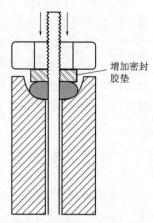

增加密封
胶垫

图 4-53　增加密封胶垫后
密封原理结构图

处理时间：2h

工作人数：2人

2. 工作准备

工具：开口扳手（8mm、10mm、13mm、14mm）、活扳手（10″）、标准通信工具箱、电源线、接地线

材料：毛刷、汤布、白土、清洗剂

备件：10mm×5mm×3mm 密封胶垫×1

设备：介质损耗测量仪、2500V 绝缘电阻表、万用表

特种车辆：无

（四）缺陷处理

1. 处理过程

（1）修前试验。处理之前，拆除旧品末屏接地帽，采用 2500V 绝缘电阻表测量套管对地绝缘电阻和末屏对地绝缘电阻，应大于 1000MΩ。采用 10000V 正接线法测量套管介质损耗、电容量，采用 2000V 反接线法测量末屏接地装置的介质损耗、电容量。经测试数据均合格。

（2）密封胶垫选择。选择合适的密封胶垫，密封胶垫内径应稍小于引线柱外径 6mm，保证其可抱紧引线柱，外径略小于瓷套凹槽口径 12mm，不宜过厚，以保证压紧效果，故选取规格为 10mm×5mm×3mm 的密封胶垫。

（3）压紧 O 型圈。

1）首先，在末屏 M6 引线柱上加装 10mm×5mm×3mm 密封胶垫。拧松压紧螺母顶丝，用 10mm 开口扳手拆除引线柱上的压紧螺母，将垫圈从引线柱拨出后，可见引线柱原 O 型圈，处理过程如图 4-54 和图 4-55 所示。

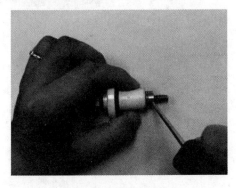

图 4-54 拆除压紧螺母

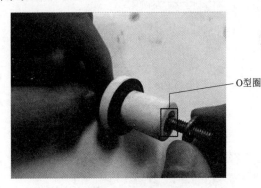

图 4-55 拨出垫圈

2）然后将 10mm×5mm×3mm 密封胶垫旋至引线柱底部，按原顺序回装紧固件，如图 4-56 和图 4-57 所示。

注意事项：

1. 密封胶垫应缓慢旋入，防止损伤。

2. 未松开顶丝前，不可强行紧固或松动压紧螺母，以防损伤引线柱与螺母。

紧固压紧螺母，将密封胶垫压缩约 1/2 后，拧紧顶丝。在没有顶丝定位的情况下，为防止螺母退扣，可增加校母形成双螺母防松结构，如图 4-58 所示。紧固过程中保证用力

适当，防止用力过大对瓷套造成不可修复的损坏。完成后经白土试漏，30min 内无任何油迹溢出，处理效果如图 4-59 所示。

图 4-56　密封胶垫旋入引线柱

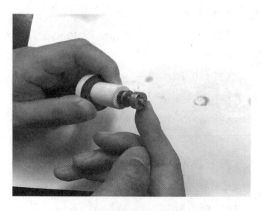

图 4-57　回装垫圈及压紧螺母

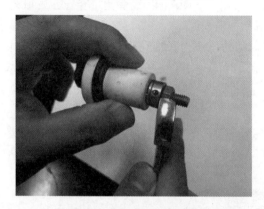

图 4-58　双螺母防松结构

图 4-59　加装密封胶垫后效果

（4）修后试验。处理后复测套管及末屏接地装置的对地绝缘电阻、介质损耗和电容量，并与修前试验数据比对均合格。

（5）恢复末屏帽。用 14mm 开口扳手将末屏帽旋紧，保证末屏引线柱可靠接地，如图 4-60 和图 4-61 所示。

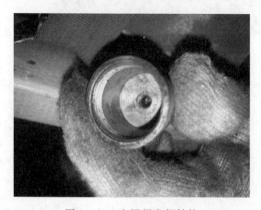

图 4-60　末屏帽内部结构

图 4-61　末屏帽可靠接地

最后将电缆仓及变压器油箱表面油迹擦拭干净。

（6）整理现场。清点工具，防止遗落，清理现场。

2. 处理效果

引线柱压紧螺母紧固到位，O型圈借助密封胶垫的压力密封良好，末屏接地装置无任何渗漏。测试套管及末屏接地装置的对地绝缘电阻、介质损耗和电容量均合格，拧紧末屏帽后末屏接地可靠，变压器运行良好，处理后效果如图4-62所示。

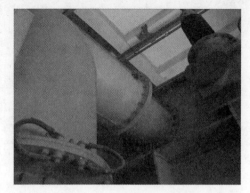

图4-62 缺陷处理后效果

（五）总结

（1）处理此类缺陷应对构件的导通路径和密封部位逐一排查，根据渗漏部位及原因采取针对性处理措施。

（2）该案例采用在O型圈上增加密封胶垫的方法处理此类缺陷，实质上是借助密封胶垫对O型圈压力的传导，解决了O型圈老化发生塑性形变后压缩量不足的问题。此属受客观条件制约时的临时措施，在具备条件时应对O型圈进行更换。

（3）在密封胶垫的选择上应注意其外径要小于瓷套凹槽口径，内径应以能够抱紧引线柱为宜。增加的密封胶垫置于引线柱螺纹部分，只起到紧固力传导而不起密封的作用。

（4）末屏帽多为铝制，强度较低，所以拆卸和复装末屏帽时，应与底座保持垂直角度，缓慢均匀用力。运行中必须保证末屏帽密封良好，末屏引线柱接地可靠。

第五章
冷却系统

第一节 概　　述

一、冷却系统用途与分类

变压器运行时其铁耗、铜耗和附加损耗都转变成热量，这些热量由铁芯、绕组传导至绝缘油，通过油对流换热不断地将热油带到冷却系统中，冷却系统以辐射和对流方式将热量散发到周围的空气中，实现绝缘油冷却，冷却的油回到油箱，从而实现变压器散热降温的目的。

冷却系统按照冷却方式可分为油浸自冷式（ONAN）、油浸风冷式（ONAF）和强迫油循环风冷式（OFAF）等。

二、冷却系统原理及结构

1. 油浸自冷式

在油箱内部，受热的绝缘油密度变小向上浮动，热油到达至油箱顶部，通过散热器上蝶阀流入散热器管路中，如图 5-1 所示。散热器与周围空气接触面大，与低于油温的空气接触时，热量通过散热器辐射散热实现了热油的冷却。冷却的绝缘油比重变大向下流动，重新流回到油箱下部。这样，绝缘油周而复始地在油箱及散热器的封闭油路中形成了

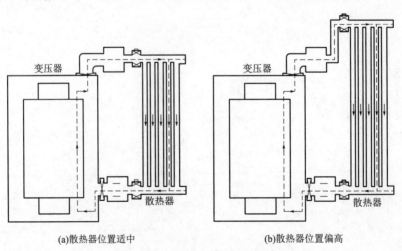

(a)散热器位置适中　　　　　　　　　　(b)散热器位置偏高

图 5-1　油的对流循环冷却原理

自然对流循环散热。

2. 油浸风冷式

油浸风冷式冷却装置是在油浸自冷式的基础上，在油箱壁或散热管上加装风扇，利用吹风机帮助冷却。加装风冷后可使变压器的容量增加30％～35％。其主要组部件为散热器和吹风装置。通常吹风装置安装在散热器下方或侧面，图5-2为常见的底吹式散热器结构。

3. 强油循环风冷式

强迫油循环风冷式在油浸风冷式的基础上增设了潜油泵，分为有导向和无导向两类。强迫油循环风冷式冷却装置主要由强油风冷式冷却器、潜油泵、油流继电器、吹风装置等部件组成，如图5-3所示。强迫导向油循环风冷（ODAF）用潜油泵将冷却油压入绕组之间、线饼之间和铁芯的油道中，加速冷却铁芯及绕组温度，冷却效率更高；而强迫油循环无导向风冷变压器大部分冷却油是通过箱壁和绕组之间的空隙流通，没有专设的冷却油输送通道。

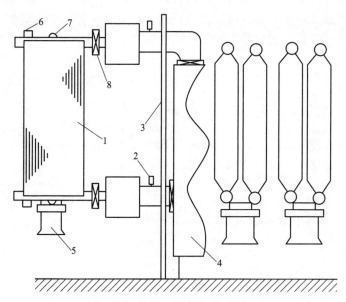

图5-2 常见底吹式散热器示意图

1—散热器；2—温度计；3—支撑；4—油箱；5—吹风装置；

6—放气堵；7—吊攀；8—蝶阀

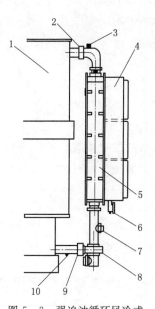

图5-3 强迫油循环风冷式
冷却装置结构

1—变压器；2—蝶阀；3—放气塞；

4—风扇箱；5—冷却器；6—端子箱；

7—油流继电器；8—油泵；

9—蝶阀；10—排污阀

三、冷却系统常见缺陷及其对运行设备的影响

1. 散热器常见缺陷

散热器蝶阀未全部开启、外部翅片间存在杂物等原因会导致散热器温度不均衡，影响冷却装置的冷却效率。密封胶垫失效、法兰紧固不均衡或不到位、散热器翅片焊接质量不

良或壳体存在砂眼等问题可能导致散热器渗漏油，长时间渗漏油会造成变压器油位降低。

2. 风扇常见缺陷

风扇用以加强散热，如果风扇电机故障跳闸，会大幅降低散热效率。风扇电机轴承润滑不良或晃动，会造成风扇电机转速异常或扇叶偏芯扫膛发出异常声音，风扇滤网损坏，叶片与风扇滤网接触摩擦也发出异响。风扇电机发出异响会增加其噪声分贝，伴随着机械件的持续摩擦，使得电机出力增加，电流超过一定数值后电机空气开关跳闸，影响散热效率。

3. 油泵常见缺陷

油泵如果发生渗漏油，影响较为严重，当负压区进油侧密封不严导致渗漏时，会使潮气进入变压器内部，影响变压器绝缘。油泵如果故障跳闸，会导致该组风冷却器失去散热能力，影响变压器的散热效率。油泵电机轴承晃动，会造成油泵叶轮扫膛发出异响。油泵内部机械性摩擦会产生金属碎屑，进入变压器内部，造成绝缘事故。

4. 油流继电器常见缺陷

油流继电器常见缺陷为抖动或指示不正确，可能原因有：油流继电器选型错误，动作流速整定值过高，油泵带动的流速无法使油流继电器挡板正确到达"工作"指示位置；油泵两侧蝶阀未完全开启，造成油流速度不稳，油流继电器指针抖动；油泵反转，油流继电器抖动；油流继电器内部机械故障，例如挡板发生变形损坏或脱落现象。

5. 冷却器全停缺陷

冷却器双电源都发生故障，会导致冷却器发出故障信号，如果该故障投变压器跳闸，会导致变压器三侧开关跳开，造成严重停电事故。

6. 散热器支撑不足

散热器靠支架、汇流管等实现支撑，支架等是变压器附件中承受弯矩较大的部位，在运输安装中颠簸过大，可能导致焊接等薄弱部位支撑力不足而断裂的情况。

第二节　冷却系统检修典型案例

一、潜油泵有限空间更换作业

（一）设备概况

1. 变压器基本情况

某交流 500kV 变电站 2 号变压器为保定天威保变电气股份有限公司生产，型号为 ODFPS - 250000/500，于 2001 年 10 月 30 日出厂，2002 年 3 月 29 日投运。

2. 变压器主要参数信息

联结组别：YN，a0，d11

调压方式：无载调压

冷却方式：强迫导向油循环风冷（ODAF）

出线方式：架空线/架空线/架空线（500kV/220kV/35kV）

开关型号：DUI4005 - 300 - 12050D

使用条件：室内□　　　　　室外☑

3.潜油泵主要参数信息

型号：6BP1135-4.6/3V

电流：9.0A

流量：135m³/h

转速：900r/min

扬程：4.6m

重量：120kg

生产厂家：北京富特盘式电机有限公司

（二）缺陷分析

1.缺陷描述

该变压器B相1号冷却器潜油泵出现多处严重渗漏，油流继电器也出现不同程度的渗漏油现象，如图5-4所示。

2.成因分析

该潜油泵于2009年投入运行，经查阅其厂家说明书，该轴承使用寿命为10年，已经到达使用年限。潜油泵与油流继电器各密封部位胶垫严重老化，失去弹性，需更换该潜油泵、油流继电器及密封胶垫。

图5-4　潜油泵渗漏情况

（三）检修方案

1.方案简述

此次结合停电更换潜油泵与油流继电器。首先检查新品潜油泵、油流继电器，确认无问题后进行更换，更换完毕后做好排气与试运转工作。

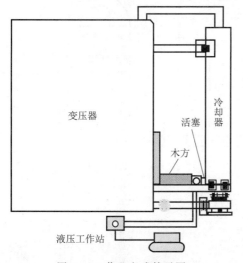

图5-5　作业方式简示图

经现场测量发现，潜油泵与两侧安装管路呈L型，且无过渡节，作业空间狭小，更换过程中可能存在安装裕量不足的情况。针对此类情形，常规作业方法为摘除冷却器更换油泵，此方法涉及的工作环节较多，工作量大，时间长。本案例采用移动冷却器、扩大安装空间的简便方法更换潜油泵，作业方式如图5-5所示。

此方法实施时一般液压工作站向外顶冷却器下部而上部保持不动，作业关键点为顶动过程中需保证冷却器不发生受力变形，造成不可逆的损伤。采用此方法作业前，需先对工作中冷却器的受力情况进行核算。

进行受力分析发现，垂直方向上冷却器重

力 G 与支架的支撑力 N 平衡；水平方向上液压工作站作用在冷却器下部，使其受到向外的推力 F_t，而冷却器还受到下部与支架之间的摩擦力 F_m，随着液压工作站的压力增加，当 $F_t > F_m$ 时，冷却器移动。在这个过程中，$F = F_t - F_m$，F 作用在冷却器上，且方向为水平向右。冷却器最薄弱环节为上部汇流管，因此将其分为 3 段 L_1、L_2、L_3，取 3 段上任意截面 S_1、S_2、S_3 进行受力分析。此时力 F 会对导流管截面 S_1、S_3 产生使之弯曲的力偶矩 M_1、M_3 与剪切作用，而对截面 S_2 产生拉伸作用，如图 5-6 和图 5-7 所示。

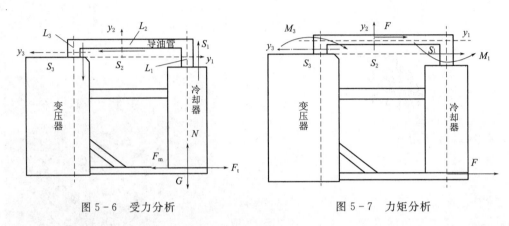

图 5-6　受力分析　　　　　　　　　　图 5-7　力矩分析

下面对 L_1、L_2、L_3 三段管路逐一分析：

（1）L_1 段分析。截面 S_1 受到 F 造成的弯曲，应力分析 $y = -80\text{mm}$ 时受到的拉应力最大，$y = 80\text{mm}$ 时受到的压应力最大。拉应力最大值与压应力最大值相等，本案例中汇流管材质为 Q235 钢，其拉伸与压缩的应力曲线基本重合，因此只需分析拉应力，如图 5-8 和图 5-9 所示。

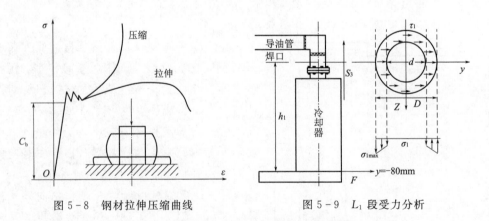

图 5-8　钢材拉伸压缩曲线　　　　　　图 5-9　L_1 段受力分析

拉应力[1]　　　　$$\sigma_{1\max} = M_1 y_{\max} / I_z = F h_1 y_{\max} / I_z = 64 F h_1 y_{\max} / \pi (D^4 - d^4) \tag{5-1}$$

$$F = \sigma_{1\max} \pi (D^4 - d^4) / 64 h_1 y_{\max} \leqslant [\sigma_1] \pi (D^4 - d^4) / 64 h_1 y_{\max} \tag{5-2}$$

---

❶　引用自唐静静，范钦珊，《工程力学》，高等教育出版社，2017。

令 $[F]=[\sigma_1]\pi(D^4-d^4)/64h_1y_{max}$，$D=160mm$，$d=150mm$，$y_{max}=80mm$；$I_z$ 为截面任意一点对 z 轴的惯性矩[1]，即 $I_z=\int_A y^2dA$，经换算，对于同心圆截面，$I_z=\pi(D^4-d^4)/64$，z 轴为通过截面形心的中性轴；$[\sigma_1]$ 为截面 S_1 处金属材料抵抗微量塑性变形的应力，材料在大于 $[\sigma_1]$ 的外力作用下将永久失效，无法恢复；h_1 为力 F 距离截面 S_1 的垂直距离，截面选取位置不同，h_1 大小不同。可见，$[F]$ 与 $[\sigma_1]$、h_1 大小有关。

截面 S_1 受到 F 造成的弯曲，经应力分析，截面 S_1 还受到剪切力作用[2]。

$$\tau_1=F/S_2=4F/\pi(D^2-d^2) \tag{5-3}$$

$$F=\tau_1S_2=\tau_1\pi(D^2-d^2)/4\leqslant[\tau_1]\pi(D^2-d^2)/4 \tag{5-4}$$

令 $[F]=[\tau_1]\pi(D^2-d^2)/4$，$D=160mm$，$d=150mm$。可见，$[F]$ 与 $[\tau_1]$ 大小有关。

1）当截面 S_1 距离力 F 的垂直距离 h_1 最大时，有

$$[F]=[\sigma_1]\pi(D^4-d^4)/64h_{1max}y_{max} \tag{5-5}$$

经计算，$F\leqslant[F]=5.1\times10^3N$。其中，汇流管材质为 Q235 钢，因此 $[\sigma_1]$ 取 Q235 钢的屈服强度，为 235MPa；$h_{1max}=4250mm$。

$$[F]=[\tau_1]\pi(D^2-d^2)/4 \tag{5-6}$$

经计算，$F\leqslant[F]=1.9\times10^7N$。其中，$[\tau_1]$ 是 Q235 的抗剪切强度在 310～350MPa 范围内，取 310MPa。

2）在 L_1 段存在 4 个焊口，如图 5-10 所示，焊口较汇流管本体应力极限 $[\sigma_1]$ 小。

a. 当截面 S_1 取 L_1 段焊口 1 处时，有

$$[F]=[\sigma_1]\pi(D^4-d^4)/64h_1y_{max} \tag{5-7}$$

经计算，$F\leqslant[F]=5.4\times10^3N$。其中焊口处为 Q235 钢材，E4303 型号焊条在自动焊时的对接焊口，因此 $[\sigma_1]$ 取 200MPa；此时 $h_1=4050mm$。

$$[F]=[\tau_1]\pi(D^2-d^2)/4 \tag{5-8}$$

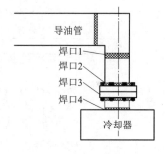

图 5-10　L_1 段焊口

经计算，$F\leqslant[F]=7.1\times10^6N$。其中，焊口处为 Q235 钢，E4303 型号焊条在自动焊时的对接焊口，$[\tau_1]$ 取 115MPa。

b. 当截面 S_1 取 L_1 段焊口 2 处时，有

$$[F]=[\sigma_1]\pi(D^4-d^4)/64h_1y_{max} \tag{5-9}$$

经计算，$F\leqslant[F]=5.2\times10^3N$。其中焊口处为 Q235 钢材，E4303 型号焊条在自动焊时的填角焊口，因此 $[\sigma_1]$ 取 160MPa，此时 $h_1=3342mm$。

$$[F]=[\tau_1]\pi(D^2-d^2)/4 \tag{5-10}$$

经计算，$F\leqslant[F]=9.9\times10^6N$。其中，焊口处为 Q235 钢，E4303 型号焊条在自动焊时的对接焊口，$[\tau_1]$ 取 160MPa。

c. 当截面 S_1 取 L_1 段焊口 3、焊口 4 处时，焊口 2 与焊口 3、焊口 4 的截面相同，且焊

---

[1]、[2]　引用自唐静静，范钦珊，《工程力学》，高等教育出版社，2017。

口焊接方式相同，$[\sigma_1]$、$[\tau_1]$ 相同，但焊口 2 的弯矩较大，那么焊口 3、焊口 4 不作分析。

（2）L_2 段分析。在 L_2 段各个截面只受到力 F 拉伸作用，截面上所受的拉应力方向与力 F 一致，大小相同。L_2 段最薄弱截面为 $[\sigma_2]$ 较小的焊口处，共两处，由于两处焊口受力相同，只需分析一处即可，如图 5-11 所示。

$$\sigma_2 = F/S_2 = 4F/\pi(D^2 - d^2) \tag{5-11}$$

$$F = \sigma_2 S_2 = \sigma_2 \pi(D^2 - d^2)/4 \leqslant [\sigma_2]\pi(D^2 - d^2)/4 \tag{5-12}$$

经计算，$F \leqslant 4.9 \times 10^7 \text{N}$。其中焊口处为 Q235 钢材，E4303 型号焊条在自动焊时的对接焊口，因此 $[\sigma_2]$ 取 200MPa；$D = 160\text{mm}$，$d = 150\text{mm}$。

（3）L_3 段分析。

1）当垂直距离 h_3 最大时。由于 S_1、S_3 截面尺寸相同，那么两截面的 y_{max} 与 I_z 大小相等，而 $h_{1max} > h_{3max}$，那么 $M_{1max} > M_{3max}$，可见 $\sigma_{1max} > \sigma_{3max}$，那么只需分析截面 S_1 即可。截面 S_3 所受的剪切力与界面 S_1 相同，不再作分析。

2）在 L_3 段存在 3 个焊口，应力分析如图 5-12 所示。

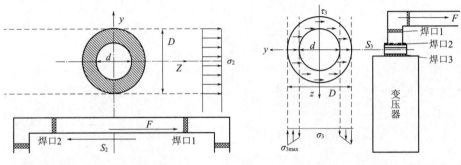

图 5-11　L_2 段受力分析　　　　图 5-12　L_3 段受力分析

a. 当截面 S_3 取 L_3 段焊口 1 处时，焊口 2 与焊口 1 的截面相同，但焊口 2 弯矩大，只需分析焊口 2 处截面受力情况即可，焊口 1 不作分析。

b. 当截面 S_3 取 L_3 段焊口 2 处时，有

$$[F] = [\sigma_3] \times \pi(D^4 - d^4)/64h_3 y_{max} \tag{5-13}$$

经计算，$F \leqslant [F] = 1 \times 10^5 \text{N}$。其中焊口处为 Q235 钢材，E4303 型号焊条在自动焊时的对接焊口，因此 $[\sigma_3]$ 取 200MPa；$D = 160\text{mm}$，$d = 150\text{mm}$，此时 $h_3 = 220\text{mm}$。

截面 S_3 所受的剪切力与截面 S_1 相同，不再作分析。

c. 当截面 S_3 取 L_3 段焊口 3 处时，有

$$[F] = [\sigma_3] \times \pi(D^4 - d^4)/64h_3 y_{max} \tag{5-14}$$

经计算，$F \leqslant [F] = 1.7 \times 10^5 \text{N}$。其中焊口处为 Q235 钢材，E4303 型号焊条在自动焊时的对接焊口，因此 $[\sigma_3]$ 取 200MPa；$D = 240\text{mm}$，$d = 150\text{mm}$，此时 $h_3 = 250\text{mm}$。

此时 L_1、L_3 截面所受的剪切力为 $\tau_1 = F/S_1$、$\tau_3 = F/S_3$。由于两截面 $S_1 < S_3$，那么截面 S_3 所受的剪切力小于截面 S_1，此时剪切力不再作分析。

综上计算，当截面 S_1 距离力 F 的垂直距离 h_1 最大时，截面 S_1 为最薄弱截面。为保证在液压工作站顶起冷却器过程中 $F \leqslant [F] = 5.1 \times 10^3 \text{N}$，有

$$F_{m}=Gf=mgf \qquad\qquad (5-15)$$

$$F_{t}=F+F_{m}\leqslant[F]+mgf \qquad\qquad (5-16)$$

经计算，$F_{t}\leqslant8.5\times10^{3}\mathrm{N}$。其中，$m$ 为冷却器、绝缘油与潜油泵质量之和，$m=2359\mathrm{kg}$；$g=9.8\mathrm{m/s^{2}}$；钢与钢之间无润滑剂情况下静摩擦系数与动摩擦系数接近，均取 $f=0.15$。

只要保证在冷却器被推动过程中 $F_{t}\leqslant8.5\times10^{3}\mathrm{N}$，该冷却器不会被损坏。

处理时间：10h

工作人数：7～8 人

2. 工作准备

工具：开口扳手（17mm、19mm、24mm、27mm）、活扳手（12″）、电动扳手、撬棍、尼龙绳、钢管、尖嘴钳、螺丝刀（一字）、内六方、油管、木方、油桶、电源线、接地线

材料：汤布、白土、毛刷、406 胶水

备件：6BP2135 - 4.6/3V 潜油泵×1、YJ1 - 150/135 油流继电器×1、189mm×169mm×8mm 密封胶垫×2

设备：板式滤油机、液压工作站、1000V 绝缘电阻表、万用表、钳形电流表、油罐 1t

特种车辆：无

（四）缺陷处理

1. 处理过程

（1）更换准备。

1）新品检查。检查新品潜油泵的外观、安装尺寸、额定功率、流量、扬程、转速、电流、绝缘等符合要求。将潜油泵平放，打开法兰封板，拨动潜油泵扇叶，不应有扫膛现象。

检查新品油流继电器外观、安装尺寸、联管直径、额定工作油流量、绝缘等符合要求。拨动油流继电器动板至绿色运行区域与红色停止区域。

注意事项：

1. 潜油泵型号检查时，不要忽略设计序号，不同设计序号的潜油泵规格，即使同厂家同型号，有时也会存在差异。

2. 油流继电器安装尺寸核实时，要特别注意测量油流继电器动板连杆的长度，过长或过短既会影响油流继电器指示，又会造成动板与管路的卡涩。

2）排油。断开潜油泵电源，拆除旧品潜油泵端子盒及其三相电源线。关闭潜油泵与冷却器间的阀门、导流管与油箱间阀门，松开潜油泵与导流管连接法兰，自此处排油，如图 5-13 和图 5-14 所示。

注意事项：

1. 拆除潜油泵端子盒及接线时，标记三相电源（U、V、W）顺序，以免新品接线连接错误，出现相序接反的情况。

2. 排油时，要缓慢松开法兰螺栓，以免出现喷油现象。

3. 一般潜油泵应自底部放油塞处排油，由于该潜油泵无放油塞，因此选择在法兰接口处排油。

图 5 - 13　关闭阀门

图 5 - 14　排油

（2）更换过程。

1）旧品拆除。先拆除潜油泵侧面法兰螺栓，再拆除潜油泵冷却器侧螺栓，将旧品潜油泵拆除，如图 5 - 15 和图 5 - 16 所示。

注意事项：

打开上部法兰时，不可一次性拆除全部法兰螺栓，以免潜油泵掉落，砸伤人员。

图 5 - 15　打开侧面法兰

图 5 - 16　打开上部法兰

2）新品试装。试装新品潜油泵，发现将潜油泵垂直方向法兰螺栓安装好后，即使不紧固，其水平方向法兰已与导油管法兰完全贴合，无法塞入密封胶垫，为此采用液压工作站向外顶移冷却器，增加潜油泵水平方向的安装裕量，如图 5 - 17 和图 5 - 18 所示。

图 5 - 17　法兰贴合情况

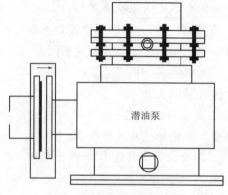

潜油泵

图 5 - 18　增加裕量示意图

3）增加安装裕量。选择使用液压工作站参数为：电机为 $2HP$ - $4P/1.5kW$；系统压力最大 7MPa；系统流量 16L/min；活塞行程 50mm；活塞直径 45mm；活塞有效面积 1590mm²。液压工作站 2 个活塞总面积为 $2×1590mm^2$，$F_t \leqslant [F_t] = 8.5×10^3 N$。

$$F_t = S_{活塞}P_t \tag{5-17}$$

$$P_t = F_t/S_{活塞} < [F_t]/S_{活塞} \tag{5-18}$$

经计算，液压工作站施加压强 $P_t < 2.67MPa$。

工作前先打开冷却器上部支架与底脚，然后将两个液压缸置于冷却器与本体之间，调节液压工作站的压强，将冷却器向外缓慢顶移 10mm，如图 5-19 和图 5-20 所示。

图 5-19　打开冷却器支架

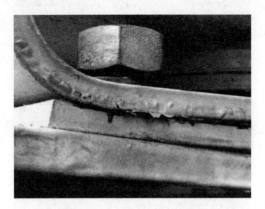
图 5-20　底脚固定螺栓

注意事项：

1. 使用前，检查液压工作站各部件是否存在漏油、破损情况，并对其压力表进行校验。

2. 由于冷却器底脚固定螺孔为长眼可调节，不必将螺栓拆下。冷却器顶移到位后及时紧固底脚螺栓，在侧面法兰开口处垫入木块，防止冷却器回弹。

3. 冷却器顶移距离由密封胶垫厚度决定，一般选择比密封胶垫厚度大 2～3mm 作为安装裕量，本处密封胶垫厚度为 8mm，选择顶移距离为 10mm。

利用液压工作站推动冷却器过程中，随着施加压强增加，冷却器受到的推力增加，有

$$F_t = S_{活塞}P_t \tag{5-19}$$

经计算，推动过程中最大推力 $F_t = 4.3×10^3 N$，满足 $F_t \leqslant 8.5×10^3 N$ 条件，在安全范围内，冷却器移动距离 l 与施加压强见表 5-1。

表 5-1　　　　　　　　　　　　移动距离与施加压强

变量	数　值				
P_t/MPa	0.79	0.94	1.2	1.3	1.4
l/mm	0	0	2	5	10
F_t/N	$2.5×10^3$	$3.0×10^3$	$3.8×10^3$	$4.0×10^3$	$4.3×10^3$

图 5 - 21 对正法兰螺孔

4）新品回装。借助专用工具向上抬升潜油泵，安装冷却器侧法兰螺栓，但先不紧固，然后更换导油管侧法兰密封胶垫。利用撬棍找准潜油泵与导油管法兰螺孔位置后穿入螺栓，待所有螺栓均穿好后，将液压工作站泄压，取下垫块与液压缸，轮流紧固两侧法兰螺栓。按照三相电源顺序连接电源线。工作过程如图 5 - 21～图 5 - 23 所示。

注意事项：

密封胶垫应用胶水预先粘在法兰平面上，液压缸泄压前再次检查密封胶垫位置，防止发生窜动。

图 5 - 22 紧固法兰螺栓

图 5 - 23 连接电源线

5）油流继电器更换。拆除旧品油流继电器及信号线，并做好标记。安装新品油流继电器及信号线，检验常开、常闭触点连接正确。

（3）回油、排气及调整油位。打开冷却器侧阀门放气塞，然后缓慢打开导油管侧阀门，将油压入潜油泵，待放气塞流油后关闭放气塞，打开冷却器侧阀门，调整油位至合适位置，如图 5 - 24 和图 5 - 25 所示。

图 5 - 24 打开放气塞

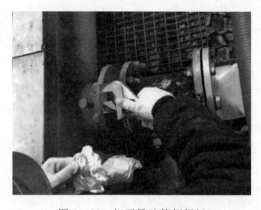

图 5 - 25 打开导油管侧阀门

注意事项：

阀门打开顺序不可颠倒，打开导油管侧阀门需严格控制速度，以免空气进入变压器本体内部。

（4）整理现场。清点工具，防止遗落，清理现场。

2. 处理效果

传动潜油泵，潜油泵运行正常，油流继电器指示正确，油泵本体及连接法兰无任何渗漏现象。

（五）总结

（1）对于此类潜油泵安装空间狭小情况，可采取用液压工作站顶移或链条葫芦拉拽等方法，以增加安装裕量，但实施前必须对受力部件进行强度核算，防止损伤设备。

（2）根据设备能承受的最大推力，选择合适参数的液压工作站。对于自重较重的冷却器等，至少使用两个液压缸，缓慢调节压力，保证受力均匀。

二、散热器支撑板断裂处理

（一）设备概况

1. 变压器基本情况

某交流 110kV 变电站 2 号变压器为特变电工股份有限公司新疆变压器厂生产，型号为 SFSZ9-180000/220，于 2018 年 7 月 25 日出厂，2018 年 10 月 22 日投运。

2. 变压器主要参数信息

联结组别：YN，yn0，yn0＋d11

调压方式：有载调压

冷却方式：油浸自冷（ONAN）

出线方式：架空线/架空线/架空线（110kV/35kV/10kV）

开关型号：CMⅢ-500Y/63C-10193W

使用条件：室内□　　　　室外☑

（二）缺陷分析

1. 缺陷描述

该变压器全部附件组装、注油完毕，上台过程中，与油箱焊接的散热器支撑板出现焊口开裂现象。变压器高压侧下部对应的散热器支撑板编号：高压侧 A 相下部竖直支撑板分别为 A_1、A_2，高压侧 B 相下部竖直支撑板分别为 B_1、B_2，高压侧下部竖直支撑板、水平支撑架如图 5-26 所示。

高压侧油箱下部焊接有 6 个支撑板，其中高压侧 A、B 相下部油箱焊接的 4 个支撑板 A_1、A_2、B_1、B_2 均出现不同程度的焊口开裂现象，如图 5-27 和图 5-28 所示。目前采取图 5-29 所示的散热器临时支撑方式。

2. 成因分析

变压器在上台过程中曾发生振动，检查该变压器上台过程中的三维冲撞记录，发现其垂直方向上的重力加速度最大达到 1.8g，如图 5-30 所示。造成支撑板焊接处开焊的原因很可能为运输过程中散热器无法安装下部支墩，仅依靠焊接在油箱上的支撑板承重，在发生振动的情况下支撑板过负荷，导致焊口开裂。下面对支撑板焊口受力情况进行验证。

图 5 - 26　散热器支撑结构

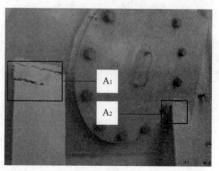

图 5 - 27　A 相位置支撑板开裂情况

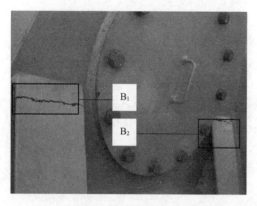

图 5 - 28　B 相位置支撑板开裂情况

图 5 - 29　散热器下部临时支撑

（1）焊接形式。焊接接头分为对接接头、搭接接头、角接接头和 T 型接头等，手工电弧焊一般分为平焊、横焊、立焊和仰焊，常见焊接形式如图 5 - 31 所示。

07　18-10-21　10：46：02　0.3　0.6　0.2

08　18-10-21　11：46：05　0.5　0.6　0.2

09　18-10-21　12：46：59　0.4　0.4　0.1

10　18-10-21　13：46：09　0.5　0.5　0.4

11　18-10-21　14：46：15　0.4　0.5　0.4

12　18-10-21　15：46：27　0.5　0.7　0.6

13　18-10-21　16：46：53　0.3　0.6　0.7

14　18-10-21　17：46：52　0.1　1.0　 1.8

15　18-10-21　18：46：38　0.6　0.4　1.0

16　18-10-21　19：46：37　0.3　0.4　1.0

图 5 - 30　三维冲撞记录

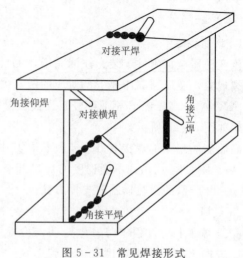

图 5 - 31　常见焊接形式

支撑板焊接面有支撑板上部与油箱、支撑板与加强筋、支撑板下部与箱沿 3 处，如图 5-32 所示。3 处的焊缝皆为角焊缝，普通型角焊缝结构如图 5-33 所示，其中 K 为焊缝焊脚高度。

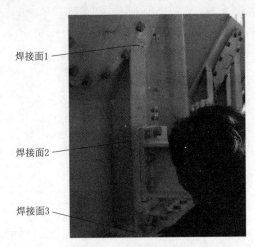

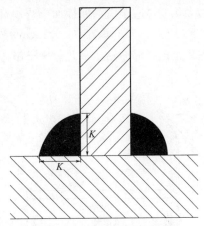

图 5-32 支撑板焊接面位置　　　　图 5-33 普通型角焊缝结构

本案例中 3 处焊口焊脚高度分别为 5mm、5mm、7mm，见表 5-2。

表 5-2　　　　　　　　　　　　　　角焊缝焊脚尺寸

焊接面	1		2		3	
钢板厚度/mm	油箱	支撑板	支撑板	加强筋	支撑板	箱沿
	10	8	8	10	8	20
焊缝形式	角焊缝		角焊缝		角焊缝	
焊脚高度/mm	5		5		7	

（2）焊接强度。焊缝的强度与焊缝焊接方法、焊条型号、构件材质、构件尺寸以及焊缝形式有关。本案例中构件钢板材质为 Q235 钢，与油箱垂直的加强筋厚度为 10mm，与油箱平行的支撑板厚度为 8mm，箱沿厚度为 20mm，油箱厚度为 10mm，支撑板焊口强度见表 5-3[1]。

表 5-3　　　　　　　　　　　　　　焊 口 强 度

焊接面	1		2		3	
钢板厚度/mm	油箱	支撑板	支撑板	加强筋	支撑板	箱沿
	10	8	8	10	8	20
焊缝形式	角焊缝		角焊缝		角焊缝	
强度/MPa	抗压 $[\sigma_c]=160$ 抗拉 $[\sigma_t]=160$ 抗剪 $[\tau]=160$		抗压 $[\sigma_c]=160$ 抗拉 $[\sigma_t]=160$ 抗剪 $[\tau]=160$		抗压 $[\sigma_c]=160$ 抗拉 $[\sigma_t]=160$ 抗剪 $[\tau]=160$	

（3）强度验证。以支撑板 A_2 为例验证焊接强度。将支撑板 A_2 与其水平支撑架作为

---

[1] 引用自《钢结构工程施工质量验收规范》（GB 50205—2001）。

整体进行受力分析，散热器由于自身重力，对支撑板的 3 个焊接面分别产生方向向下的力 F_1、F_2、F_3，使 3 个焊接面分别受到扭矩 M_1、M_2、M_3 作用，如图 5 - 34 所示。

1）焊接面 1 与垂直方向存在 30°夹角，那么需对 F_1 进行沿焊接面 1 平面法线与切线方向的受力分解，可见焊接面受到拉力 F_{1n} 与剪切力 $F_{1\tau}$（其中 $F_{1n}=\sin30°\times F_1$；$F_{1\tau}=\cos30°\times F_1$），以及力矩 M_1 作用，焊接面 1 焊脚高度 $K=5\text{mm}$，焊接面尺寸如图 5 - 35 所示，可得 $I_z=100\times(13.5^3-3.5^3)\times10^{-12}/12\ (\text{m}^4)$ ❶。

$$F_{1n}/S_1+\sigma_{t1max}=F_{1n}/S_1+M_1y_{max}/I_z=F_{1n}/S_1+F_{1\tau}L\times y_{max}/I_z\leqslant[\sigma_t] \qquad (5-20)$$
$$\tau_1=F_{1\tau}/S_1\leqslant[\tau] \qquad (5-21)$$

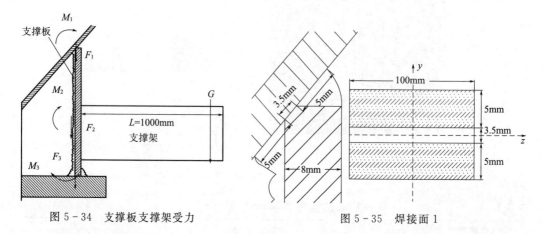

图 5 - 34　支撑板支撑架受力　　　　　　　　图 5 - 35　焊接面 1

经计算，可得 $F_1\leqslant275\text{N}$。

2）焊接面 2 为垂直面，焊接面 2 受到剪切力 F_2 作用以及力矩 M_2，焊接面 2 焊脚高度 $K=5\text{mm}$，焊接面尺寸如图 5 - 36 所示，可得 $I_z=(20-10)\times650^3\times10^{-12}/12\ (\text{m}^4)$ ❷。

$$\sigma_{t2max}=M_2y_{max}/I_z=F_2Ly_{max}/I_z\leqslant[\sigma_t] \qquad (5-22)$$
$$\tau_2=F_2/S_2\leqslant[\sigma_v] \qquad (5-23)$$

经计算，可得 $F_2\leqslant104619\text{N}$。

3）焊接面 3 为水平面，焊接面 3 受到压力 F_3 作用以及力矩 M_3，焊接面 3 焊脚高度 $K=7\text{mm}$，焊接面尺寸如图 5 - 37 所示，可得 $I_z=100\times(22^3-8^3)\times10^{-12}/12\ (\text{m}^4)$ ❸。

$$F_3/S_3+\sigma_{c3max}=F_3/S_3+M_3y_{max}/I_z=F_3/S_3+F_3Ly_{max}/I_z\leqslant[\sigma_c] \qquad (5-24)$$

经计算，可得 $F_3\leqslant1224\text{N}$。

可见 $F_1+F_2+F_3\leqslant106118\text{N}$。

经查阅出厂资料，散热器片散、导油管、绝缘油等质量总和 $m\approx16530\text{kg}$，则 $G=mg=161994\text{N}$，而受到冲撞时向下的力为 $G_1=mg+1.8mg=453583\text{N}$（其中，$g=9.8\text{N/kg}$）。

散热器自身重力通过 4 个水平支撑架承重，那么水平支撑架最大可承重力 $F=4(F_1+F_2+F_3)=424472\text{N}$，可见 $G<F<G_1$，即变压器受到振动冲击后支撑板过负荷，导致焊口发生开裂。由于支撑板 A_2、B_2 开裂，使作用在支撑板 A_1、B_1 的应力增加，进而导致 A_1、B_1 的开裂。

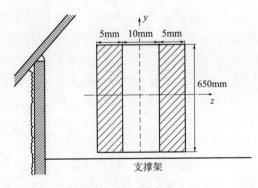

图 5-36　焊接面 2

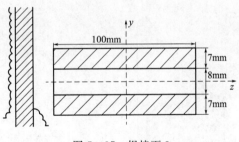

图 5-37　焊接面 3

（三）检修方案

1. 方案简述

结合停电，拆除散热器，切割掉开裂的支撑板，重新焊接新支撑板。装好散热器后安装散热器下部支墩，确保散热器得到可靠支撑，然后对其进行回油。

处理时间：12h

工作人数：8 人

2. 工作准备

工具：开口扳手（17mm、19mm、24mm、27mm）、壁纸刀、木槌、油管、螺丝刀（一字、十字）、接地线、油桶、钢丝刷、护目镜、割炬、割嘴、胶管、电源线

材料：406 胶水、酒精、白土、油漆、氧气、乙炔、汤布、毛刷

备件：650mm×100mm×12mm 钢板×4、E4315 焊条若干

设备：真空滤油机、电气焊设备、油色谱分析仪

特种车辆：起重吊车 25t

（四）缺陷处理

1. 处理过程

(1) 散热器拆除。关闭高压侧散热器汇流管与本体相连的全部阀门，排净高压侧散热器内全部绝缘油，摘除散热器与汇流管，然后拆除水平支撑架。

注意事项：

拆除散热器后，需用封板对油箱汇流管阀门及时封堵，以免漏油，防止对后续焊接工作造成影响。

(2) 支撑板更换。

1) 旧品切割。由于被切割材料为厚度 8mm 的 Q235 钢材，选用 G01-30 型割炬，1号环形割嘴（乙炔割嘴），割嘴型号的工作参数见表 5-4。

表 5-4　　　　　　　　　　　割嘴型号的工作参数表

割嘴型号	氧孔直径/m	切割厚度/mm	氧气工作压力/MPa	乙炔工作压力/MPa
1	0.7	2~10	0.2	0.001~0.1
2	0.9	10~20	0.25	0.001~0.1
3	1.1	20~30	0.3	0.001~0.1

将工件表面的油污和铁锈清理干净，对支撑板沿着原焊接线进行切割。根据被切割钢板厚度，切割速度选用 350mm/min❶。切割面应无裂纹、夹渣、分层和大于 1mm 的缺棱。

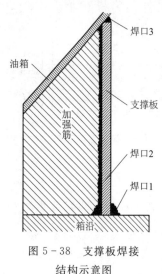

图 5 - 38　支撑板焊接
结构示意图

注意事项：

为充分利用预热火焰和提高效率，切割时可根据被切割钢板的厚度将割嘴向后倾斜 0°～30°，且钢板越薄，角度应越大。气割中，割炬速度要均匀，割炬与工件的距离要保持不变。

2）新品焊接。手工电弧焊操作方便、灵活，本次焊接工作选择手工电弧焊的焊接工艺。本案例中支撑板为普通的碳素结构钢 Q235，一般搭配 E43 系列焊条，本案例中其作为复杂的厚板结构，选用 E4315 焊条。新品支撑板规格选择厚度 12mm、长 650mm、宽 100mm 的钢板，支撑板焊接处共 3 处，如图 5 - 38 所示。

焊接连接处都为角焊缝，角焊缝焊接时焊脚高度与焊接形式有关，且需配合使用不同直径的焊条进行焊接，详细要求见表 5 - 5。

表 5 - 5　　　　　　　　　　　　　焊 接 工 艺 参 数 表

焊口	焊接形式	焊脚高度/mm	焊条直径/mm	焊接电流/A
1	平角焊	6	4.0	160～200
			5.0	220～280
2	立角焊	6	3.2	90～120
			4.0	120～160
3	仰角焊	9	4.0	120～160

焊接前首先打磨清理焊接部位污物，避免产生焊接缺陷，同时要保证焊条表面清洁、无污物。清理完成后，接通焊机电源，选择合适的电弧电压保证电弧长度适中、燃烧稳定，焊接时速度要均匀，保证融合良好。焊接完成后，检查焊缝表面应无裂纹、夹渣或气孔等缺陷，最后对焊接部位打磨处理并对支撑板及焊接部位进行涂漆，防止氧化锈蚀，焊接效果如图 5 - 39 所示。

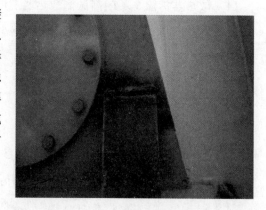

图 5 - 39　支撑板焊接效果

注意事项：

1. 新品支撑板选择较旧品厚度大的钢

---

❶　引用自赵静月，《变压器制造工艺》，中国电力出版社，2009。

板，焊脚高度增加，焊口强度变大，支撑板承重更可靠。

2. 焊条使用前需进行烘干处理。焊接操作前应检查焊机和工具，确保焊钳和焊接电缆的绝缘良好、焊机外壳可靠接地且放置牢固平稳，确认安全合格后方可作业。

3. 焊接作业点宜备清水，以备及时冷却焊嘴。

（3）散热器回装。打开汇流管封板，依次回装水平支撑架、汇流管、散热器。

（4）支墩安装及回油。将散热器支墩安装在散热器下部的基础预埋件上，支撑散热器，如图 5－40 所示。打开散热器下部阀门，以及上部放气孔塞，利用本体油压向散热器进行注油，待放气塞有油溢出时关闭放气塞。然后打开散热器全部阀门，调整油位，静置，排气。

图 5－40　支墩安装

注意事项：

通过调节限位螺栓，可调整支墩高度，一般选择将散热器在安装好的高度上顶起 2～3mm，以保证支墩在垂直方向上承受散热器重量。

（5）取油样。取变压器本体绝缘油进行绝缘油色谱试验，试验结果合格。

注意事项：

由于切割以及焊接过程均在本体油箱上实施，需取变压器本体绝缘油样进行色谱分析，检验焊接过程中是否出现烃类气体。

（6）整理现场。清点工具，防止遗落，清理现场。

2. 处理效果

将支撑板重新焊接和安装好散热器下部支墩后，散热器得到可靠支撑，各支撑部位以及变压器油箱无任何开裂、变形，散热器无下垂现象。截至目前，设备运行良好。

（五）总结

（1）本案例中支撑板开裂情况为变压器起重运输过程中散热器失去支墩支撑导致。靠支撑架和支墩或拉杆共同承重的变压器，起重运输过程中不宜安装散热器，特殊情况下可采取用钢绳吊住散热器等替代手段减少支撑架承重。运行过程中，不允许在未安装支墩或拉杆的情况下运行。

（2）对于本案例里中部出线类型的变压器，为保证绝缘距离，支撑架往往较长，支撑板承重力矩增大；对于自然油循环、大容量变压器，散热器重量较大。以上变压器对支撑板、支撑架强度要求较高，宜在散热器下部使用支墩或在上部安装拉杆配合承重。

（3）变压器起重运输过程中应安装三维冲撞记录仪，记录运输过程中变压器遭受的振动、冲击等不良工况，及时发现设备的安全隐患。

三、冷却器全停延时跳闸检查与处理

（一）设备概况

1. 变压器基本情况

某交流 500kV 变电站 2 号变压器为保定天威保变电气股份有限公司生产，型号为

ODFPS－250000/500，于 2001 年 10 月 30 日出厂，2002 年 3 月 29 日投运。

2. 变压器主要参数信息

联结组别：YN，a0，d11

调压方式：无载调压

冷却方式：强迫导向油循环风冷（ODAF）

出线方式：架空线/架空线/架空线（500kV/220kV/35kV）

开关型号：UI3000－245－12050D

使用条件：室内□　　　　室外☑

（二）缺陷分析

1. 缺陷描述

2019 年 4 月 9 日 12 时 55 分，该变压器冷却器全停延时跳闸动作。监控后台在发出"冷却器全停延时跳闸"信号前频繁发送"B 相冷却器工作电源断相故障""B 相备用冷却器投入"以及"B 相备用冷却器投入后故障"的动作和复归信号，见表 5－6。

表 5－6　　　　　　　　　　变电站后台保护报文

报警时间	报警内容	报警时间	报警内容
12：55：34.153	B 相冷却器工作电源断相故障	12：55：35.979	B 相冷却器投入信号已复归
12：55：34.249	B 相冷却器工作电源断相故障信号已复归	12：55：36.165	B 相冷却器投入信号已复归
12：55：34.434	B 相备用冷却器投入	12：55：36.354	B 相备用冷却器投入后故障
12：55：34.524	B 相备用冷却器投入后故障	12：55：36.452	B 相备用冷却器投入
12：55：34.819	B 相冷却器投入信号已复归	12：55：36.549	B 相冷却器工作电源断相故障
12：55：34.917	B 相冷却器工作电源断相故障信号已复归	12：55：36.648	B 相备用冷却器投入
12：55：35.015	B 相冷却器工作电源断相故障信号已复归	12：55：36.745	B 相冷却器工作电源断相故障
12：55：35.113	B 相备用冷却器投入后故障信号已复归	12：55：38.136	B 相冷却器工作电源断相故障信号已复归
12：55：35.303	B 相备用冷却器投入	12：55：38.227	B 相冷却器工作电源断相故障
12：55：35.393	B 相备用冷却器投入后故障	12：55：38.324	B 相冷却器工作电源断相故障信号已复归
12：55：35.490	B 相冷却器投入信号已复归	12：55：38.422	B 相备用冷却器投入信号已复归
12：55：35.588	B 相冷却器工作电源断相故障信号已复归	12：55：39.504	冷却器全停延时跳闸
12：55：35.687	B 相备用冷却器投入	12：55：38.519	B 相冷却器工作电源断相故障信号已复归
12：55：35.784	B 相备用冷却器投入后故障	12：55：38.716	B 相备用冷却器投入
12：55：35.882	B 相冷却器工作电源断相故障	12：55：38.813	B 相冷却器工作电源断相故障

该变压器 B 相风冷控制箱内部元器件外观无异常，B 相冷却器系统电源正常，如图 5-41 所示。打开冷却器控制箱，发现工作、备用冷却器中的潜油泵热继电器动作，导致工作、备用冷却器无法启动，如图 5-42 所示。

图 5-41 风冷控制箱内部结构

热继电器
动作弹出

图 5-42 控制箱内部情况

2. 成因分析

该变压器风冷控制回路主要由电源控制回路与冷却器控制回路两部分组成，跳闸前发出的四种信号分别是"B 相冷却器工作电源断相故障""冷却器全停延时跳闸""B 相备用冷却器投入"及"B 相备用冷却器投入后故障"，前两种信号的发出与电源控制回路有关，后两种信号的发出与冷却器控制回路有关，下面分别对这两个回路中相关部分进行原因查找与分析。

（1）电源控制回路部分。当接地继电器 KE 励磁后，KE 常开触点闭合，中间继电器 K7 励磁，K7 常开触点闭合，发出"B 相冷却器工作电源断相故障"信号。

KE 线圈与 1C、2C、3C 电容在回路中混联，当电容稳定时，KE 能够反映三相电源是否平衡，即电源平衡时，KE 线圈失磁，反之励磁，控制回路如图 5-43 所示。

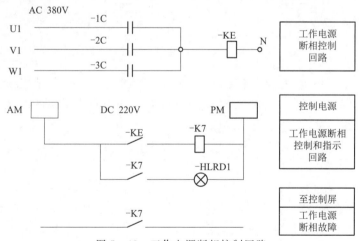

图 5-43 工作电源断相控制回路

交流接触器 KMM1 与 KMM2 失磁，其常闭触点闭合，会发出"冷却器全停延时跳闸"信号。现场发出该报文后，经时间继电器 20min 延时后变压器跳闸，控制回路如图 5-44 所示。

KE、K7 继电器与 KMM1、KMM2 接触器的相关线圈与触点在该控制回路联动，如图 5-45 所示，Ⅰ段电源为工作电源，Ⅱ段电源为辅助电源。

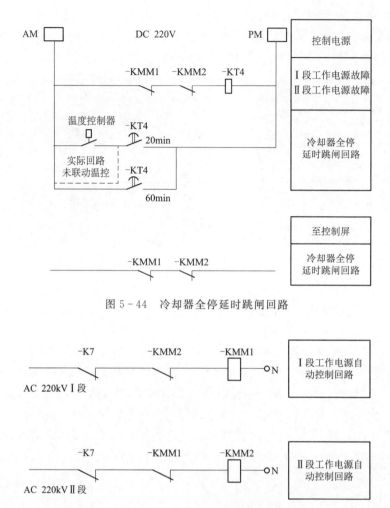

图 5-44　冷却器全停延时跳闸回路

图 5-45　Ⅰ、Ⅱ段电源交流控制回路

正常情况下为Ⅰ段电源为回路供电，此时 K7 线圈失磁，K7 常闭触点闭合、常开触点打开，KMM2 线圈失磁，KMM2 常闭触点闭合，KMM1 线圈励磁。当Ⅰ段电源回路故障时，KE 线圈励磁，K7 继电器励磁，K7 常闭触点打开、常开触点闭合，KMM1 线圈失磁，KMM1 常闭触点闭合，KMM2 线圈励磁，此时回路交流电源切换为Ⅱ段辅助电源。

对电源控制回路进行多次传动试验，发现在Ⅰ、Ⅱ段交流电源正常的情况下，图 5-43 中与 KE 线圈混连的 A21-1C 电容器电容量不稳定，导致 KE 接地继电器线圈频繁励磁，继而使 K7 继电器触点短时间内频繁动作、复归，Ⅰ、Ⅱ段电源频繁切换，使得"B 相冷却器工作电源断相故障"报文频发，电容器外观如图 5-46 所示。

注意事项：

电容器损坏后，对于三相交流电源回路来说，Y 接负载出现不对称，导致中性点电位偏移，KE 接地继电器线圈两端出现电位差，通过电流达到整定值后导致继电器动作。

这种频繁切换超越了继电器触点的动作极限，最终在Ⅱ段电源切换至Ⅰ段电源过程中

（K7 继电器、KMM2 接触器失磁）K7 继电器常闭触点烧损而不能闭合，造成 KMM1 继电器未能励磁。

KMM1、KMM2 继电器均失磁后，KMM1、KMM2 常闭结点同时闭合，使得 2 号变 B 相风冷回路Ⅰ、Ⅱ段交流电源同时断电，最终发出"变压器冷却器全停延时跳闸"报文。

（2）冷却器控制回路部分。冷却器控制回路如图 5－47 和图 5－48 所示，正常情况下，工作、备用及辅助冷却器可根据负荷、油温变化正确投切，此时图 5－47 中的 KMN（N 为 1、2、3 时分别表示工作、备用、辅助冷却器，三者冷却器回路相同）接触器线圈励磁，KMN 常开触点闭合，冷却器油泵及风扇电机通电投入。

图 5－46　与 KE 线圈混连的电容器

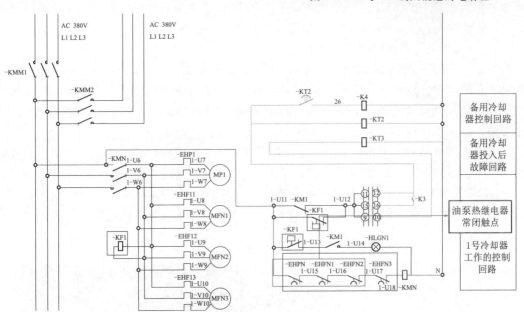

图 5－47　冷却器交流控制回路*

当工作或辅助冷却器无法启动时投入备用冷却器，图 5－47 中的 KT2 时间继电器线圈励磁，KT2 常开触点延时闭合，K4 中间继电器线圈励磁，图 5－48 中的 K4 常开触点闭合，后台发出"备用冷却器投入"信号；当备用冷却器无法启动，图 5－47 中的 KT3 时间继电器线圈励磁，KT3 延时触点闭合，图 5－48 中的 K8 中间继电器线圈励磁，K8 常开触点闭合，后台发出"备用冷却器投入后故障"信号。

结合现场检查发现的工作、备用冷却器油泵热继电器均动作的现象，分析该变压器发

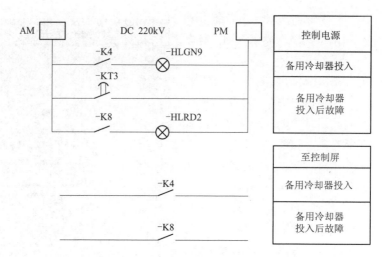

图 5-48　冷却器直流控制及信号回路

出"B 相备用冷却器投入""B 相备用冷却器投入后故障"报文的可能原因如下：

1）潜油泵本体故障。油泵出故障，造成三相电流不平衡，任一相电流持续过载后，导致如图 5-47 中的 EHPN 热继电器动作，EHPN 常闭触点断开，KMN 接触器线圈失磁，KMN 常闭触点闭合，发出"冷却器投入及投入后故障"故障报文。

2）油流继电器接线错误。油流继电器有 3 个接线端子，如图 5-49 所示，分别是公共端子 D1、流动端子 D2、停止端子 D3，正常的动作原理是：油泵开启后，油流量达到动作油流量时，指针旋转至右侧油泵运行区域，D1、D2 导通，D1、D3 不导通，发出运行信号；当油流量减少至返回量时，指针回到左侧油泵停止区域，D1、D3 导通，D1、D2 不导通，发出停止信号，油流继电器指示位置如图 5-50 所示。

当油流继电器的端子线接反时，恰好与正常的导通情况相反。在图 5-47 中油流继电器 KF1 的公共端子 D1、流动端子 D2、停止端子 D3 分别与接线排上的 1-U11、1-U12、1-U13 端子相连接。在 D2、D3 接反的情况下，油泵一旦运行，D1、D2 导通，所以 1-U11 与 1-U12 所在的回路接通，此时与油泵热继电器动作的逻辑情况相同，最终发出故障信号。

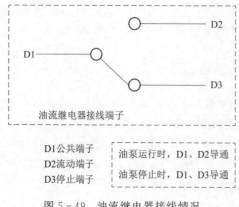

图 5-49　油流继电器接线情况

图 5-50　油流继电器指示位置

3）电源控制回路频繁失电。由上述分析可知，图 5-43 中的电容器损坏后，图 5-45 中的 KE、K7、KMM1 及 KMM2 线圈频繁励磁，导致图 5-47 中的 KMM1、KMM2 常开触点在 Ⅰ、Ⅱ 段电源频繁切换过程中动作不同步，使得冷却器控制回路频繁失电，油泵电机频繁启动，通过热继电器的电流在一段时间内持续达到启动电流值（额定电流的 4~7 倍），最终在一定的热惯性下，热继电器动作，发出故障报文。

（3）故障原因。经查证，该变电站风冷全停配置有两处不符合相关规定要求❶：①该站为有人值守变电站，发生风冷全停时，跳闸回路接通，与规定中"有人值班变电站，强油循环风冷变压器的冷却装置全停，宜投信号；无人值班变电站，条件具备时宜投跳闸"的要求不符；②后台显示的变压器上层油温未超过 75℃，根据规定应在 1h 后延时跳闸，该变压器跳闸回路未联动油温控制回路，跳闸延时设定为固定值 20min，亦违反相关要求。

综合以上原因分析，并结合相关规定，风冷控制箱中的 A21-1C 电容器电容量不稳定是导致电源控制回路发出"B 相冷却器工作电源断相故障"和"冷却器全停延时跳闸"两种信号的根本原因，再加上该有人值守站未按规定投信号，最终导致变压器跳闸。

在冷却器控制回路，"B 相备用冷却器投入"和"B 相备用冷却器投入后故障"信号发出的可能原因主要涉及油泵本体故障、油流继电器接线错误及电源回路频繁失电三方面，具体情况还需进一步排查。

（三）检修方案

1. 方案简述

电源控制回路的故障原因已确认，需更换风冷控制箱中的 A21-1C 电容器，然后对回路进行传动试验。

对于冷却器控制回路，还需进行具体原因的确认和处理：第一步，检查油泵电机运行电流和运转情况，发现问题后进行油泵更换；第二步，检查油流继电器端子接线情况，发现接线错误时进行调整；第三步，对冷却器控制回路进行传动，发现回路故障后更换相关元器件。

处理时间：4h

工作人数：3~4 人

2. 工作准备

工具：开口扳手（6mm、8mm、10mm）、螺丝刀（一字、十字）、内六方、电源线

材料：汤布、白土、塑料布、毛刷

备件：YJ1-150/135 油流继电器×1、CJX8（B）-170（250）交流接触器×1、JZC3-22Z 中间继电器×1、DD-11/50 接地继电器×1、CZ41 型密封纸介电容器×1、6B4.135-4.5/3.0V 潜油泵×1、189mm×169mm×8mm 密封胶垫×2

设备：1000V 绝缘电阻表、钳形电流表、万用表

特种车辆：无

---

❶ 引用自《国家电网公司变电运维管理规定》。

（四）缺陷处理

1. 处理过程

（1）潜油泵检查。拆除故障冷却器控制盒盖，按下热继电器蓝色复位钮使其复位，将潜油泵整定值旋钮旋至额定值1.2倍，即11A位置，盒内结构如图5-51所示。

图5-51 冷却器控制盒内部结构

拆除潜油泵接线盒及接线端子接线，如图5-52所示。用1000V绝缘电阻表测量电机定子绕组绝缘电阻大于1MΩ，符合相关要求❶。

通过外接电源线启动油泵，工作、备用冷却器持续运行30min内，热继电器未动作，使用钳形电流表测量潜油泵三相电流平衡且均在正常范围，过程中油泵正常运转，无扫膛及其他异常声响，油流继电器指针稳定偏转到绿色油泵运行区域，过程中未出现抖动现象，电流测量过程如图5-53所示。

图5-52 拆除油泵电机接线

图5-53 油泵电机电流测量

注意事项：

使用钳形电流表时，应先估算被测电流大小。若无法估算，可先选较大量程，然后逐挡减少转换到合适的挡位。同时必须在不带电情况下转换量程，否则二次侧会在切换瞬间开路，造成仪表损坏。

（2）油流继电器接线检查。断开风冷控制箱的控制电源，将工作及备用冷却器转换开关打到"停止"位置，手动停止工作、备用冷却器。

记录控制盒中油流继电器三根端子线的顺序，从右至左分别为黄、红、绿线。根据接线排上的端子标识，黄、红、绿线分别与1-U11、1-U12、1-U13端子相连，如图5-54所示。

拆除接线排上油流继电器的三根端子线，使用万用表测量其通断状态。做好记录后，

---

❶ 引用自《电力变压器检修导则》（DL/T 573—2010）。

端子标识从
左至右分别
是1-U11、
1-U12、1-U13

油流继电器
三根端子线
从右至左分
别是黄、红、
绿线

图 5 - 54 油流继电器端子线连接情况

手动启动工作、备用冷却器，再次测量其通断状态。

黄、红、绿线分别是油流继电器的公共、停止、工作端子线，并且分别与接线排上的 1 - U11、1 - U12、1 - U13 端子相连，与图 5 - 49 中正常的控制回路接线方式相同，证明油流继电器接线无异常。

（3）控制回路检查。将工作及备用冷却器转换开关打到"工作"位置，手动启动工作、备用冷却器。然后测量油泵电机三相电流值，发现数值超过整定电流数倍，2min 后油泵热继电器动作，证明油泵回路电源出现故障。

因此对冷却器回路进行传动试验，结合表 5 - 6 中的报文信息，发现图 5 - 47 中 KMM1、KMM2 常开触点在传动时出现了配合不同步的现象，使得回路出现毫秒级的瞬时失电，从而导致油泵电机运行电流持续达到启动电流值，热继电器发生动作后发出"B 相备用冷却器投入""B 相备用冷却器投入后故障"报文，冷却器控制回路发信原因确认完毕。

（4）故障元件更换。根据上述检查结果，更换风冷控制箱中电源回路发生损坏的各元器件：1CA21 - 1C 电容器、KE 接地继电器、K7 中间继电器以及 KMM1 与 KMM2 交流接触器。

更换完毕后，将风冷控制箱三组冷却器打到"工作"位置，对冷却器进行 1h 试运行，确认冷却器及其控制回路工作正常。

（5）整理现场。清点工具，防止遗落，清理现场。

2. 处理效果

损坏的元器件更换完毕后，用万用表测量三相电容器 1C、2C、3C 的电容值稳定且相等。对电源及冷却器控制回路进行多次手动切换，测得回路中各继电器的触点状态正确无误。

冷却器试运行期间，油泵运转正常，电机三相电流平衡，油流继电器指示稳定，冷却器系统已恢复至正常状态。

（五）总结

（1）该变压器冷却器全停跳闸回路的设置不合理：①该变电站为有人值守变电站，但冷却器全停时的回路方式按照无人值守站布置，即冷却器全停接跳闸回路；②跳闸回路未联动上层油温控制回路，直接将跳闸时间设置为固定值 20min，导致运行人员收到故障跳闸报文信息后缺乏足够时间去排查处理故障。

（2）风冷控制箱内元器件损坏导致了该变压器跳闸事件的发生。因此，在日常维护中，应对柜内元器件进行定期传动和校验，并重点检查回路中运行时间长、动作次数多和易老化的元器件，尤其是电源控制回路中的非线性元件，发现不符合要求的应及时更换。

（3）当发出冷却器相关故障报文后，在排查故障的原因时，除了检查冷却器控制回路，还应重点检查油泵与油流继电器的本体及接线情况是否正常。

四、汇流管法兰渗漏处理

（一）设备概况

1. 变压器基本情况

某交流 220kV 变电站 3 号变压器为特变电工沈阳变压器集团有限公司生产，型号为 SSZ10-240000/220，于 2009 年 8 月 14 日出厂，2010 年 6 月 2 日投运。

2. 变压器主要参数信息

联结组别：YN，yn0，yn0＋d11

调压方式：有载调压

冷却方式：油浸自冷（ONAN）

出线方式：架空线/架空线/架空线（220kV/110kV/35kV）

开关型号：UCLRN 650/925/Ⅲ

使用条件：室内☐　　　　　室外☑

（二）缺陷分析

1. 缺陷描述

该变压器汇流管法兰连接部位存在漏油情况，渗漏最快的位置速率为每秒钟 1 滴，如图 5-55 和图 5-56 所示。

图 5-55　汇流管法兰渗漏情况　　　　　　　　　图 5-56　地面污染情况

2. 成因分析

现场检查连接螺栓，均已紧固到位，排除螺栓松动造成渗漏的可能性。根据相同部位同时出现大面积渗漏的情况，判断渗漏原因应为汇流管法兰密封胶垫厚度过薄，压缩量不足，随着运行年限增加，密封胶垫弹性下降，最终导致渗漏发生。

（三）检修方案

1. 方案简述

（1）传统处理方案。结合停电，关闭变压器本体油箱侧所有阀门，将汇流管及散热器内的油排净后，拆除所有散热器，依次拆解汇流管，更换加厚型定型密封胶垫；再依次回装拆除的组部件，然后进行回油、排气等工作。该变压器内侧汇流管及散热器的拆除需将高/中压套管、储油柜及上部行线拆除，风险较高，工期较长。该变电站负荷较大，不允许长时间停电，因此不建议采取上述方案。

（2）简便处理方案。在原法兰结合处采用二次密封的方式，即在两道法兰缝隙间塞入密封胶棍，在法兰端面上包裹胶皮，在其外侧加装抱箍抱紧法兰端面，确保密封的机械强度。同时，将法兰的紧固螺栓更换为螺杆，在螺杆两头加装垫片及盖母并用耐油密封胶进行密封，防止螺孔处渗油。

处理时间：2h

工作人数：2～3 人

2. 工作准备

工具：开口扳手（17mm、30mm）、电动扳手、壁纸刀、木槌

材料：406 胶水、丁腈型半液态密封胶、汤布、白土、砂纸

备件：M20 盖母×20、M20 紫铜平垫×20、M20×60mm 螺杆×10、抱箍×1、4mm 密封胶棍 5m、744mm×36mm×4mm 胶皮×1

设备：角磨机

特种车辆：无

注意事项：

因紫铜材质在常用金属材料中延展性能较好，平垫采用紫铜材质密封效果最佳。

（四）缺陷处理

1. 处理过程

（1）准备密封件。

1）确定所需螺杆、盖母、垫片、抱箍、胶条、胶棍的尺寸规格。

a. 螺杆选型。螺杆长度＝法兰厚度×2＋20（mm），测量法兰厚度约为 20mm，因此螺杆选型为 M20×60mm。

b. 抱箍选型。抱箍宽度＝法兰厚度×2－10（mm），抱箍宽度选择 30mm，抱箍直径＝法兰直径，测量法兰直径为 240mm，根据供应商产品列表，选择可调长度为 240～252mm、宽度 30mm 抱箍。

c. 胶条选型。选择 4mm 厚胶皮制作胶条，胶条宽度＝抱箍宽度＋6（mm），抱箍宽度为 30mm，胶条宽度定为 36mm；胶条长度＝法兰周长－10（mm），法兰周长约为 754mm，胶条长度定为 744mm。最终确定胶条尺寸为 744mm×36mm×4mm。

d. 胶棍选型。胶棍直径＝法兰边缘倒角宽度×2＋1（mm），测量法兰边缘倒角宽度为 1.5mm，胶棍直径选择 4mm；胶棍长度＝法兰周长－10（mm），胶棍长度定为 744mm。最终确定胶棍尺寸为 744mm×4mm。

2）根据上述尺寸，提前制作胶条、胶棍。打磨盖母、垫片，盖母对端口面进行打磨，垫片两面均需打磨，如图5-57和图5-58所示。

图5-57 打磨胶条坡口

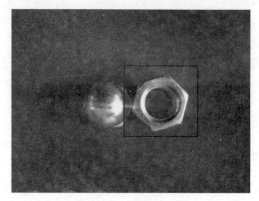

图5-58 盖母端口面

注意事项：

1.胶条、胶棍两端打磨出坡口，坡口长度约为胶条、胶棍厚度的2倍。

2.对于大口径的法兰，抱箍可2~3个拼接使用。

3.垫片平面与盖母端口面均作为密封面使用，故必须打磨平整。一般的垫片有使用方向，为了达到更好的密封效果，必须将其完全打磨成平板。

（2）更换紧固螺栓。将原有旧螺栓依次更换为新螺杆，在垫片两面厚涂密封胶，放置好垫片，同时紧固两侧盖母，工作过程如图5-59~图5-62所示。

注意事项：

1.旧螺栓拆下后，需对螺孔周围及法兰两侧进行打磨及除锈，防止接触面凹凸不平影响密封效果；螺孔内油迹需彻底清理干净，以防余油影响密封胶固化。

2.每次仅可同时更换1套螺栓，以防法兰密封松动，渗漏加剧。

3.对新更换螺杆进行紧固时，应使两侧垫片均发生轻微形变，表示紧固到位。需随时注意两侧盖母紧固情况，避免出现一侧紧固过多，另一侧紧固不到位的情况。

4.螺栓应一次紧固到位，避免在密封胶固化后再进行二次紧固从而破坏密封面。如确需再次紧固，应清理法兰面残余胶痕后将原垫片与盖母全部更换。

图5-59 旧螺栓更换

图5-60 垫片涂抹密封胶

图 5-61　两侧盖母紧固

图 5-62　螺杆更换效果

（3）加装胶棍与胶条。首先对法兰端面进行打磨，彻底清除端面上的油漆与异物，保证胶条密封面的光滑与平整；清理两侧法兰的边缘倒角面，去除漆膜与油污，保证胶棍密封面的光滑与平整。

在两侧法兰边缘倒角形成的凹槽处厚涂密封胶，将 4mm 密封胶棍勒入凹槽，选取适合长度，在接口处涂抹 406 胶水将其黏合牢固，如图 5-63 所示。在法兰端面均匀涂抹密封胶，用裁好尺寸的胶条包裹法兰端面，粘好接口，如图 5-64 所示。

图 5-63　勒入凹槽胶棍

图 5-64　包裹外部胶皮

注意事项：

1. 黏合好的胶环尺寸应小于法兰凹槽并利用其弹性紧勒入凹槽中，外部包裹的胶条同样应箍紧法兰端面。它们的黏合部位最好置于法兰上部，切不可靠近抱箍紧固螺栓。

2. 法兰端面与法兰的边缘倒角面作为密封面使用，必须平整、清洁。

（4）加装抱箍。使用抱箍压住胶条，角度以平行于法兰接触面且抱箍两侧露出的胶条边缘尺寸一致为宜。紧固抱箍固紧螺栓，过程中随时用木槌进行敲打，使抱箍弧度贴合法兰表面，注意抱箍位置的偏移情况并随时调整，避免出现抱箍位置偏移过大、过度挤压胶条或将内部胶棍挤出凹槽的情况，如图 5-65 和图 5-66 所示。

图 5-65 调整抱箍弧度

图 5-66 紧固抱箍

图 5-67 抱箍安装效果

（5）检查密封效果。密封工作完成后，等待1h左右，待各部分密封胶完全固化后方可对法兰进行彻底清理，并均匀涂撒白土检查处理效果，无渗漏迹象。安装完成的抱箍如图 5-67 所示。

工作完成 1~2 天后，应再次对处理效果进行检查。如仍有渗油情况，需要对各处紧固情况及胶条、胶棍密封情况等进行检查，必要时解开抱箍查找渗漏点，并重新安装。

注意事项：

1. 对于渗出的油迹需进行判断，如为之前工作残留的旧油迹，清理即可，如为新渗出油迹则需进一步处理。

2. 确定无渗漏情况后，可对抱箍进行刷漆处理，以增强抱箍的防腐性能，但需注意避免胶条接触油漆，以防腐蚀老化。

3. 由于密封胶条部分暴露在外，其老化速度可能高于普通密封胶垫，需定期检查其老化状况。

（6）整理现场。清点工具，防止遗落，清理现场。

2. 处理效果

对该变压器汇流管接口处的渗漏缺陷进行上述二次密封处理后，目前接口处未再出现渗漏情况，处理前后对比如图 5-68 和图 5-69 所示。

图 5-68 缺陷处理前

图 5-69 缺陷处理后

（五）总结

（1）本次汇流管法兰渗漏处理工作由于受停电时间、现场地势等情况制约，没有采用传统的解体检修策略，而是采用了加装抱箍的二次密封方法进行处理，效率提升明显，取得了良好的效果。

（2）该方法只适用于法兰加工工艺较好、两侧法兰位置平齐的法兰接口密封，对加工工艺不良、两侧法兰有明显错位或其他异型法兰的接口密封并不适用。

（3）本方法中所使用的抱箍可相互连接使用，从而可扩展应用于如套管升高座等大型法兰接口部位渗漏的密封处理。

第六章
变压器储油柜

第一节　概　　述

一、储油柜用途与分类

在油浸式变压器中，储油柜一般安装在变压器油箱顶部，与变压器油箱相连，用以补偿变压器油箱和冷却系统中油的容积变化；同时可以保护变压器中的绝缘油，防止绝缘油受潮和氧化，从而有效提高变压器内部绝缘强度。

储油柜可以分为敞开式和密封式，其中密封式按内部结构分为胶囊式储油柜、隔膜式储油柜和金属波纹式储油柜（分内油式与外油式）3 种。

二、储油柜原理及结构

1. 敞开式储油柜

敞开式储油柜经吸湿器管路与大气相通，不能完全阻断绝缘油与大气的接触，不能防止油的氧化变质，对潮气的阻断也不充分，只用于 10kV 电压等级的变压器与有载分接开关。

2. 胶囊式储油柜

胶囊式储油柜如图 6-1 所示，在敞开式储油柜的基础上，在柜内安装了一个橡胶囊，胶囊通过呼吸管及吸湿器与大气相通，使得柜内压力与大气相同。当变压器油箱中绝缘油体积膨胀或收缩时，胶囊向外排气或向内吸气以平衡内外侧压力。

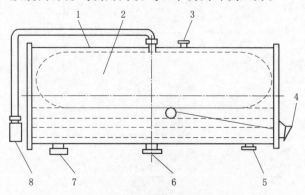

图 6-1　胶囊式储油柜结构图

1—柜体；2—胶囊；3—放气管；4—油位计；5—注放油管；6—气体继电器联管；7—集污盒；8—吸湿器

3. 隔膜式储油柜

隔膜式储油柜如图6-2所示，其利用上节柜体和下节柜体之间的隔膜作为密封件隔离绝缘油和大气，隔膜的材质与胶囊相同。

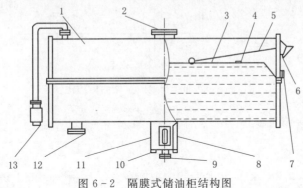

图6-2　隔膜式储油柜结构图

1—柜体；2—视察窗；3—隔膜；4—放气塞；5—连杆；6—油位计；7—放水塞；8—放气管；
9—气体继电器联管；10—注放油管；11—集气盒；12—集污盒；13—吸湿器

4. 金属波纹储油柜

金属波纹储油柜用波纹管代替胶囊，分内油式和外油式两类。内油式金属波纹储油柜的波纹膨胀器里面是绝缘油，外面是大气，如图6-3所示；外油式金属波纹储油柜的波纹膨胀器外面是绝缘油，内腔通过吸湿器与大气相通，如图6-4所示。

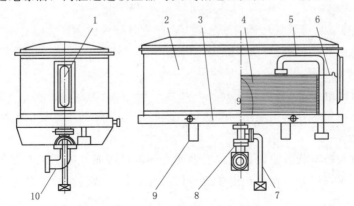

图6-3　内油式金属波纹储油柜结构图

1—油位视察窗；2—防护罩；3—柜座；4—金属波纹芯体；5—排气软管；6—油位指针；
7—注油管；8—三通；9—柜脚；10—气体继电器联管

三、储油柜常见缺陷及其对运行设备的影响

1. 假油位

假油位是储油柜的常见缺陷，顾名思义，就是油位计指示异常、卡涩等原因，造成显示的油面位置与储油柜内实际油面位置不相符。该缺陷会干扰人员对油位的正确判断，可能造成变压器喷油或油位过低。如果不采取措施核实油位，盲目补油或放油，可能导致压力释放阀或气体继电器动作，变压器跳闸。

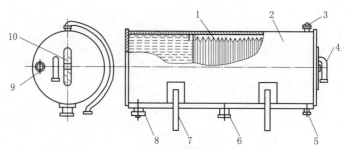

图 6-4　外油式金属波纹储油柜结构图

1—金属波纹芯体；2—柜体；3—排气管接头；4—呼吸管接头；5—注放油管接头；6—气体继电器联管；
7—柜脚；8—集污盒；9—油位报警接线端子；10—油量指示

2. 极限油位误报警

极限油位报警靠安装在油位计上的两个辅助接点发出信号，由于接线盒密封不严、二次电缆安装工艺不合理、电缆安装位置高于接线盒，以及表计接线盒进水受潮、接线错误、接点损坏等原因，可能存在误报警的情况，油位计误报警会干扰人员对设备状态的判断。

3. 渗漏油

渗漏油是包括储油柜在内的变压器组部件最常见的缺陷。轻微渗漏油不会危及变压器正常运行，但不太美观。严重渗漏油会影响变压器正常油位，造成低油位报警。

4. 呼吸系统堵塞

呼吸系统堵塞，会导致变压器内油压增大，严重时导致压力释放阀动作。吸湿器冬季结冰堵塞后，温度上升结冰融化，会导致油压快速释放，油流涌动，气体继电器重瓦斯动作。

5. 吸湿器硅胶潮解严重

吸湿器硅胶潮解超过 2/3，潮解严重，导致吸湿器无法过滤掉空气中水分。水分子会导致胶囊劣化，而且水分子尖端结构会透过胶囊扩散至绝缘油中，导致油绝缘性能降低。

6. 储油柜进水

储油柜密封胶垫安装时错位、柜体锈蚀或有砂眼，可能导致柜体密封不严进水，使变压器内部绝缘受潮，可能会发生绝缘事故，如局部放电、绕组匝间或饼间短路等。

第二节　变压器储油柜检修典型案例

一、有载油位计指针卡涩处理

(一) 设备概况

1. 变压器基本情况

某交流 500kV 变电站 2 号变压器为特变电工沈阳变压器集团有限公司生产，型号为 ODFSZ-400000/500，于 2012 年 5 月 1 日出厂，2015 年 11 月 15 日投运。

2．变压器主要参数信息

联结组别：Ⅰ，a0，i0

调压方式：有载调压

冷却方式：油浸自冷/油浸风冷（ONAN，70%/ONAF，100%）

出线方式：架空线/架空线/架空线（500kV/220kV/66kV）

开关型号：UCLRE 650/2400/Ⅲ

使用条件：室内□　　　　室外☑

（二）缺陷分析

1．缺陷描述

该变压器 A 相有载开关储油柜油位偏高，在停电检修过程中进行放油处理。有载油位计表盘指针下降到"5"格位置后停止不动，继续放油约 10L 后，指针依然停留在"5"格位置，如图 6-5 所示。

在开关出油口处安装临时油标管检查实际油位，发现油位位于储油柜 1/4 高度位置，表针正常应指示在"2.5"格左右。

2．成因分析

该型有载油位计为浮筒连杆径向运动型，其在储油柜内的工作情况与连杆固定结构如图 6-6 和图 6-7 所示。

一般指针卡涩的可能原因有：①浮筒连杆整定长度过长导致浮筒与储油柜内壁发生剐蹭；②浮筒连杆与油位计之间伞形齿轮传动出现卡涩。

图 6-5　油位计指针卡住情形

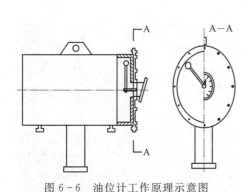

图 6-6　油位计工作原理示意图

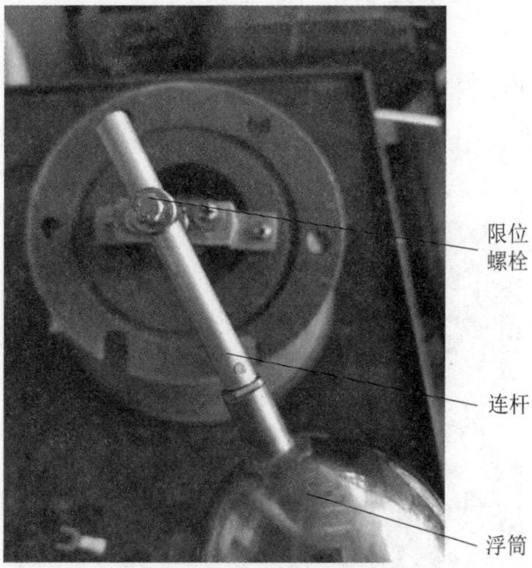

图 6-7　油位计连杆固定结构

变压器运行及前期对该有载开关储油柜进行油位调整的过程中，曾出现过有载油位计卡涩的情况,且每次卡涩均在"5"格位置,但每次并未卡死。上述情形不符合连杆与油位计之间伞形齿轮传动出现问题的情况,故怀疑造成油位计卡涩的原因应为浮筒与储油柜内壁发生剐蹭导致。

鉴于该油位计以前工作正常,近期方出现卡涩缺陷,说明油位计安装时连杆整定长度没有问题,怀疑造成卡涩缺陷的原因为连杆限位螺栓锁母在安装时未锁固到位,在运行过程中由于振动造成锁母松脱,限位螺栓松动,浮筒连杆在运行过程中向外滑动,长度变长,导致浮筒与储油柜内壁产生摩擦、剐蹭。

(三)检修方案

1. 方案简述

结合停电,将油位计拆下进行检查修理。检查浮筒连杆整定长度是否与储油柜内径匹配,检查浮筒及储油柜内壁上是否有剐蹭痕迹,检查连杆限位螺栓锁母是否锁固到位,然后重新调整连杆长度,锁固锁母即可。

处理时间:6h

工作人数:3~5 人

2. 工作准备

工具:开口扳手(8mm、12mm、14mm、17mm、19mm)、活扳手(8″)、螺丝刀(一字、十字)、电工钳、刻度尺、油管、临时油标管、塑料桶、电源线、接地线

材料:酒精、汤布、砂纸、白土、毛刷、绝缘包布、406 胶水

备件:YZF2-200TH 型油位计×1、浮筒连杆×1、280mm×270mm×8mm 密封胶垫×1、100mm×94mm×6mm O 型圈×1、止退螺母×1

设备:板式滤油机、500V 绝缘电阻表、万用表

特种车辆:无

(四)缺陷处理

1. 处理过程

(1)取下油位计。打开有载分接开关储油柜的吸湿器,自储油柜注放油管路出油至有载气体继电器视窗处无油即可。出油后打开油位计接线端子盒,拆除二次接线,将线头用绝缘包布包好。然后拆除油位计安装法兰上的 6 条固定螺栓,双手拿好油位计,向外倾斜45°,将其慢慢取出,如图 6-8 和图 6-9 所示。

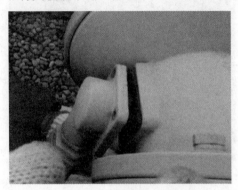

图 6-8 拆除油位计二次接线盒　　　　图 6-9 取下油位计后的法兰口

注意事项：

1. 储油柜出油后应及时关闭下方与开关油室连通的阀门，防止潮气进入。

2. 拆除二次接线前应将变压器非电量保护电源停用，防止工作人员在拆接过程中触电。

3. 浮筒连杆一般位于油位计左侧，所以油位计表盘应右侧向外倾斜45°，然后取下油位计。

（2）油位计与储油柜检查。检查油位计浮筒连杆与表盘之间的伞形齿轮，上下转动浮筒连杆，发现连杆转动灵活、无卡涩，油位计指针随连杆转动灵活、指示准确。检查油位计浮筒，发现在浮筒靠近储油柜内壁侧有轻微划痕。将储油柜端部封板拆下，检查储油柜内壁，发现在内壁"9点钟"位置有一条凸出的焊缝，焊缝上有轻微剐蹭痕迹，如图6-10所示。观察油位计轴向传动杆，可见连杆上的定位螺栓压痕，用手尝试抽出浮筒连杆，发现连杆松动，证明浮筒连杆存在向外滑脱的情况，如图6-11所示。

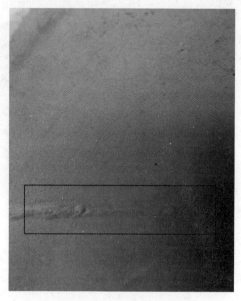

测量储油柜内径为260mm，如图6-12所示。在焊缝位置实际内径为258mm，焊缝突出高度约为2mm，则最小半径尺寸为 $L=260\div2-2=128$ mm。测量浮筒连杆的长度同样为128mm。通过上述检查可以断定，由于浮筒转动范围与焊缝在同一侧，且油位计连杆滑脱后实际尺寸与储油柜最小半径尺寸一致，造成浮筒与储油柜内壁焊缝发生剐蹭，此为油位计卡涩的根本原因。

图6-10　储油柜内壁焊缝

图6-11　定位螺栓露出压痕

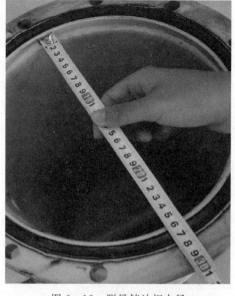

图6-12　测量储油柜内径

（3）连杆调整与固定。调整浮筒连杆长度并可靠锁紧固定，避免浮筒与储油柜内壁发生剐蹭。计算浮筒连杆整定长度应略小于128mm，考虑一定裕度，采用 $L=125$mm 作为浮筒连杆最终整定长度。

首先松开连杆尾部轴向传动轴上的锁母，然后再松开限位螺栓，此时连杆处于松动可调节状态，调整连杆插入深度，锁母中心至浮筒最外缘长度应为125mm，如图6-13和图6-14所示。为防止再次出现限位螺栓松动，使用止退螺母替代原有的普通螺母作为锁母，然后重新拧紧限位螺栓及锁母。

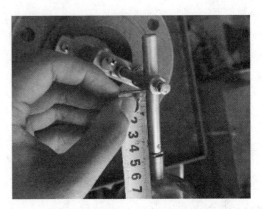

图6-13　松开锁母与限位螺栓　　　　　图6-14　整定浮筒连杆长度

调整后，将储油柜端部封板及油位计复装。油位计复装前应使用万用表测量其高、低油位报警信号是否正常发出，使用500V绝缘电阻表测量接线端子绝缘电阻应大于1MΩ。复装时，先将浮筒及连杆斜向45°插入安装孔内，然后将油位计转正并紧固固定螺栓。

注意事项：

1. 油位计复装前应用酒精擦拭干净，防止表面附着的灰尘进入，影响绝缘水平。

2. 整定浮筒连杆时，应测量限位螺栓中心到浮筒最外缘的直线投影距离。

3. 整定浮筒连杆长度时，应考虑因制造工艺导致储油柜内壁不圆、半径变化的情况，适当缩短连杆长度，一般比内半径缩小3~5mm即可，若过短会造成油位指示不准确。

（4）回油、排气、调整油位及信号测试。油位计复装后，进行高、低油位指示实测。注油前在油位计接线端子处测量油位计低油位信号是否正常发出，然后缓慢注油至油位计最高指示"10"格位置，在油位计接线端子处测量高油位信号是否正常发出，如图6-15和图6-16所示。

然后缓慢放油，调整有载储油柜油位至符合"油温—油位"曲线，注意在注放油的过程中观察油位计指针是否转动平滑，有无卡涩及抖动现象。最后恢复吸湿器，在有载气体继电器放气塞处排气。

注意事项：

1. 注放油过程中应保持油流速度在20L/min以内，以便观察油位计指针是否平滑转动，若油流速度过快，会使浮筒额外受力，造成指针抖动，影响判断。

2. 注油至油位计指示"9"格时，应注意减缓注油速度，防止注油过快导致满溢，造成吸湿器处喷油，必要时可在吸湿器法兰下方置塑料桶，预防绝缘油喷溅。

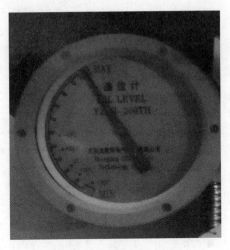

图 6-15　测试指针指示

图 6-16　测试高、低油位信号

（5）整理现场。清点工具，防止遗落，清理现场。

2. 处理效果

对该油位计浮筒连杆进行上述处理后，经测试油位计指示灵活准确，高、低油位报警信号正常，接线端子绝缘电阻良好。

（五）总结

（1）对于径向运动型油位计，浮筒连杆长度的整定非常重要，连杆过长会导致油位计卡阻，过短会影响指示准确性，长度整定以浮筒不碰触储油柜内壁而尽可能接近为最佳。

（2）本案例中浮筒连杆窜动的原因是定位螺栓紧固力矩不足，长期运行后发生了松动，为避免类似情况发生，应加强对锁紧螺母的紧固力矩把控，必要时采用止退型螺母。

（3）本案例中浮筒与储油柜内壁发生剐蹭导致油位计卡涩的发生概率较低，应提前准备好同型号备件，预防传动齿轮处出现问题的情况。若在不停电情况下处理此类油位计卡涩问题，在安全距离允许的情况下，可使用锤子或类似物品轻轻敲击储油柜，利用振动让浮筒回到正确位置。

二、COMEM 油位计异常报警处理

（一）设备概况

1. 变压器基本情况

某交流 220kV 变电站 3 号变压器为合肥 ABB 变压器有限公司生产，型号为 SFSZ - 180000/220，于 2007 年 4 月 25 日出厂，2007 年 7 月 24 日投运。

2. 变压器主要参数信息

联结组别：YN，yn0，yn0＋d11

调压方式：有载调压

冷却方式：油浸风冷（ONAF）

出线方式：架空线/架空线/架空线（220kV/110kV/35kV）

开关型号：UCGRN 650/600/Ⅰ

使用条件：室内□　　　　室外☑

3. 油位计主要参数信息

油位计型号：LB22-XOS

生产厂家：科盟（COMEM）变压器组件有限公司

（二）缺陷分析

1. 缺陷描述

该变压器本体油位计指示为"2"格时，持续发出低油位异常报警信号，油位计指示如图6-17所示。根据COMEM磁耦合式油位计说明书，油位计内微动开关将在变压器储油柜内液位处于最低或最高前5°内提前动作❶，如图6-18所示，即油位计指示接近于MIN时，微动开关动作，油位计发出低油位报警信号。当油位计示数为"2"格时，离MIN位置尚有一段距离，油位计不应发出低油位异常报警信号，说明该油位计存在故障。

图6-17　低油位报警时指示位置

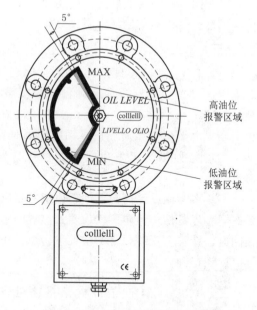

图6-18　油位计报警区域示意图

2. 成因分析

（1）油位计结构及报警原理。

1）油位计结构。此油位计为磁耦合式油位计，主要由外部表体和内部连杆浮筒组成。

a. 油位计外部表体。油位计外部表体由油位计底座、外表盘、外标度盘及油位计表芯

---

❶　引用自科盟变压器组件有限公司《磁耦合式油位计说明书》。

组成。其中，油位计底座为强水密性的铝合金材质，表面喷涂耐腐蚀漆层；油位计外表盘用红白两色进行标识；油位计外标度盘为聚碳酸酯塑料材质，表面印刷有变压器油液位显示标识：MAX、MIN 及位于两者之间的 10 个刻度值，如图 6-19 所示。

油位计表芯主要包括低油位微动开关、表轴、高油位微动开关及其连接线。表轴与外表盘通过 2 条螺栓进行固定，从而实现两者的同步转动，如图 6-20 和图 6-21 所示。

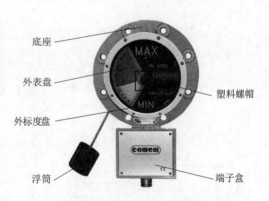

图 6-19　COMEM 磁耦合式油位计

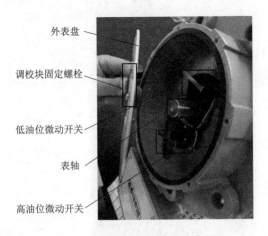

图 6-20　油位计外表盘及表芯

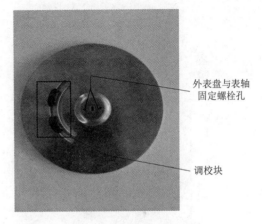

图 6-21　外表盘后的调校块

b. 油位计工作原理。油位计内部浮筒连杆上的永久磁钢通过与外部表体中表轴的耦合作用，驱动外表盘同步在 120°内连动，按此连动方式，当储油柜内油位升降时，浮筒上下摆动，带动浮筒连杆转动，通过磁体的耦合转动引起油位计外表盘的同步指示，如图 6-22 所示。

c. 液位标识释义。

最低液位：外标度盘视窗内为全红色指示。

最高液位：外标度盘视窗内为全白色指示。

介于最高与最低间的液位指示：外标度盘视窗内为部分白色，部分红色，白色区域的多少显示变压器储油柜的真实油位。

2）油位计报警原理。当储油柜内油位过低时，调校块随外表盘转动碰触低油位微动开关上的动作簧片，将力作用于动作簧片上，使其末端的动触点与定触点快速接通，通过端子盒中的端子 11 及端子 14 发出低油位报警信号；同理，当储油柜内油位过高时，调校块使高油位微动开关动作，进而通过端子 31 及端子 34 发出高油位报警信号，如图 6-23～图 6-26 所示。

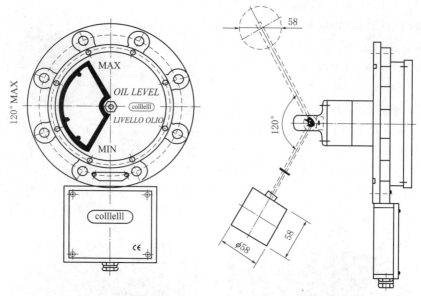

图 6-22　LB22-XOS 型油位计结构图

图 6-23　低油位微动开关

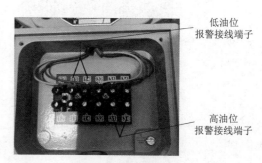

图 6-24　接线端子排

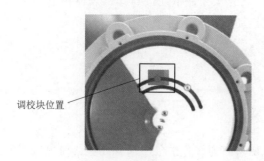

图 6-25　低油位报警调校块位置

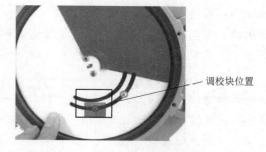

图 6-26　高油位报警调校块位置

（2）具体原因分析。根据油位计结构及报警原理进行分析，对于此类油位计持续发出低油位报警的现象，可能有以下原因：①因浮筒出现问题导致假油位；②外表盘的调校不准确；③端子盒密封不良或者端子盒进线孔密封出现问题造成短路或接地；④油位计信号线绝缘不良造成短路或接地；⑤微动开关故障。针对以上可能原因，逐一排查分析，以确定低油位持续报警的根本原因。

1) 因浮筒出现问题导致假油位。使用临时油标管来确认油位计指示是否准确，即利用透明软管一端接至变压器底部油样活门处，另一端用绝缘杆举升至储油柜上端，根据连通器原理，管内液柱高度即为实际油位。经测量确认，临时油标管内液柱高度在储油柜总高度的1/4位置左右，如图6-27所示。对应"油温—油位"曲线，实际油位与油位计显示的"2"格示数相符，说明该油位计指示准确。

实际油面位置

图6-27 本体储油柜的真实油位

根据上述检查排除因浮筒出现问题导致假油位因素。

注意事项：

1. 用临时油标测量储油柜油位前，应确认胶囊呼吸正常。

2. 绝缘杆举升过程中注意与周围带电体保持足够的安全距离。

2) 外表盘调校不准确。对油位计高、低油位报警信号进行检测，逆时针方向旋下油位计表盘中央的塑料螺帽，拆下外标度盘，然后用手拨动外表盘，使用万用表确认其高油位及低油位报警情况。拨动表盘，到达高、低油位报警区域时，均可听到微动开关发出清脆的"咔哒"动作声，且油位计可发出高、低油位报警信号，如图6-28和图6-29所示。

根据上述检查排除外表盘调校不准确因素。

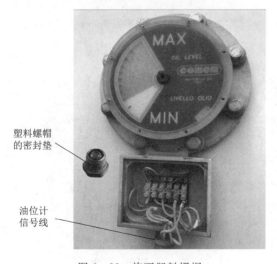

塑料螺帽的密封垫

油位计信号线

图6-28 旋下塑料螺帽

图6-29 确认高、低油位报警情况

注意事项：

拆除外标度盘前，用记号笔在油位计底座上标记外标度盘的"MAX、MIN"的位置，以防安装时有所偏差。

3) 端子绝缘不良。使用通信螺丝刀拆下油位计端子盒盖，发现其密封胶垫已经老化，端子排严重锈蚀，如图6-30所示。

图 6-30　油位计端子排锈蚀情况

打开接线端子盒上盖，将接地端子接地；绝缘电阻表选用 500V 挡，其红色表笔与接线端子相连，黑色表笔与接地端子相连，待绝缘电阻表示数稳定后读数；依次测量每一个接线端子的对地绝缘电阻，均大于 1MΩ，绝缘良好。

断开接地线，依次测量每两个接线端子之间的绝缘电阻。测量结果显示端子 11 对端子 14 的绝缘电阻为 0.6MΩ，其余接线端子之间均大于 1MΩ。端子 11、14 间绝缘阻值偏低，但并不会造成油位异常报警，可能是由于端子盒密封不良进潮气或端子板老化，有条件时宜对其进行更换。

根据上述检查排除端子绝缘不良因素。

4）油位计信号线绝缘不良。在油位计端子排对信号线挑头，绝缘电阻表选用 500V 挡测量油位计至后台的信号线绝缘电阻，测量结果大于 1MΩ，绝缘良好。

根据上述检查排除信号线绝缘不良因素。

注意事项：

信号线挑头时，应做好接线标记，以防恢复时错接。

5）微动开关故障。取下外表盘密封胶垫，经观察发现密封胶垫已老化变形，起不到应有的密封作用。然后使用万用表进行进一步测量，发现当外表盘拨至任意位置时，低油位报警接线端子 11 及端子 14 均处于导通状态。将外表盘与表轴的 2 条固定螺栓拆下，取下外表盘，发现油位计底座内部锈蚀严重，如图 6-31 和图 6-32 所示。

图 6-31　外表盘拆除前

图 6-32　外表盘拆除后

将油位计表芯拆下，检查微动开关的线路部分未发现锈蚀破损情况，然后按下和抬起低油位微动开关的动作按钮并使用万用表测量，发现无论按下还是抬起微动开关，其节点均处于导通状态。检查低油位微动开关，发现其定触点严重锈蚀，与动作簧片尾部的动触点连通，致使微动开关故障，故持续发出低油位报警信号。

根据上述检查，说明外表盘密封胶垫老化，水分与潮气进入表体内部，导致微动开关内部损坏，微动开关故障是造成此次低油位持续异常报警的根本原因。

（三）检修方案

1. 方案简述

此磁耦合式油位计，主要由外部表体和内部连杆浮筒组成。低油位微动开关为表芯的内部构件之一，位于外部表体之中，故可在使用原底座的基础上仅对表芯进行更换，更换完成后做好密封。结合停电检修机会，同时对绝缘不良的接线端子排进行更换。先用钢丝刷和砂纸将油位计底座锈蚀部位打磨光滑，涂刷防水涂料后，更换表芯及端子排。

处理时间：4h

工作人数：2人

2. 工作准备

工具：开口扳手（6mm、8mm、10mm、12mm）、标准通信工具箱、接地线、绝缘杆、钢丝刷

材料：透明软管、汤布、白土、砂纸、白布带、防水涂料、封泥、毛刷

备件：COMEM LB22 - XOS型油位计1套、接线端子排×1

设备：500V绝缘电阻表、万用表

特种车辆：高空作业车

（四）缺陷处理

1. 处理过程

（1）油位计底座除锈。使用钢丝刷与砂纸打磨油位计底座和端子盒内部锈蚀，并涂刷防水涂料，防止锈蚀影响油位计正常使用，如图6-33和图6-34所示。

<table>
<tr><td>图6-33 打磨油位计底座</td><td>图6-34 涂刷防水涂料</td></tr>
</table>

（2）表芯更换。待防水涂料风干后，将新表轴置于底座中心处，然后安装表芯，并使用通信螺丝刀固定表芯螺栓，如图6-35和图6-36所示。

注意事项：

1. 此磁耦合式油位计的表轴具有磁性，将表轴置于底座中心时，可自动吸附于底座

之上。

图6-35 安装油位计表轴

图6-36 安装油位计表芯

2. 将表轴放于底座中心后，应用手转动表轴进行检查，确保表轴转动良好、无卡涩。

使用通信螺丝刀安装新油位计外表盘与表轴的固定螺栓。待其固定好后，拨动外表盘至低油位时，使用万用表接通端子11与端子14，发出低油位报警信号；拨动外表盘至高油位处时，接通端子31与端子34，发出高油位报警信号，说明新油位计性能良好，如图6-37和图6-38所示。

图6-37 确认低油位报警情况

图6-38 确认高油位报警情况

注意事项：

1. 外表盘安装完成后，应使用万用表来确认油位计是否可以正常发出报警信号；待与端子排连接后，需使用万用表再次确认报警情况。

2. 若油位计高、低油位报警区域偏离前文所述的蓝色区域，需调整表盘后调校块的位置。

（3）油位计恢复。按照拆除时所做标记接好油位计信号线，检验后台高、低油位报警功能信号正常。更换端子盒密封胶垫，安装好端子盒盖，并在端子盒进线孔处用封泥密封，如图 6-39 所示。

对外表盘密封面进行打磨清理，更换外表盘密封胶垫，安装油位计外标度盘，拧紧塑料螺帽，油位计表芯更换完毕，如图 6-40 所示。

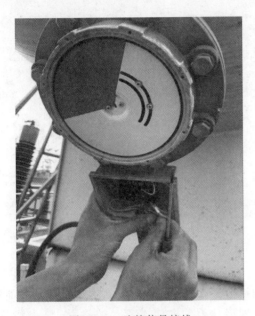

图 6-39 连接信号接线

图 6-40 油位计更换完成

塑料螺帽的密封胶垫较小，安装时需特别注意其位置与密封状况。最后，根据前期测得的实际油位，并依据"油温—油位"曲线，核对油位计指示是否准确。

注意事项：

1. 安装新油位计外标度盘、端子盒盖、塑料螺帽时应注意更换密封胶垫并紧固到位，保证油位计的密封良好。

2. 若检修工作具备条件，可调整实际油位至最高、最低位置，实测其报警功能。

（4）整理现场。清点工具，防止遗落，清理现场。

2. 处理效果

经过对油位计表芯进行更换，解决了微动开关故障，消除了低油位持续异常报警缺陷。目前该变压器本体油位计功能良好，指示正常。

（五）总结

（1）对于磁耦合式油位计，外部表体和内部连杆浮筒并不连通，可以通过更换表芯来解决微动开关故障问题，若为一体式油位计，则处理方法可能不同。

（2）该缺陷的发生是由于油位计外表盘密封不严，导致微动开关故障。对于污秽等级高、空气湿度大的地区，应特别注意油位计外表盘、表盘中央的塑料螺帽、端子盒盖及二次线进线孔的密封问题。

（3）对于油位指示未到预定位置的油位报警缺陷，一般都是由于油位计自身元器件和二次线缆的损坏或绝缘问题造成；对于油位指示位于预定位置的油位报警缺陷，则需要重点核实油位实际位置。

三、管式油位计油位异常调整

（一）设备概况

1. 变压器基本情况

某交流 35kV 变电站 3 号变压器为天津市兆安变压器有限公司生产，型号 SZ10 - 20000/35，于 2007 年 5 月 15 日出厂，2007 年 11 月 8 日投运。

2. 变压器主要参数信息

联结组别：YN，d11

调压方式：有载调压

冷却方式：油浸自冷（ONAN）

出线方式：架空线/架空线（35kV/10kV）

开关型号：CVⅢ - 350Y/35 - 10070

使用条件：室内☑　　　　　室外☐

（二）缺陷分析

1. 缺陷描述

巡视发现，该变压器本体储油柜油标管内油位过高并已持续多日，油位远远超过油位计"+40℃"的油位线，接近油标管顶部，此时变压器油温为 42℃，如图 6 - 41 和图 6 - 42 所示。需要查明油位异常升高的原因并及时进行调整。

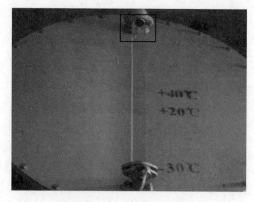
图 6 - 41　本体储油柜油位

图 6 - 42　变压器油温

2. 成因分析

（1）管式油位计储油柜结构。储油柜是油浸式变压器重要保护附件之一，其主要作用是调节油量，保证变压器油箱内充满绝缘油；减少绝缘油与空气的接触，防止绝缘油受潮或氧化速度过快。管式油位计储油柜主要包括柜体、胶囊、管式油位计、吸湿器等，其结构如图 6 - 43 所示。

储油柜胶囊安装在柜体内部，通过吸湿器与大气相通，吸湿器中的硅胶过滤大气中的水分和杂质。储油柜侧方端部封板上安装管式油位计，利用连通器原理，通过油位计玻璃管内的液面指示储油柜内部油位。

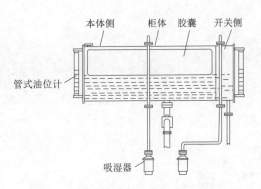

图 6-43 管式油位计储油柜结构图

（2）缺陷可能原因。本体油位过高可能有两方面的情形：①油标管反映的是真实油位，即随着运行环境温度的上升或负荷增加，变压器油温上升，内部绝缘油的体积膨胀，导致变压器油位过高；②油标管反映的是假油位，即由于相关因素影响，油标管油位与储油柜真实油位并不对应。

在①中，首先核对变压器"油温—油位"曲线，看油标管指示油位是否与油温相对应。对于本案例中变压器，并未设置"油温—油位"曲线，而是在储油柜端部封板油标管旁标注了$-30℃$、$+20℃$、$+40℃$三个温度位置指示。变压器当前油温为$42℃$，油标管指示油位已接近油标管顶部，当前油位明显偏高。查看历史油位记录，油位一直正常，直到近期才出现高油位的情况，可见当前油标管指示油位并非真实油位。

在②中，产生假油位有以下原因：

a. 储油柜内存有空气。变压器安装或检修时储油柜内的空气未彻底排净，或者变压器运行过程中绝缘油或水的分解产生气体，汇集于储油柜绝缘油上部与胶囊之间。由于气体的膨胀系数远大于液体且密度远小于液体，升温或降温更快，会使气体热膨胀或冷收缩的速率远大于液体。在温度升高时，积存的气体体积迅速膨胀，储油柜内部压力增大，该压力只能通过挤压胶囊或与储油柜连通的油标管进行释放，从而造成假油位。此种假油位现象易随环境温度变化而呈现忽高忽低的特点。核对该变压器油位的巡视检查记录，发现其假油位现象已持续一段时期，油标管油面未随温度变化而改变，可排除此原因。

b. 胶囊呼吸不畅。呼吸管路或吸湿器阻塞使胶囊不能正常呼吸，当油温升高时，储油柜内部压力增大，挤压与储油柜连通的油标管，从而造成假油位。观察该变压器吸湿器油盅，可见有气泡均匀呼出，说明胶囊呼吸通畅，可排除此原因。

c. 胶囊堵塞油标管。胶囊在内部阻塞了油标管与储油柜的连通通道，致使油标管内绝缘油不能正常流动，造成假油位。此假油位现象在胶囊堵塞油标管的情况下会一直存在。

综合上述分析，造成该变压器本体储油柜油位持续过高的原因应为储油柜胶囊堵塞油标管，造成油标管内压力异常，形成高假油位。

注意事项：

1. 若油标管指示油位与油温相对应，而油位仍然偏高，则考虑原因应为储油柜注油偏多导致，应进行放油处理。

2. 气体膨胀系数为 $3.7×10^{-3}/℃$，绝缘油为 $7×10^{-4}/℃$。

（三）检修方案

1. 方案简述

打开储油柜顶部排气孔，检查储油柜内部压力与胶囊状态，调整油温与油位对应，对胶囊进行充氮处理。

处理时间：4h

工作人数：4人

2. 工作准备

工具：活扳手（12″）、压力表、塑料桶、尼龙绳、绝缘梯、螺丝刀（一字）、壁纸刀、胶管

材料：松动剂、透明软管、汤布、白土、清洗剂、毛刷、氮气、塑料布

备件：无

设备：无

特种车辆：无

（四）缺陷处理

1. 处理过程

（1）停用重瓦斯跳闸功能。为防止油流异常涌动导致本体重瓦斯动作造成变压器误跳闸，工作前先将本体气体继电器重瓦斯跳闸功能改接为信号。

（2）检查储油柜压力状态。将储油柜顶部排气孔封板打开一道缝隙，如图 6-44 所示。可听到有"嘶嘶"的进气声，自法兰口缝隙处吊细线试探，可明显看到有吸入情形。

图 6-44　储油柜排气孔

用绝缘棒自排气孔伸入，触碰胶囊，发现胶囊未完全充起。

由此可断定缺陷原因确为储油柜内部形成负压状态，胶囊折叠堵塞油标管的上部连通孔，吊住油标管内的绝缘油，造成了油位过高的假油位缺陷。

注意事项：

1. 检查储油柜状态时，不能将封板或放气塞完全打开，防止突然释放储油柜压力，影响判断。

2. 不同温度、负荷状态下对储油柜检查，其内部正、负压状态可能会发生转换。

3. 不得使用端部尖锐的物体检查胶囊，防止损伤。

4. 储油柜打开后压力会发生变化，要随时观察油标管油位的变化情况。

5. 由于油标管下连通孔位于储油柜底部位置，一般胶囊堵塞的是上连通孔，个别胶囊选用尺寸过大，也可能出现堵塞下连通孔的情况。

（3）测量真实油位。应用连通器原理，采用透明软管作为临时油标管，测量变压器本体储油柜实际油位。将临时油标管一端与变压器本体取油样阀相连，一端举至高于储油柜，观察变压器实际油位略超过40℃的油位线，与42℃油温基本对应，说明当前真实油位准确。

注意事项：

应用连通器原理测量油位必须保证储油柜内部压力和大气压基本相同，否则无法准确显示实际油位。

（4）胶囊充氮。拆下吸湿器，在吸湿器法兰口处安装充气嘴子与压力表，向胶囊内部充入 0.02MPa 的氮气或干燥空气，刚刚充入约几秒钟，油标管中的油面迅速下降至实际油位位置。继续完成全部充氮过程，直至从排气孔处冒油为止，封好排气孔处封板。

注意事项：

充氮过程中也可以用绝缘棒自排气孔伸入，触碰胶囊，检查其是否充满。

（5）油位调整。胶囊充氮完毕后，再次核实油位。该变压器油标管指示油位与真实油位完全对应，故无需再进行油位调整。

（6）恢复吸湿器与气体继电器功能。拆除充氮管路，然后回装吸湿器。观察吸湿器油杯，此时为升温过程，有气泡均匀冒出，说明胶囊呼吸正常。恢复本体气体继电器重瓦斯跳闸功能。

（7）后续处理措施。因本次处缺工作为带电进行，只能通过调整胶囊状态暂时消除油位异常现象，后续胶囊仍可能堵塞油标管与储油柜的连通孔，产生假油位现象。若要从根本上解决该问题，需要结合停电进行储油柜改造。即在储油柜油标管所在端部封板内部加焊挡圈，将胶囊与油标管上、下连通孔隔离，使胶囊无法堵塞连通孔，改造后的结构如图 6-45 所示。

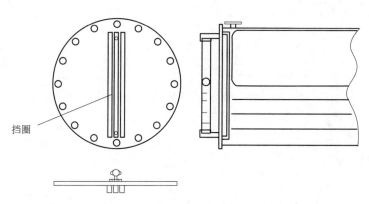

图 6-45　油标管加焊挡圈三视图

注意事项：

加焊胶囊挡圈时，应保证挡圈上下贯通，长度超过油标管上下连通孔间距，且不能太窄，否则胶囊包裹挡圈仍有可能造成假油位。

（8）整理现场。清点工具，防止遗落，清理现场。

2. 处理效果

通过对变压器本体储油柜泄压和对胶囊进行充氮处理，消除了油位过高的假油位缺陷，调整后的本体油位如图 6-46 所示。目前油位指示正常，暂未出现油位异常情况。

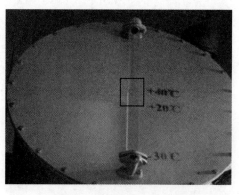

图 6-46　调整后本体油位

（五）总结

（1）针对变压器油位异常情况，不能盲目注放油，需先判断油位计反映的是否是真实油位，再确定针对性处理措施。

（2）分析变压器管式油位计油位异常原因时，判断储油柜的压力状态非常关键，可通过观察吸湿器油杯气泡、打开储油柜顶部放气塞或排气孔等确定。对于实际油位正常的高假油位缺陷，排除吸湿器堵塞情况，若储油柜内部为正压，说明储油柜内存在空气；若为负压，往往是胶囊堵塞油标管连通孔导致。

（3）释放储油柜内部压力时，对于储油柜内存在空气的情况，油标管高假油位会随着压力减小缓慢降低；对于胶囊堵塞情况，油位有可能降低，也有可能保持不变。

四、小胶囊结构储油柜改造

（一）设备概况

1. 变压器基本情况

某交流 110kV 变电站 2 号变压器为山东鲁能泰山电力设备有限公司生产，型号 SSZ10 - 50000/110，于 2005 年 6 月 20 日出厂，2005 年 8 月 22 日投运。

2. 变压器主要参数信息

联结组别：YN，yn0，d11

调压方式：有载调压

冷却方式：油浸自冷（ONAN）

出线方式：架空线/架空线/架空线（110kV/35kV/10kV）

开关型号：CMⅢ - 500Y/63C - 10193W

使用条件：室内□　　　　　室外☑

（二）缺陷分析

1. 缺陷描述

该变压器本体储油柜采用油标管指示油位，如图 6 - 47 所示。运行过程中变压器本体油位频繁出现异常升高或降低，自油标管上部多次出现喷油现象，对设备安全运行带来隐患，需判断其产生原因后加以解决。

图 6 - 47　本体储油柜油位计

2. 成因分析

（1）储油柜结构。该变压器本体储油柜油位指示采用小胶囊式油标管结构，靠近油标管侧储油柜底部的凸出部分为小胶囊室，如图 6 - 47 方框内所示。

该结构储油柜利用小胶囊将油位指示区域的绝缘油与储油柜的绝缘油隔离，小胶囊内部充有适量的绝缘油，内部通过一弯管与油标管相连。油标管为开放式结构，上部有呼吸孔与大气相通，为防止雨水进入，一般会在顶部设置有防雨罩或采取呼吸孔向下的防雨结构。油标管上部与储油柜连接的基座不与储油柜相通，仅起固定支撑作用。

其工作原理为：储油柜内的油压传递至小胶囊，引起小胶囊的收缩或膨胀，导致油标管内绝缘油的高度发生变化，用以指示储油柜油位，其结构如图 6-48 所示。这种结构的油位指示装置做到了储油柜油与油标管绝缘油的相互隔绝，避免了劣化的油标管绝缘油对本体绝缘油造成影响，但也存在易产生假油位等问题。

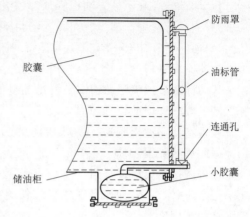

图 6-48 小胶囊式储油柜结构图

（2）假油位成因。小胶囊结构储油柜正常呼吸时，理想工作状态下储油柜胶囊的压强为大气压 P，储油柜内油面顶部与胶囊接触，油面顶部压强 P_1 也为大气压 P；油标管油面顶部与大气相通，其压强 P_2 也为大气压 P；在小胶囊能正常收缩情况下，小胶囊内外压强相等，可得

$$P_1 + \rho_1 g h_1 = P_2 + \rho_2 g h_2 \tag{6-1}$$

当小胶囊内外为同一种介质时，$\rho_1 = \rho_2$，由此 $h_1 = h_2$，储油柜与油标管油面高度一致。

从式（6-1）可见，如果 P_1、P_2、ρ_1、ρ_2 有一个变量发生变化，h_1 与 h_2 就不相等，会产生假油位。

还有一种情况，小胶囊无压缩量或扩张量时，内外油压不再相等，即 $P_1 + \rho_1 g h_1 \neq P_2 + \rho_2 g h_2$，此时 h_1 与 h_2 也不相等。

因此可分析小胶囊结构储油柜出现假油位主要有以下原因：

1）"小胶囊—弯管—油标管"连通结构内油过多或过少。假定小胶囊最大容积为 V_1，弯管容积为 V_2，油标管容积为 V_3，"小胶囊—弯管—油标管"连通结构内部实际油量为 V。

如果 $V < V_2 + V_3$，当小胶囊彻底压缩挤净内部的绝缘油时，绝缘油也无法充满 $V_2 + V_3$ 的空间，造成油标管油位低于储油柜实际油位，出现低假油位；如果 $V > V_1 + V_2$，当小胶囊满油无扩张量时，油标管里仍有油位指示，出现高假油位。因此需满足 $V_2 + V_3 \leqslant V \leqslant V_1 + V_2$，还可推导出 $V_3 \leqslant V_1$，即油标管的容积不能大于小胶囊的容积。

因此向该连通结构回油时，应保证在储油柜无油的情况下，回油至小胶囊与弯管内充满油的状态时停止，此时油量正好合适，过多或过少都会导致假油位。

2）储油柜内有气体。由于气体的膨胀系数远大于液体（热胀冷缩系数指介质温度每上升或下降 1K，其体积增大或减小的比例系数，气体膨胀系数为 3.7×10^{-3}，绝缘油为 7×10^{-4}），且气体密度远小于液体，升温或降温更快，会使气体热膨胀或冷收缩的速率远大于液体。如果储油柜的油面与胶囊间存有气体，当温度变化时会造成储油柜内部油面压强 P_1 的变化迅速，远远大于正常情况下绝缘油收缩或膨胀产生的压力变化，P_1 与 P_2 呈现较大偏差，出现假油位。

3）储油柜胶囊呼吸不畅。储油柜吸湿器硅胶结冰堵塞、油杯密封胶垫未取出、胶囊呼吸孔堵塞等均会造成胶囊呼吸不畅，导致 P_1 与 P_2 不一致，出现假油位。

4）油标管呼吸不畅。油标管顶部呼吸孔堵塞，造成 P_1 与 P_2 不一致，出现假油位。

5）油标管漏雨。油标管防雨罩密封不严导致油标管进水，ρ_2 增大，产生假油位。

6）油标管内油老化受潮。长期运行油标管内的绝缘油会老化受潮，ρ_2 增大，产生假油位。
上述原因分析中，1）～4）项与内外压力有关，5）～6）项与内外介质的密度有关。

从油标管多次喷油的情况及喷出油量估算，小胶囊连通结构内的油量并不少且小胶囊容积满足要求，因此可排除因素 1）。

检查本体储油柜胶囊呼吸系统无堵塞，呼吸通畅；检查油标管呼吸孔无堵塞，呼吸通畅，因此可排除因素 3）和因素 4）。

检查防雨罩无破损漏雨情况，油标管内的绝缘油老化受潮并不严重；另外从该变压器缺陷记录来看，其假油位呈现忽高忽低的特点，与因素 5）和因素 6）并不相符，因此可排除这两个因素。

综合以上分析，可以初步判定储油柜内部存有气体为假油位产生的原因。

打开储油柜上部观察孔，胶囊未完全鼓起，说明储油柜油面与胶囊之间存有较多气体，验证了确为因素 2）导致的假油位。该气体可能是来源于变压器回油后未排尽的空气，或者是运行过程中油或水分解产生的气体逐渐累积。

（三）检修方案

1. 方案简述

从上述原因分析可知，影响到小胶囊结构储油柜准确指示油位的因素太多，且此种指示油位的设计方法存在很多天然缺陷，治理单一因素并不能从根本上解决假油位的问题，因此结合停电需考虑改造其结构，彻底解决此缺陷。

从式（6-1）入手，要确保这个等式成立，首先应确保油标管内外油压相等，其次油标管内油的密度必须与储油柜的油一致。

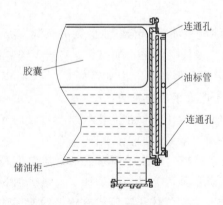

图 6-49 油标管连通改造示意图

综合上述分析，得出改造方案为：取消小胶囊结构，封堵油标管上部与大气的呼吸孔，将油标管上部、下部都直接与储油柜内部连通，改造后的储油柜及油标管结构如图 6-49 所示。

处理时间：10h

工作人数：6 人

2. 工作准备

工具：开口扳手（12mm、14mm、17mm、19mm）、电动扳手、25mm 注放油法兰、壁纸刀、U 型吊环、吊带、钎子、油桶、胶管、电源线、接地线

材料：透明软管、氮气、砂纸、油漆、白土、汤布、酒精、清洗剂、毛刷、塑料布、406 胶水

备件：管式油位计1套、12mm胶棍1m

设备：板式滤油机、电气焊设备、检修电源箱、角磨机、油罐3t

特种车辆：高空作业车、起重吊车8t

(四) 缺陷处理

1. 处理过程

(1) 储油柜排油。拆下本体吸湿器，使用滤油机自本体注放油阀门排油，直至气体继电器视窗无油。

(2) 拆除端部封板。置余油收集桶于储油柜端部封板下部，防止余油滴落。对角逐条拆除端部封板螺栓，预留最顶部一条螺栓，松动后不要拆下。用钎子撬动封板，保证封板与法兰间的间隙可以放置U型吊环，然后在封板左右两边中心线对称位置分别连接好U型吊环与吊带，将储油柜端部封板缓慢吊开，检查小胶囊与储油柜间确无连接、卡阻后，将端部封板连同小胶囊吊至地面，起吊过程中做好防余油洒落措施，工作过程如图6-50和图6-51所示。

图6-50　穿入U型吊环　　　　　图6-51　起吊储油柜端部封板

注意事项：

1. 工作过程中随着环境温升，绝缘油体积会膨胀，故将油面放至气体继电器视窗以下为裕量。

2. 油桶位置以能收集拆除储油柜端部封板与小胶囊室封板洒落的余油为佳。

3. 为保证安全，保留的螺栓应满扣；若螺栓过短，则应预先替换为长螺栓。

4. U型吊环安装位置应偏于封板上部，防止起吊过程中发生倾覆。不可只单面安装U型吊环，否则起吊时封板会向一侧摆动。

5. 若小胶囊与储油柜间有连接或卡阻，则应将其消除后继续起吊；若从储油柜端部封板处不能解决，则应打开储油柜底部小胶囊室的封板。

6. 作业过程中应注意防止划伤本体胶囊。

(3) 油标管连接部位改造。拆除油标管和上下部基座，并妥善放置。使用角磨机将小胶囊连接弯管自储油柜端部封板上切下，使油标管下部与储油柜直接相通，连通孔通径为12mm，用角磨机和砂纸将切割部位打磨平整，如图6-52所示。使用气焊在端部封板上部基座处开孔并打磨平整，孔径与下部连通孔一致，如图 6-53 所示。

注意事项：

1. 储油柜端部封板正反面都要打磨平整，外表面不平整会造成油标管基座胶垫无法可靠密封，内表面有尖锐凸起则会损伤胶囊。

2. 油标管上下连通孔孔径应一致，并不宜过细，以保证连通效果。

3. 具备条件时可采用机械加工的方法以提高开孔的规范性。

图 6-52　切割小胶囊弯管

图 6-53　上部基座处开孔

（4）加焊胶囊挡圈。为防止胶囊堵塞油标管上下连通孔，需对储油柜端部封板进行改造，在内侧增加支撑隔离措施。挡圈长度大于油标管上下连通孔间距，腰部焊接支撑，完成后进行打磨、涂漆，工作过程如图 6-54 和图 6-55 所示。

图 6-54　加装胶囊隔离挡圈

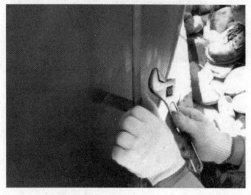

图 6-55　焊接支撑

（5）安装油标管。原油标管下部基座完好，清理后可继续使用；上部基座无与储油柜间的连通孔，且需封堵原有与大气相通的连通孔，不具备改造条件，需更换上基座，更换后的油标管上部结构如图 6-56 所示。

清理油标管下基座油泥，检查通气孔道通畅。清理油标管，将蘸有酒精的汤布两端用尼龙绳系好塞入油标管中，拽拉尼龙绳彻底清理油标管内壁油污印迹。

更换下基座放油堵密封圈，更换上、下基座与储油柜端部封板之间的密封胶垫，安装上、下基座。

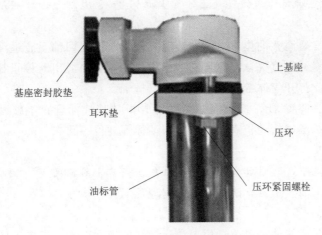

图 6-56　油标管上部结构图

（标注：上基座、基座密封胶垫、耳环垫、压环、油标管、压环紧固螺栓）

安装油标管，将两个压环套在玻璃管上，从玻璃管两端分别套入耳环垫；在下基座中放入防护薄密封胶垫和浮球，将油标管上部插入上基座后，下部再插入下基座，调整好油标管位置后将压环两侧螺栓紧固到位，工作过程如图 6-57 和图 6-58 所示。

图 6-57　安装油标管

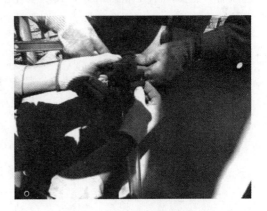

图 6-58　紧固上部压环

注意事项：

1. 压环弧面必须面向基座，与基座弧面共同挤压耳环垫抱死油标管，否则会导致密封不严。

2. 紧固压环螺栓时，两侧螺栓应交替均匀紧固，每次紧固半周，防止紧固力不均匀损坏油标管。

3. 若在下基座中放入浮球后影响油标管插入，则需提前将浮球放入油标管内。

（6）回装端部封板。打开小胶囊室封板，清理油污及异物，更换密封胶垫后回装。清理储油柜法兰和端部封板脏污，更换密封胶垫，回装封板，对角均匀紧固好螺栓

注意事项：

1. 因小胶囊室位于储油柜最低点，该位置易积存油污及异物，必须清理干净，具备条件时应将其去除。

2. 紧固螺栓时应对角均匀循环紧固，至少循环 2～3 次以上，特别是最后一次紧固应手动完成。

（7）回油、排气及调整油位。对照"油温—油位"曲线回油至合适油位，在吸湿器处连接补氮管路对胶囊补充氮气，观察自储油柜放气孔处有油溢出时停止补氮，然后恢复放气塞，装好吸湿器。打开气体继电器放气塞进行排气。

（8）效果验证。静置 1h，检查储油柜端部封板及其油标管、小胶囊室封板没有渗油现象，使用临时油标测试储油柜真实油位，与油标管油位一致。

注意事项：

时间允许的情况下，宜对储油柜打压，彻底检查其密封状况。

（9）整理现场。清点工具，防止遗落，清理现场。

2. 处理效果

该变压器小胶囊式储油柜经改造后，油标管油位指示准确，未再出现假油位现象。

（五）总结

（1）小胶囊式储油柜油位指示是利用压力传递的原理，将储油柜内部的油位通过小胶囊传递给油标管进行指示。其优点在于储油柜与油标管的绝缘油互不连通，油标管内劣化的绝缘油不会影响本体油的指标；其缺点在于影响油位准确指示的因素太多，在设计上存在天然缺陷，极易造成假油位。建议在具备条件时，对此种结构的储油柜进行改造。

（2）需要注意，储油柜通过胶囊呼吸时，其内部压力与外部大气压并非是完全一致的理想状态，此因素亦会影响油位的准确指示。

（3）上述造成油位异常的因素中，其中 1）～5）项因素为个例，可以进行调整，第6）项为设计缺陷，不可调整。其中第 2）项中内部气体即使全部排净，随着运行时限的增加，还是有可能产生新的气体。

第七章
气体继电器

第一节　概　述

一、气体继电器用途与分类

气体继电器是变压器上的重要保护装置，安装在本体油箱与储油柜间的联管上，在变压器内部故障产生气体或油流的作用下，发出报警或跳闸信号，达到保护变压器的目的。

气体继电器按内部结构可分为挡板式气体继电器和浮球式气体继电器。浮球式气体继电器又可分为单浮球气体继电器和双浮球气体继电器。

二、气体继电器原理及结构

1. 挡板式气体继电器

挡板式气体继电器结构如图 7-1 所示。变压器正常运行时，开口杯内外都是油，浮力作用下，平衡锤重量大于油杯重量，平衡锤下落，油杯侧面上的磁铁也随同油杯一同翘起，因此上干簧接点是断开的。变压器内部故障产生气体，达到一定容积时，油杯失去油的浮力作用，油杯重量大于平衡锤重量，油杯上的磁铁将随油面下降逐渐降低，当其磁铁吸合上干簧接点时，上干簧接点闭合并发出轻瓦斯报警信号。变压器内部发生严重故障时，绝缘油急剧膨胀，油流速达到整定值时，挡板动作，位于挡板上的磁铁吸合下干簧接点，动作于跳闸。

2. 浮球式气体继电器

双浮球气体继电器结构如图 7-2 所示。当变压器内部发生轻微故障或有气体进入时，油面下降，上浮球也一同下降，带动上磁性开关元件，启动报警信号，但下浮球不受影响，因为一定量的气体是可以通过管道向储油柜流动的。当变压器内部发生严重故障时，产生向储油柜方向运动的油流，油流冲击挡板且流速超过挡板的动作灵敏度时，挡板顺油流的方向运动，将下浮球下压，挡板顺油流的方向运动，下磁性开关元件因此被启动，动作于跳闸。当变压器缺油或油流失时，随着油面下降，上浮球下沉，此时发出报警信号。当油继续流失，下浮球下沉，带动下磁性开关元件，由此动作于变压器跳闸。

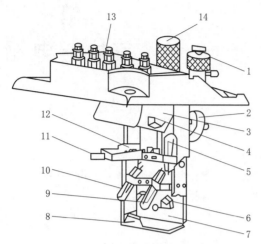

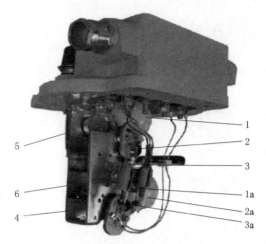

图 7-1 挡板式气体继电器结构

1—气塞；2—重锤；3—开口杯；4—磁铁；

5—干簧接点；6—磁铁；7—挡板；8—止挡螺钉；

9、10—干簧接点；11—调节杆；12—弹簧；

13—接线柱；14—探针

图 7-2 双浮球气体继电器结构

1—上浮子；1a—下浮子；2—上浮子恒磁磁铁；

2a—上浮子恒磁磁铁；3—上开关系统一个或两个

磁开关管；3a—上开关系统一个或两个磁开关管；

4—框架；5—测试机械；6—挡板

三、气体继电器常见缺陷及其对运行设备的影响

(一)轻瓦斯报警

1. 气体产生类

(1)进行滤油、补油工作后，由于静置时间不足，排气不充分，变压器内部存有气体。

(2)变压器本体负压区如潜油泵进油口、储油柜顶部等法兰连接口处密封胶垫老化或破损，导致外界空气进入变压器内部。

(3)变压器内部发生轻微放电故障，放电电弧使变压器油发生分解，产生多种气体，气体产生后集聚在气体继电器内。

(4)变压器本体焊接工作等，可能使绝缘油分解产生气体，轻瓦斯报警。

2. 渗漏类

外界环境温度骤降，或变压器本体严重漏油导致变压器油位降低至气体继电器，使开口杯或上浮子下降，轻瓦斯报警。

3. 信号误动作类

(1)二次信号回路发生故障，包括信号电缆绝缘不良、端子排接点短路。

(2)接线端子盒密封不良进水，常开接点导通。

(3)制造性缺陷导致干簧管玻璃管破裂，或是气体继电器本体、或与其相连通的附件密封不良，导致水汽进入气体继电器，并以液态水形式附着于干簧管周围，温度降低，水分结冰，冻裂干簧管，导通接点。

(二)重瓦斯保护动作

1. 油流异常涌动类

(1)变压器内部出现匝间短路、绝缘损坏、接触不良、铁芯多点接地等故障时，使油

分解出特征气体，同时油流向储油柜方向流动。当流速超过气体继电器的整定值时，重瓦斯保护动作，变压器跳闸。

（2）储油柜呼吸系统堵塞后压力突然释放时，油流涌动冲击挡板，重瓦斯保护动作。

（3）强迫油循环变压器的潜油泵同时启动，油流涌动，重瓦斯保护动作。

2．渗漏类

变压器渗漏导致缺油，随着油面的下降，上浮球也同时下沉，此时发出报警信号。当油面继续下降时，下浮球下沉，接通下磁性开关元件，重瓦斯保护动作。

3．信号误动作类

与轻瓦斯报警误动作类似。

总结上所述缺陷中，由于气体继电器渗漏类、信号误动作类导致需对其进行更换处理，并结合《国家电网有限公司十八项电网重大反事故措施》中所提及的规定，采用排油注氮保护装置的变压器应采用具有联动功能的双浮球结构的气体继电器，后期在实际整改工作中，往往由于新旧气体继电器两端法兰尺、规格等因素与相连接管路不相符，需对其进行相应改造。

第二节　气体继电器检修典型案例

一、有载气体继电器故障检查与处理

（一）设备概况

1．变压器基本情况

某交流 220kV 变电站 1 号变压器为沈阳变压器厂生产，型号为 SFPSZ9 - 120000/220，于 1990 年 10 月 1 日出厂，1990 年 12 月 8 日投运。

2．变压器主要参数信息

联结组别：YN，yn0，d11

调压方式：有载调压

冷却方式：强迫导向油循环风冷（ODAF）

出线方式：架空线/架空线/架空线（220kV/110kV/10kV）

开关型号：MⅢY500 - 252/C - 10193W

使用条件：室内□　　　　室外☑

3．有载气体继电器主要参数信息

型号：MQDELQJ4G - 25 - TH

额定电压：DC 110V

生产厂家：中国沈阳四兴继电器制造有限公司

（二）缺陷分析

1．缺陷描述

2018 年 12 月 6 日 14 时 26 分 33 秒，该变压器有载分接开关重瓦斯保护动作，2201、

1101、208 开关动作，导致变压器掉闸。

2. 成因分析

（1）初步检查。

1）外观检查。变压器本体气体继电器轻、重瓦斯均未动作，内部无气体；有载气体继电器轻瓦斯未动作，内部无气体；压力释放阀未动作喷油；运行油温为 25℃，本体、有载储油柜油位正常；有载吸湿器吸湿剂无潮解变色，油杯油位正常。

2）二次回路检查。对有载气体继电器接线端子和二次回路进行检查，采用 500V 绝缘电阻表测试，接线柱和二次线缆绝缘电阻超过 1.5MΩ，绝缘良好，可以排除二次回路绝缘问题引起保护动作导致变压器误掉闸的情况。

3）有载分接开关检查。对有载分接开关绝缘油进行试验，绝缘油击穿电压为 12.8kV（标准不小于 30kV），微水含量 31.2mg/L（标准不大于 25mg/L），均超出标准范围。对有载分接开关进行吊芯检查，开关动静触头、储能机构、传动装置、过渡电阻等组件外观与功能性均良好，试验结果合格，但开关花盘上有不少锈迹，如图 7-3 和图 7-4 所示。

图 7-3　有载开关芯体检查情况　　　图 7-4　有载开关油室检查情况

4）有载气体继电器检查。拆下有载气体继电器进行检查，外观无异常，密封良好。取出气体继电器芯体进行检查，发现气体继电器两侧干簧管均破裂，干簧管根部接线处锈蚀严重，失去密封。气体继电器套内存在严重锈蚀，底部积聚少量游离状水，部分水凝结为冰，如图 7-5 和图 7-6 所示。当时为晚上 18：00，现场气温为 -10℃。

初步判断是由于有载分接开关油路系统存在渗漏点，水分进入气体继电器并沿干簧管接线进入干簧管内，导致干簧管破裂。气体继电器底部的积水和内部锈蚀，开关芯子花盘锈迹以及开关油室绝缘油微水含量超标、击穿电压值偏低均可印证这一点，但具体渗漏点位置需要进一步判断。

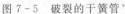

图 7-5　破裂的干簧管*

图 7-6　气体继电器底部积水*

（2）渗漏点查找。对有载分接开关油路中绝缘油液面以下的部分进行检查，没有发现明显的渗漏点。

注意事项：

正常状态下，绝缘油液面以下的部位为正压区，如果存在渗漏点一般会有绝缘油渗出；但像油泵等部位在运行时虽然内部有绝缘油，也可能存在负压区。

（3）正压密封性试验。通过以上检查并未发现开关油路系统绝缘油液面以下部分存在渗漏点，因此需要重点检查有载分接开关储油柜油位以上部分。该部位结构简单，有载储油柜直接焊接在本体储油柜侧方，通过端部法兰封板进行密封，法兰封板上装设有管式油位计，可能的渗漏位置只有法兰封板与油标管上部密封面。由于该部位无油，可通过正压密封性试验进行查找。

用法兰封板对有载气体继电器法兰口进行密封，如图 7-7 所示。拆除有载储油柜吸湿器，在原位置安装带有机械式压力表的充气专用接头，如图 7-8 所示。给储油柜充入露点不高于-40℃的氮气，至压力为 0.03MPa 时停止充气，关闭进气口和氮气瓶的出气口❶。

图 7-7　法兰封板密封位置

图 7-8　充气专用接头

---

❶　引用自《油浸式电力变压器（电抗器）现场密封性试验导则》（DL/T 264—2012）。

注意事项：

1. 充氮气之前确保新加装的法兰封板和压力表连接法兰等位置密封性良好。

2. 充气过程中应使储油柜内的气压缓慢上升，严禁充气过快。

3. 若进行泄漏率测量，12h 之内压力能够维持在 23～30kPa，则密封性满足要求。

压力达到规定值后，试图通过漏气的"嘶嘶"声判断渗漏点位置。但由于渗漏状况不严重，该方法难以奏效，可以借助在密封部位刷涂肥皂水的手段来进行检测。由于现场环境温度较低，为防止肥皂水结冰，预先对查找部位区域适度加热，再用毛刷涂一层肥皂水。检查发现储油柜端部法兰与法兰封板左侧密封接缝处出现气泡，此位置应为渗漏点。

拆下端部法兰封板，检查发现储油柜端部法兰与法兰封板间的渗漏位置处均存在明显的锈蚀痕迹，如图 7-9 和图 7-10 所示。

图 7-9　端部法兰锈蚀痕迹

图 7-10　端部法兰封板锈蚀痕迹

注意事项：

在外界温度低于 0℃时，应先对排查区域适度加热或在肥皂水中加入防冻液，防止低温环境下结冰，影响检漏效果。

（4）故障原因确定。经过以上检查和分析，可以确定渗漏点为有载储油柜端部法兰左侧密封处。降雨、降雪或空气湿度较大时，水分由此位置进入有载储油柜内部。特别是当气温下降时，开关绝缘油收缩，形成负压效应，加剧水分渗透。

水分进入后凝结成为液态水，水的密度较绝缘油更大，逐渐积聚于储油柜底部。积水沿管路流至有载气体继电器内部，进入的水分沿着干簧管接线积聚于玻璃管与接线的密封部位，破坏密封后进入干簧管。当温度较低时，干簧管内的水分凝结成冰而膨胀，造成干簧管破裂，触点吸合，最终导致有载气体继电器重瓦斯动作，变压器掉闸。

（三）检修方案

1. 方案简述

结合停电，对有载储油柜法兰和法兰封板锈蚀部位进行打磨并涂漆，对储油柜内部的油管路接口部位进行改造，防止水分向下方有载气体继电器和有载开关部位的渗入。更换有载气体继电器，对有载分接开关进行吊检，更换合格绝缘油。

处理时间：10h

工作人数：6人

2. 工作准备

工具：开口扳手（10mm、14mm、16mm、18mm、20mm）、电动扳手、油管、壁纸刀、螺丝刀（一字）、油桶、吊带、U型吊环、绝缘棒、铅丝、T型套筒、胶管

材料：氮气、油漆、白土、砂纸、肥皂水、塑料布、白布带、酒精、汤布、毛刷、除锈剂、百洁布

备件：QJ4G-25-TH型新品气体继电器×1、10mm胶棍2m、焊条若干

设备：板式滤油机、电气焊设备、电源线、接地线、油泵、500V绝缘电阻表、万用表、直流电阻测量仪、变比测量仪、油罐2t（含1.5t合格绝缘油）

特种车辆：高空作业车、起重吊车12t

（四）缺陷处理

1. 处理过程

（1）渗漏点处理。对有载储油柜端部法兰和法兰封板的锈蚀部位进行除锈、打磨并涂漆。更换该部位的密封胶垫，保证有载储油柜密封性完好。

（2）油管接口改造。在有载储油柜底部的油管连接口处加焊一段油管，高度约10mm，阻挡积聚于储油柜底部的水分和异物沿油管进入气体继电器和有载开关，如图7-11和图7-12所示。

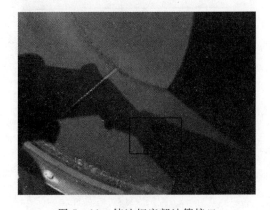

图7-11 储油柜底部油管接口 　　　　 图7-12 油管接口加焊油管

（3）有载分接开关吊检。吊出切换开关芯体，冲洗开关油室积碳和油污，检查开关触头、储能机构、紧固件、编织线等，测量过渡电阻和接触电阻合格。

（4）更换气体继电器。选择同型号新品气体继电器，并进行密封性、端子绝缘强度、轻瓦斯气体积聚量和重瓦斯动作流速校验。对校验合格的气体继电器芯体上的螺栓进行紧固后，更换气体继电器，并恢复二次接线。

（5）回油、排气及调整油位。按照"油温—油位"曲线回油至适当油位，恢复有载储油柜吸湿器。分别在开关油室顶盖放气塞和气体继电器放气塞处进行排气。

（6）整理现场。清点工具，防止遗落，清理现场。

2. 处理效果

缺陷处理后，有载储油柜密封良好，底部油管接口可有效防水防污，有载分接开关和

气体继电器工作正常，变压器运行良好。

（五）总结

（1）密封性能对变压器安全运行至关重要，绝缘油液面以下的正压区发生渗漏时容易被发现，但变压器无油部位和负压区域发生渗漏时，由于无油渗出，往往容易忽略。而这些部位发生渗漏时，水分和异物容易直接进入变压器内部，严重影响变压器的绝缘性能和安全运行，必须引起足够的重视。

（2）气体继电器是变压器非常重要的非电量保护元件，其性能直接影响到设备的安全运行，应定期进行检查与校验。特别要关注可能导致变压器掉闸的干簧管的情况，其玻璃管应无破损，与引线间的密封应良好，触点吸合可靠。

（3）储油柜内部的油管路接口应高于柜底，以起到阻挡水分、异物进入有载气体继电器和开关油室的作用，但其高度不宜过高，以免影响低油位时储油柜对开关的供油。

（4）有载开关油室内绝缘油的指标需定期检测，当发生微水与击穿电压值迅速劣化时必须查明原因并及时处理。

二、气体继电器安装管路改造

（一）设备概况

1. 变压器基本情况

某交流 500kV 变电站 3 号变压器为西安西电变压器有限责任公司生产，型号为 ODF-PSZ-250000/500，于 2006 年 9 月 29 日出厂，2006 年 10 月 31 日投运。

2. 变压器主要参数信息

联结组别：IN，a，d

调压方式：有载调压

冷却方式：强迫导向油循环风冷（ODAF）

出线方式：架空线/架空线/架空线（500kV/220kV/35kV）

开关型号：RI3003-300/D-10193Y

使用条件：室内□　　　　室外☑

3. 原气体继电器主要参数信息

型号：QJ_4-80

额定电流：DC 0.3A

额定电压：DC 220V

生产厂家：沈阳特种继电器厂

4. 新气体继电器主要参数信息

型号：BC80

额定电流：DC 0.01～2A

额定电压：DC 12～250V

生产厂家：德国 EMB 公司

（二）缺陷分析

1. 缺陷描述

运行中变压器重瓦斯保护动作，经检查，故障原因为 C 相本体气体继电器内部真空干簧管破裂，导致重瓦斯接点始终处于闭合状态，造成跳闸。同时，检查发现原波纹管第三波峰处破裂漏油。

2. 成因分析

该气体继电器已无法继续使用，需立即更换，因无同型备件，拟采用 BC80 型气体继电器更换。气体继电器更换一般采用原型号，以保持安装尺寸的一致性，更换异于原安装尺寸的气体继电器时需先对安装管路进行改造。

（三）检修方案

1. 方案简述

结合停电，更换 BC80 型新品气体继电器，同时对破裂的波纹管进行更换。测量连接管路各部件尺寸，对备件波纹管本体侧法兰进行改造，使之与本体侧阀门相适配；对旧件过渡节的长度和储油柜侧法兰进行改造，使之与储油柜侧阀门相适配，然后完成气体继电器、波纹管、过渡节的安装。

处理时间：6h

工作人数：4 人

2. 工作准备

工具：开口扳手（10mm、24mm、30mm）、活扳手（10″、12″）、钎子、螺丝刀（一字）、油桶、锉刀

材料：汤布、白土、406 胶水、绝缘包布、砂纸、油漆、毛刷

备件：114mm×94mm×8mm 密封胶垫×3、130mm×86mm×10mm 密封胶垫×1、BC80 双浮球气体继电器×1、80mm×150mm 波纹管×1、方形法兰板（螺栓孔距 160mm）×1、样品阀门（螺栓孔距 150mm，螺孔直径 20mm）×1

设备：台钻、铰刀、切割机、角磨机、电气焊设备、电源线、接地线、2500V 绝缘电阻表、万用表、气泵

特种车辆：无

（四）缺陷处理

1. 处理过程

（1）旧件拆除。

1）停用保护直流电源，断开气体继电器二次连接线，关闭两侧阀门，排油后拆下气体继电器。

2）松开两侧阀门靠近气体继电器一侧螺栓，拆除波纹管与过渡节。气体继电器两侧阀门螺杆均有限位，如图 7 - 13 所示，此种结构阀门在拆除一侧法兰螺栓时，由于其限

图 7 - 13　阀门结构

位，螺杆不会随之转动。

注意事项：

1. 气体继电器连气管朝储油柜方向有 1‰～1.5‰ 的升高坡度，故排油时应松动本体侧阀门螺栓，可将余油出尽。

2. 排油时可打开气体继电器放气塞，加快排油速度。

3. 气体继电器拆除前，需提前勘察两侧有无阀门，以确定排油方式。

4. 若气体继电器本体侧仅有断流阀，则可以用断流阀截断储油柜内绝缘油。将断流阀的状态选择手柄转至关闭位置，并紧固限位螺栓，确保关闭到位。

（2）改造尺寸确认。

1）安装管路结构。气体继电器安装于变压器主连气管上，自本体侧至储油柜侧安装顺序依次为本体侧阀门、波纹管、气体继电器、过渡节、储油柜侧阀门，其结构如图 7-14 所示。

图 7-14 安装结构

2）连接部件尺寸。测量原各连接部件尺寸，并根据与现有备件的尺寸差异，确定管路改造方案，改造前后各连接部件尺寸见表 7-1。

表 7-1　　　　　　　　　　　　　改造前后连接部件尺寸　　　　　　　　　　　单位：mm

部　　件		长度	位置	法兰形式	螺孔对角中心距	螺孔孔径
气体继电器两侧阀门		—	—	凹槽圆形	150	20
旧件	气体继电器	160	两侧	平面方形	150	16
	波纹管	140	继电器侧	平面方形	150	16
			阀门侧	平面圆形	150	20
	过渡节	138	继电器侧	平面方形	150	16
			阀门侧	平面圆形	150	20
备件	气体继电器	185	两侧	平面方形	160	16
	波纹管	150	继电器侧	凹槽方形	160	16
			阀门侧	平面方形	160	16
	法兰板	20（10）	—	平面方形	160	16

续表

部　件		长度	位置	法兰形式	螺孔对角中心距	螺孔孔径
改造件	波纹管 （应用备件）	150	继电器侧	凹槽方形	160	16
			阀门侧（改造）	平面方形	150	20
	过渡节 （应用旧件）	103 （改造）	继电器侧（改造）	平面方形	160	16
			阀门侧	平面圆形	150	20

（3）波纹管改造。

1）改造备件波纹管使其与新气体继电器法兰和本体侧阀门适配。将波纹管本体侧法兰螺孔对角中心距由160mm改为150mm、螺孔孔径由16mm改为20mm，气体继电器侧法兰尺寸不变。以螺孔原中心点为基准，对角线方向向内偏移5mm作为新螺孔中心点，将螺孔孔径由原16mm扩大为20mm，改造方案如图7-15所示。

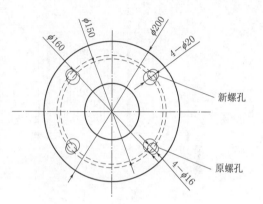

图7-15　波纹管法兰改造方案

2）使用台钻固定夹将波纹管法兰压紧，在波纹管的内部塞满汤布，防止切削碎屑进入，使用台钻进行扩孔，如图7-16所示。

3）将扩孔完成的波纹管与样品阀门进行试装，发现波纹管新加工的螺孔孔径尺寸偏小，穿入阀门螺栓时发生卡涩，使用铰刀切削修正，如图7-17所示。

4）修正完成后，再次检验波纹管与样品阀门是否适配。

5）最后用锉刀清除钻孔处毛刺，再用砂纸对钻孔周围进行细打磨。

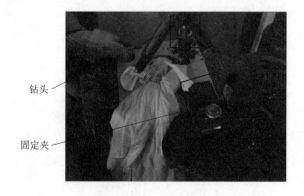

图7-16　法兰螺孔扩孔

图7-17　法兰螺孔修正

注意事项：

1. 扩孔过程中应用冷水持续对钻头降温，避免温度过高损伤钻头。

2. 波纹管法兰螺孔改造完毕后，使用气泵反复吹扫波纹管内部，防止渣滓残留。

3. 切削时铰刀与法兰孔内壁接触力不宜过大，防止铰刀剧烈抖动造成切削误差。

（4）过渡节改造。

1）改造旧件过渡节使其与新气体继电器法兰和储油柜侧阀门适配。将波纹管气体继电器侧法兰割掉，重新焊接螺孔对角中心距 160mm、螺孔孔径 16mm 的平面方形备件法兰封板，储油柜侧法兰尺寸不变。

原气体继电器、波纹管与过渡节的长度之和为 160＋140＋138＝438（mm），新气体继电器长度为 185mm，改造后的波纹管长度为 150mm。故过渡节长度应改造为 438－185－150＝103（mm），如图 7-18 所示。

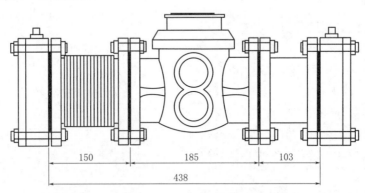

图 7-18　气体继电器示意图（单位：mm）

注意事项：

1. 过渡节尺寸由波纹管与气体继电器尺寸决定，波纹管尺寸应在其处于自然伸展状态时测定。

2. 法兰密封类型分为平面密封与凹槽密封，当密封类型与胶垫厚度不发生改变时，可不考虑密封胶垫对尺寸的影响。

3. 一般阀门为凹槽法兰，气体继电器为平面法兰，安装过渡节与波纹管时应注意凹槽法兰不可与凹槽法兰连接，以免密封不良。

2）备件法兰板为承插焊法兰板，总厚度 20mm，承插槽深 10mm。计算过渡节应截取长度为 103－20＋10＝93（mm）。使用切割机按上述尺寸截取过渡节，如图 7-19 所示，将切割好的过渡节与备件法兰板配装，如图 7-20 所示。

图 7-19　过渡节截取

图 7-20　过渡节与法兰板配装

3）将过渡节与备件法兰板焊接为成品过渡节，其总长度为 103mm。

注意事项：

过渡节长度为连接管长度与法兰板厚度之和，截取过渡节长度时应考虑法兰板厚度与承插槽深。

（5）新气体继电器校验。

1）机械部分检验：干簧管完好无破损，触点能够可靠导通和断开。

2）绝缘强度检验：2500V 绝缘电阻表测量绝缘电阻大于 1MΩ。

3）密封性检验：充满绝缘油后，常温下加压 0.15MPa，持续 30min 无渗漏。

4）定值检验：轻瓦斯信号容积的整定值为 270mL，重瓦斯流速触点动作值为 1.315m/s。

以上检验结果均符合要求，结论合格。

注意事项：

1. 双浮球结构气体继电器重瓦斯动作试验应对浮球触发和挡板触发两种触发方式均进行校验。

2. 校验后，恢复气体继电器绑扎绳，防止在运输过程中损坏干簧管、浮球（浮子）。

（6）波纹管与过渡节回装。

1）波纹管与本体侧阀门之间、气体继电器与波纹管之间、过渡节与储油柜侧阀门之间均为平面对凹槽密封结构，根据凹槽尺寸选用 114mm×94mm×8mm 的密封胶垫；气体继电器与过渡节之间为平面对平面密封结构，选用 130mm×86mm×10mm 的密封胶垫。

2）在两侧阀门法兰凹槽处放置密封胶垫，依次安装过渡节、波纹管，如图 7-21 所示。

注意事项：

安装波纹管与过渡节时，暂不将螺栓紧固到位，留有裕量便于安装气体继电器。

（7）气体继电器回装。

1）将气体继电器放置于波纹管与过渡节之间，此时注意其指示箭头应朝向储油柜方向，先穿入气体继电器与过渡节法兰间的下部螺栓，将密封胶垫从上部塞入，再穿入上部螺栓并初步紧固，如图 7-22 所示。

图 7-21　波纹管、过渡节安装完毕

2）由于本体侧阀门上部 2 条螺栓的高度不一致，将新品波纹管安装至本体侧阀门处后，发现波纹管与气体继电器法兰螺孔错位，如图 7-23 所示。借助钎子，使二者法兰螺孔对齐，穿入螺栓并初步紧固，如图 7-24 所示。

3）依次对角循环紧固气体继电器两侧固定螺栓、过渡节与储油柜侧阀门之间的固定螺栓、波纹管与本体侧阀门之间的固定螺栓，确保气体继电器不受机械应力，安装效果如图 7-25 所示。

4）对气体继电器及其连接管路回油并进行排气。

5）恢复二次线，进行功能测试，打开气体继电器两侧视窗，安装防雨罩。

图 7 - 22　密封胶垫塞入

图 7 - 23　螺孔角度偏差情况

图 7 - 24　螺栓穿入

图 7 - 25　安装效果

注意事项：

1. 现场勘查时应注意两侧安装阀门螺栓是否平齐，根据螺栓偏差角度针对性改造波纹管、过渡节的法兰螺孔，以使波纹管、过渡节和阀门配合良好。

2. 安装气体继电器前，应再次确认所有螺栓紧固良好、内腔无异物、固定绳拆除、节点正常。

3. 管路连接时，应先紧固气体继电器两侧螺栓，以保证其不受机械应力，最后紧固波纹管与本体侧阀门固定螺栓，以提供安装裕量。

（8）整理现场。清点工具，防止遗落，清理现场。

2. 处理效果

过渡节、波纹管、气体继电器三者尺寸适合，与两侧阀门配合良好，且均处于同一中心水平线，气体继电器功能传动正常，符合运行要求。截至目前，该变压器本体气体继电器未出现渗漏现象，运行状况良好。

（五）总结

（1）更换非原装尺寸的气体继电器前，需重点核对连通管径、安装间距、法兰规格，必要时对波纹管和过渡节进行改造，以满足适配性。

（2）波纹管具备预拉伸或冷紧的预变形量，可弥补一定的制造与安装误差，但不可过度拉伸与压缩，因此应尽可能精准测算各部件尺寸，控制误差不超过波纹管弹性形变范围。此案例中波纹管法兰为静止式，波纹管破裂是由于承受过大的扭转力矩导致，对于此类情形应优先选用旋转式法兰波纹管。

（3）对于气体继电器管路无波纹管的情况，应采取现场配焊方式改造过渡节，以精确控制尺寸，保证可靠连接。

第八章
压力释放阀

第一节 概　　述

一、压力释放阀用途

压力释放阀通常安装在变压器本体油箱顶部、有载分接开关顶盖或电缆油仓顶部位置，是变压器的重要保护元件。当变压器内部发生严重故障时，绝缘油分解产生大量气体，由于变压器油箱处于密闭状态，与储油柜连通的连管直径比较小，仅靠该连管不能有效迅速降低压力，会造成油箱内压力急剧升高，导致变压器油箱破裂，这是不允许的，因此必须安装压力释放阀用以变压器内部故障时泄压。

二、压力释放阀原理及结构

压力释放阀在油箱内压力升高到压力释放阀的开启压力时动作，进行喷油泄压，使油箱内的压力下降，同时带动与其联动的信号开关回路导通，发出报警或跳闸信号。当油箱内压力降到关闭压力值时，压力释放阀会可靠关闭，避免外界水分及杂质进入油箱内。其结构由阀体及电气机械信号装置组成。

1. 阀体

目前国内外主流厂商生产的压力释放阀产品基本结构类似，如图 8-1 所示。压力释放阀用螺栓固定在变压器油箱盖上，由密封胶圈密封。盖由螺栓固定在法兰上，盖通过弹簧对膜盘施加压力，膜盘通过密封胶圈密封。当绝缘油对密封垫圈限定的膜盘的面积上的压力大于弹簧的压力时，膜盘开始向上移动，绝缘油的压力就作用在密封胶圈上，膜盘移动到弹簧限定的位置，绝缘油排出。变压器内的压力迅速降低到正常值，膜盘受弹簧的作用，回到原来位置，释放阀重新密封。在膜盘向上移动时，机械指示销受膜盘的推动，也向上移动，并由销的导向套保持在向上位置，带颜色的销向上突出，可以从远处看到，表明压力释放阀已经动作。销只能用手动方式向下推到原来位置。

2. 信号开关

压力释放阀信号开关通常使用微动开关。开关共有公共接点（COM）、常开接点（NO）和常闭接点（NC）3 个接点。压力释放阀未动作时，公共接点与常闭接点连通；压力释放阀动作时，开关簧片动作，公共接点与常闭接点断开，与常开接点连通，发出报警信号。

微动开关与阀体联动的方式有两种：一种方式为微动开关与膜盘相关联，开关安装在

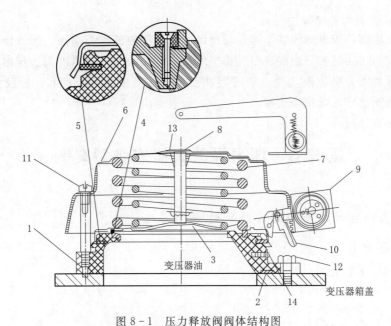

图 8-1 压力释放阀阀体结构图

1—法兰；2、4、5—密封胶圈；3—膜盘；6—盖；7—弹簧；8—销；9—信号开关；10—杆；

11、12—螺栓；13—导向套；14—放气塞

阀体外壳侧面，膜盘向上顶起时带动微动开关锁片动作闭合，发出动作信号；另一种方式为微动开关与标志杆相关联，开关安装在阀体外壳内侧上部或阀体外壳外侧上部，膜盘向上顶起时，标志杆随之向上顶起联动带动微动开关动作闭合，发出动作信号。

三、压力释放阀常见缺陷及其对运行设备的影响

1. 渗漏油

膜盘密封不严、放气阀密封不严会导致压力释放阀渗漏油，持续漏油可能造成低油位报警，若油位继续降低，变压器有可能被迫退出运行。

2. 信号错误

微动开关常开接点和公共端接点间绝缘强度不足、微动开关及其二次线缆密封不严、开关把手及锁片存在卡涩、微动开关自身发生损坏或引出线发生断线等原因可能导致误发信号或拒发信号，会对变压器运行状态的判断产生干扰。尤其是动作后未发出信号的故障，如不进行人工巡视，不能及时发现问题，可能导致变压器大量跑油，进而触发储油柜低油位报警。

3. 拒动作

压力释放阀与本体油箱连接处蝶阀未开启、压力释放阀开启值设定过高、压力释放阀闭锁装置未拆除等原因可能导致压力释放阀拒动作，使其失去压力保护作用，变压器出现突发故障产生大量气体时，压力释放阀无法可靠开启泄压，导致变压器内部压力过大，箱壳产生变形，造成严重后果。

4. 误动作

压力释放阀压力开启值设置偏低可能导致其误动作，造成变压器大量跑油，被迫退出运行。

5. 非变压器内部故障原因动作

呼吸系统堵塞，胶囊内气体不能及时排出，变压器内部压力增加，压力释放阀动作喷油泄压；储油柜注油过多，当胶囊空气排尽后，绝缘油因为胶囊隔绝无法排出，变压器内部压力升高导致压力释放阀动作；变压器补油后未排气或排气不彻底，使胶囊无收缩量时，压力释放阀动作，导致变压器大量跑油，被迫退出运行。

第二节 压力释放阀检修典型案例

一、压力释放阀动作故障分析与处理

（一）设备概况

1. 变压器基本情况

某交流 35kV 变电站 1 号变压器为国能子金电器（苏州）有限公司生产，型号为 SZ10 - 20000/35，于 2013 年 7 月 1 日出厂，2015 年 11 月 2 日投运。

2. 变压器主要参数信息

联结组别：YN，d11

调压方式：有载调压

冷却方式：油浸自冷（ONAN）

出线方式：架空线/架空线（35kV/10kV）

开关型号：SVⅢ - 500Y/35 - 1007

使用条件：室内☑　　　　　室外☐

3. 压力释放阀主要参数信息

压力释放阀型号：YSF_4 - 55/130KJB

有效喷油口径：130mm

开启压力：55kPa

关闭压力：29.5kPa

密封压力：33kPa

电气报警节点：有

机械指示：有

生产厂家：沈阳市明远电气设备有限公司

（二）缺陷分析

1. 缺陷描述

2019 年 7 月 17 日 5 时 13 分，该变压器本体压力释放阀动作喷油，后台保护装置无压力释放阀动作报警信号；本体重瓦斯未动作，轻瓦斯无报警信号；本体油位计高油位报警，油位计显示油位为"9.6"格，接近"10"格满油位。压力释放阀喷油后，油流经导油管排入泄油池，随着喷油时间的延长，油流逐渐减小，但一直保持较小流量持续流出的状态。6 时 36 分，变压器正常退出运行，此时压力释放阀仍未停止流油，喷油情况如

图 8-2 所示。7 时 16 分，经过大约 40min 喷油后变压器本体储油柜油位下降至"9"格，高油位报警信号消失。此时环境温度为 30℃，变压器本体油温为 45℃。

2. 成因分析

（1）压力释放阀结构。该型压力释放阀由阀座、膜盘、弹簧、外罩、微动开关及标志杆等主要部件组成，其基本结构如图 8-3 所示。压力释放阀的外罩通过螺栓固定在阀座上，阀座如图 8-4 所示。微动开关安装在外罩上部，微动开关为单极双投开关，用三芯电缆连接于出线盒；标志杆通过导向套固

图 8-2 压力释放阀喷油情况

定于外罩中部，其下部抵在膜盘上，中间偏上存在一处凹槽，正常运行时微动开关行程触点置于凹槽内；外罩通过两个正反绕弹簧对膜盘施加压力，正反绕双弹簧结构能够保证其对膜盘施加均匀的压力，正反绕弹簧如图 8-5 所示。

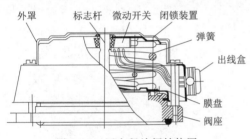

图 8-3 压力释放阀结构图

图 8-4 阀座

膜盘与阀座之间通过两道密封胶垫进行密封，膜盘结构如图 8-6 所示。第一道密封胶垫位于阀座顶部，通过强力弹簧的作用使密封胶垫达到能够可靠密封的压缩量，从而达到密封效果。第一道密封的密封胶垫采用环氧树脂嵌紧结构，以改善强压力释放过程中的稳定性；第二道密封胶垫位于阀座侧面，其与膜盘侧边为接触式密封，此处密封的作用是为了加速压力释放阀的开启。

图 8-5 正反绕双弹簧

图 8-6 膜盘

（2）压力释放阀动作原理。变压器内部的绝缘油作用于顶部密封胶垫限定的膜盘面积上，当压力超过弹簧对膜盘施加的压力时，膜盘向上移动，第一道密封开启。此时绝缘油压力变为作用于侧部第二道密封胶垫所限定的膜盘面积上，承压面积迅速增大，使得作用于膜盘上的压力瞬间增大，膜盘向上弹起，绝缘油排出泄压，使变压器内部压力迅速降低到正常值。泄压后膜盘受弹簧压力作用重新回到原来位置，压力释放阀重新密封。

膜盘向上移动时，标志杆受膜盘推动也向上移动，标志杆上的凹槽位置变动，而位于凹槽内的微动开关触点因凹槽位置变动而受到挤压，使微动开关常开触点闭合，从而发出压力释放阀动作信号。标志杆由导向套保持在向上位置，不随膜盘回复原位置而下落，从而使压力释放阀保护具有自保持功能。带颜色的标志杆向上突出，可以很容易看到，给人以明显指示，表明压力释放阀已动作，标志杆只能用手动复位。

（3）故障检查。6 时 36 分，变压器停电后进行故障检查，检查情况如下：

1）压力释放阀检查。停用压力释放阀信号直流电源，拆卸压力释放阀导油管及阀罩，可以看到膜盘与阀座间仍有油流渗出，如图 8-7 所示。检查压力释放阀指示杆未动作，测试二次接线通断及绝缘均正常，测试微动开关动作正常。

2）储油柜检查。缓慢打开本体储油柜顶部放气塞，明显感觉到有气体泄出，检查胶囊发现其已被完全压瘪，说明储油柜内部存在很大的压力。从下部油样活门处连接临时油标管，将其提升至储油柜上方，待储油柜内部气体出尽，压力释放后，检查本体储油柜实际油位，与油位计"9"格指示相符，如图 8-8 所示。核对变压器"油温—油位"曲线，此时油温为 45℃，油位应为"5"格。

图 8-7　压力释放阀动作状态

图 8-8　本体储油柜实际油位

注意事项：

1. 打开储油柜放气塞时应缓慢，并随时检查内部压力情况，待压力泄尽后，再取下放气塞。

2. 采用临时油标管判断变压器实际油位时，应确保储油柜内部为正常大气压，否则不能准确测量油位。

3）气体继电器检查。检查本体气体继电器内无气体，轻重瓦斯功能性传动正常，回路绝缘良好。

4）绝缘油色谱检查。绝缘油色谱试验结果与上次例行检测结果一致。

（4）喷油原因分析。通过以上检查可以看出，压力释放阀喷油并非变压器内部突发故障导致压力急剧升高所致，而是一种临界开启的非正常动作状态。

其实际喷油过程应为：变压器本体储油柜内实际油位过高，随着温度升高或负荷增大，绝缘油膨胀挤压胶囊，待胶囊内气体排尽时，变压器内部压力无处释放，当达到压力释放阀开启压力的临界值时，膜盘开启，压力释放阀喷油。由于变压器内部压力随着绝缘油膨胀是一个缓慢增长的过程，没有一个突发的压力骤增情形，导致膜盘未完全弹起，指示杆未动作，因此压力释放阀未发出报警信号。喷油后压力虽得到一定程度的释放，但随着绝缘油继续膨胀，压力仍持续存在，该压力一段时间内一直处于压力释放阀开启压力的临界点，导致膜盘一直不能完全复归，造成压力释放阀持续小股喷油。

（三）检修方案

1. 方案简述

结合停电，变压器部分排油，拆卸压力释放阀，检查膜盘的密封性能，若密封性能失效，则更换新的压力释放阀。

处理时间：7h

工作人数：4～5 人

2. 工作准备

工具：活扳手（10″）、油管、150mm 法兰、接地线、电源线、螺丝刀（一字）、壁纸刀、记号笔、临时油标管

材料：塑料布、毛刷、白布带、汤布、白土、绝缘包布、滤油纸

备件：YSF4－55/130KJB 型压力释放阀×1

设备：板式滤油机、绝缘电阻表、万用表、油罐 2t

特种车辆：无

（四）缺陷处理

1. 处理过程

（1）排油。关闭本体气体继电器两侧阀门，在本体注放油阀门处连接出油管路出油至变压器油箱顶部以下，确保可拆除压力释放阀。

注意事项：

1. 排油 2min 后，需打开套管升高座放气塞，以便通气快速排油。

2. 排油过程中通过临时油标管实时监测油位，尽可能减少排油量。

（2）压力释放阀检查。拆除压力释放阀保护接线及压力释放阀底角紧固螺栓。拆除压力释放阀后，检查压力释放阀膜盘的密封情况，发现膜盘与阀座之间存在一个很小的缝隙，如图 8-9 中方框所示。造成此处缝隙的原因应为：压力释放阀开启时，膜盘两侧开启高度不一致，膜盘复归时，位置出现偏斜，未按原位置扣住阀座。压力释放阀已失去良好的密封性能，需更换新的压力释放阀。

（3）新压力释放阀检查与试验。检查新压力释放阀外观，压力释放阀外罩与阀座应

图 8-9　膜盘与阀座间的缝隙

平直，中心线应对准，不应有歪扭现象；压力释放阀外表面应耐油、均匀、光亮，不应有脱皮、气泡、堆积等缺陷；标志杆应着色，颜色醒目。

图 8 - 10　安装压力释放阀

新品压力释放阀应选用通过相关型式试验的同型号或性能参数相同的产品，压力释放阀在更换前应进行开启压力试验、关闭压力试验、开启时间试验、信号开关绝缘性能试验、时效开启性能试验及密封压力值的密封性能试验，试验结果应合格❶。

（4）压力释放阀更换。清理密封面，将压力释放阀密封胶垫置于限位槽内，安装压力释放阀，对角循环紧固螺栓，密封胶垫压缩量约为 1/3，如图 8 - 10 所示。拆除压力释放阀闭锁装置，测试压力释放阀微动开关的常开和常闭功能，并根据保护要求选用常开触点作为保护接线端子。压力释放阀保护接线完成后，手动反复向上提起及按下压力释放阀标志杆进行信号传动，均无问题后，回装压力释放阀阀罩和导油管。

注意事项：

1. 压力释放阀闭锁装置起保护作用，防止压力释放阀因运输过程中振动开启，变压器投运前必须拆除。

2. 拆除闭锁装置后，阀体上的紧固螺栓必须更换为标准螺栓，不可采用闭锁装置的紧固螺栓。

3. 压力释放阀阀座紧固螺栓应对角循环紧固，不可用力过猛，防止紧裂底脚。

4. 微动开关动作前后分别测量每对端子之间的通断情况，动作前后两对连通触点的共用端子为公共端子。

（5）回油、排气及调整油位。更换检修过程中所拆除的放气塞密封胶垫，打开气体继电器两侧阀门，泄下储油柜内的绝缘油，按照"油温—油位"曲线对变压器本体回油。对胶囊进行充氮，待本体储油柜上部放气塞有油流出时，停止充氮，恢复吸湿器及上部放气塞。在变压器套管、本体气体继电器等放气塞处充分排气。

（6）密封性检查。检修工作完成后，对变压器进行静压试验，压力释放阀处无任何渗漏现象，更换工作完成。

（7）整理现场。清点工具，防止遗落，清理现场。

2. 处理效果

更换压力释放阀并对油位进行调整后，变压器运行过程中未再发生压力释放阀喷油的情况。

（五）总结

（1）压力释放阀喷油故障，需结合阀体检查、本体气体继电器动作情况及绝缘油色

---

❶　引用自《变压器用压力释放阀》（JB/T 7065—2015）。

谱试验结果进行综合判断，以确定是变压器内部发生故障还是压力释放阀本身的问题导致。

（2）油位过高、呼吸通道不畅或储油柜内存有较多气体均可导致变压器内部压力增大，当达到压力释放阀开启压力值时会导致其动作。运行中应注意检查变压器本体油位与"油温—油位"曲线相符，还应密切关注胶囊的呼吸状况及储油柜内的压力变化。

（3）压力释放阀开启后，常出现膜盘无法完全复归的情况，造成压力释放阀渗漏，因此压力释放阀停止喷油后需检查膜盘复归情况，从而确保压力释放阀的密封性能。当压力释放阀长时间处于开启压力临界值，使弹簧长时间处于压缩状态时，可能会改变弹簧的弹性系数，导致弹簧对膜盘的压力降低，此时应对压力释放阀的开启压力、关闭压力、密封压力及开启时效性等进行校验。

二、压力释放阀误报警处理

（一）设备概况

1. 变压器基本情况

某交流110kV变电站3号变压器为哈尔滨变压器有限责任公司生产，型号为SSZ10 - 50000/110，于2004年5月16日出厂，2004年6月13日投运。

2. 变压器主要参数信息

联结组别：YN，yn0，d11

调压方式：有载调压

冷却方式：油浸自冷（ONAN）

出线方式：架空线/架空线/架空线（110kV/35kV/10kV）

开关型号：CMⅢ - 350Y/63C - 10193W

使用条件：室内□　　　　　室外☑

3. 压力释放阀主要参数信息

型号：YSF_9 - 55/130KJB

开启压力：55kPa

关闭压力：29.5kPa

密封压力：33kPa

有效喷油口径：130mm

生产厂家：沈阳科奇电器有限公司

（二）缺陷分析

1. 缺陷描述

2019年9月24日6时14分，该变压器本体压力释放阀发出动作报警信号，且该动作信号一直无法复归。现场检查发现压力释放阀未动作喷油，标志杆未弹起。变压器其他非电量保护装置均未动作，绝缘油色谱分析结果正常。

2. 成因分析

（1）保护回路结构。压力释放阀信号保护回路从压力释放阀的微动开关通过电缆连接至变压器端子箱，然后再连接至保护室该变压器非电量保护屏内，再从变压器非电量保护屏向终端发送报警信号。

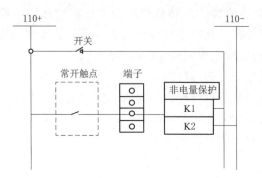

图 8-11　压力释放阀保护原理

压力释放阀二次保护回路根据保护原理的不同，可使用微动开关的常开触点，也可使用其常闭触点。在现场应用中，压力释放阀保护回路一般选用常开触点，微动开关动作后，常开触点闭合，使压力释放阀发出报警信号，其保护原理如图 8-11 所示。

（2）微动开关结构。压力释放阀的微动开关由传动机构和微型开关芯两部分组成，如图 8-12 所示。传动机构的结构如图 8-13 所示，由动作把手、复位装置、轴销和弹簧组成，传动机构的动作把手抵在压力释放阀的膜盘上，膜盘向上弹起时，将动作把手端部向内侧推动，此时把手尾端抵在轴销上的凸起部位离开轴销中心，轴销在弹簧的推动下向外移动并卡住把手，闭锁传动机构。轴销向外移动后，微型开关芯按键抬起，使微动开关动作。

微型开关芯由带纯银触点的动静触头、作用弹簧、按键和绝缘外壳等组成。LX31 系列基本型、JW 系列基本型微型开关芯的结构如图 8-14 和图 8-15 所示。LX31 系列微型开关芯采用具有弯片状弹簧的瞬动机构，JW 系列则采用拉力弹簧，弹簧瞬动机构可以使开关触头的转换速度不受按键压下速度的影响，这样不仅可以减轻电弧对触头的烧蚀，而且也能提高触头动作的准确性。

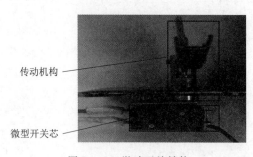

图 8-12　微动开关结构

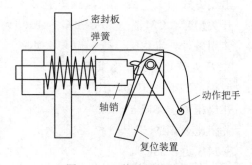

图 8-13　传动机构结构

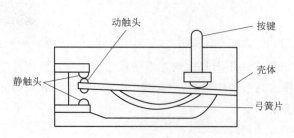

图 8-14　LX31 系列基本型微型开关芯结构

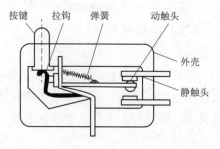

8-15　JW 系列基本型微型开关芯结构

微型开关芯的工作过程为：在无外力作用的情况下，动触头处于静止状态，当有外力施加于伸出外部的按键时，弹簧发生变形，储存能量并产生位移。当达到预定的临界点时，弹簧连同动触头产生瞬时跳跃，从而导致电路的接通和分断。当外力消除后，弹簧将释放能量并产生反向位移，当达到临界点时，触头在弹簧的作用下自动复位。

（3）故障原因。根据压力释放阀的回路结构以及保护原理，出现上述压力释放阀误报警故障有以下可能原因：①压力释放阀微动开关故障；②压力释放阀至变压器端子箱连接电缆存在短接或虚接；③端子箱至变压器保护屏柜连接电缆存在短接或虚接；④端子箱内端子排绝缘老化或损坏使端子之间短接。

对上述原因进行逐一排查：将微动开关动作把手搬离膜盘，使微动开关动作，压力释放阀报警信号未消除；断开压力释放阀非电量保护直流电源，对从变压器端子箱至非电量保护屏柜间的连接电缆进行挑头，采用1000V绝缘电阻表测试绝缘电阻，绝缘电阻值大于1MΩ，绝缘良好；测试从变压器端子箱至压力释放阀的绝缘电阻，绝缘电阻值为0.1MΩ；从压力释放阀微动开关处挑头，测试从端子箱至压力释放阀间连接电缆的绝缘电阻，绝缘电阻值大于1MΩ，绝缘良好；测试微动开关的绝缘电阻，绝缘电阻值为0.1MΩ。

由此可以判断，压力释放阀的微动开关基本失去了绝缘性能，是造成压力释放阀发生误报警故障的根本原因。

（三）检修方案

1. 方案简述

结合停电，拆下压力释放阀的微动开关进行检查，查明微动开关绝缘降低的根本原因并进行修复，若不能修复则更换新的微动开关。

处理时间：3h

工作人数：3～4人

2. 工作准备

工具：活扳手（10″）、标准通信工具箱、壁纸刀、剪线钳、压线钳

材料：绝缘包布、绑扎绳、毛刷、汤布、白土

备件：LX31－11K压力释放阀微动开关1套

设备：1000V绝缘电阻表、万用表、吹风机

特种车辆：无

（四）缺陷处理

1. 处理过程

（1）微动开关拆除。拆除压力释放阀二次保护接线航空插头，拆除微动开关固定螺栓，如图8－16所示。拆除完成后，向压力释放阀侧推动复位装置，然后将微动开关缓慢向外抽出，此过程中保持复位装置及动作把手与轴销同向。微动开关拆下后，拆卸微动开关密封板紧固螺栓，拆下密封板及传动

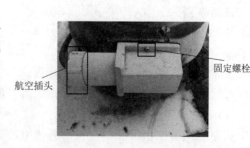

图8－16　压力释放阀微动开关

机构，以便对微动开关内部进行检查。

（2）微动开关检查。拆卸微动开关密封板时发现其密封胶垫严重老化，且出现两处断裂情况，如图8-17所示。检查微动开关内部，发现内部螺栓及引线部位都有不同程度的锈蚀，如图8-18所示。根据绝缘电阻测试结果及检查情况可以判断，此故障应为潮湿空气沿密封胶垫断裂处进入微动开关内部，潮气使微动开关芯内部触点绝缘降低，导致压力释放阀发出报警信号。

图8-17　微动开关密封胶垫　　　　　　图8-18　微动开关内部锈蚀

现场使用吹风机对微动开关芯进行干燥处理，无法恢复其绝缘性能。开关芯为封闭结构，不易拆解处理，因此对微动开关进行整体更换。

（3）微动开关更换。用万用表检测新微动开关常开、常闭触点动作情况，动作灵敏准确。用1000V绝缘电阻表测试微动开关端子之间及对地的绝缘电阻，绝缘电阻大于$1M\Omega$。测试完成后，将复位装置及动作把手调整为与轴销同向，插入压力释放阀外罩安装孔，然后及时松开把手。对正微动开关安装位置，检查复位装置及把手位置，此时把手应抵在膜盘侧边，复位装置应抵在外罩内侧。位置检查正确后复装微动开关紧固螺栓，此时压力释放阀微动开关处于常开状态。

（4）二次回路恢复。连接压力释放阀二次保护接线航空插头，在本体端子箱处用万用表分别测量微动开关常开、常闭功能。测试端子1、2、3之间的通断情况，测试结果为端子1、2之间导通，然后将动作把手搬离膜盘，测试结果为端子1、3之间导通，因此确定端子1为公共端子，端子2为常闭触点，端子3为常开触点。在主变端子箱内连接1、3接线端子，连接完成后恢复压力释放阀二次回路接线。

注意事项：

1. 连接电缆前应使用万用表辨别常开、常闭端子，以免错接。

2. 电缆安装完成后，穿好保护管，保护管底部应开设排水孔，然后用绑扎绳固定在变压器牢固的构件上或置入电缆槽盒内。

（5）整理现场。清点工具，防止遗落，清理现场。

2. 处理效果

恢复变压器保护屏非电量保护直流电源进行压力释放阀信号传动，变压器保护屏报警信号动作及复归正常，误报警信号无法复归的缺陷已彻底消除。复装压力释放阀防雨罩，将连接电缆保护管端部使用绝缘包布包扎，并置于防雨罩内部。

（五）总结

（1）对于此类压力释放阀误动的涉及二次回路的故障查找工作，应根据其保护回路的构成及保护动作原理逐段进行检查，以便迅速明确故障位置，特别是对一些接头位置要做重点排查。

（2）微动开关是控制压力释放阀信号发出的重要部件，其开闭状态与绝缘性能直接关系到动作信号指示，运行中压力释放阀的微动开关必须做好防雨措施，其密封性能应完好，防止微动开关受潮而导致压力释放阀误报警。

（3）压力释放阀二次线缆的绝缘也非常重要，因连接电缆故障而引起的误报警时有发生，应采用耐油、阻燃、防潮的电缆并套好护套管，护套管端部做好防雨措施并在最低部位设置排水孔。

第九章
变压器阀门

第一节 概　述

一、变压器阀门用途与分类

阀门是变压器管道系统的重要组成部分，它的主要功能是：截断和接通介质；防止介质倒流；调节流量、压力；分离、混合或者分配介质；防止介质压力超过规定数值，来保证管道或设备安全运行等。

目前国内外一般按照通用分类法（即按原理、作用和结构进行划分）对阀门进行分类，其中变压器涉及闸阀、截止阀、球阀、蝶阀、断流阀、油样活门 6 类阀门。

二、变压器阀门原理及结构

1. 闸阀

闸阀指的是启闭体（阀板）由阀杆带动阀座密封面做升降运动的阀门，可以接通或者截断流体的通道。闸阀开闭所需外力较小，流体阻力小，介质流向不受限制，全开时密封面受工作介质的冲蚀比截止阀小，体型比较简单，铸造工艺性较好。当阀门部分开启时，在闸板背面生成涡流，容易引发闸板的侵蚀及振动，也易损坏阀座密封面。所以在实际中，闸阀通常只用于全开和全关，不用于调节和节流。

2. 截止阀

截止阀又称截门阀，属于强制密封式的阀门。截止阀是向下闭合式的阀门，启闭件（阀瓣）由阀杆带动，通过沿阀座轴线做升降运动启闭阀门。开闭过程中密封面的摩擦力比闸阀小且耐磨，开启高度小，一般只有一个密封面，方便维修。

3. 球阀

球阀由旋塞阀演变而来，它的球体由阀杆带动，同时绕球阀轴线做旋转运动，当球旋转 90°时，在进、出口处全部呈现球面，进而截断流动。流体阻力小，密封性能好，紧密可靠；开闭迅速，操作方便；球体和阀座的密封面与介质隔离，不容易引起阀门密封面的侵蚀；适用范围广，高真空至高压力都能应用。

4. 蝶阀

蝶阀又称翻板阀，是一种结构简单的调节阀，圆盘式阀瓣固定在阀杆上，阀杆转动 90°就能完成启闭作用，同时阀瓣开启角度为 20°～75°时，流量和开启角度呈线性关系，有节流特性。其结构简单，结构长度短，外形尺寸小，重量轻，体积小，适用于大口径的阀门；全开时阀座通道的有效流通面积较大，流体阻力小；启闭方便快速，调节性能好；启闭力矩较小，因为转轴两侧碟板受介质作用基本相等，而产生转矩的方向相反，所以启闭较省力；密封面材料通常采用橡胶，低压密封性能好。

5. 断流阀

断流阀指通过介质本身流动而自动开、闭阀瓣，来防止介质倒流的阀门。断流阀在安装注油时要选择手动打开位置，正常运行时选择运行位置。断流阀安装时需注意阀体不能倾斜，箭头指向储油柜；从储油柜向变压器注油时，应逆时针旋转断流阀手柄，使内部拨杆挡住活门，直到注油结束、阀门两端充满油为止（从变压器底部注油时免此操作）；断流阀和气体继电器之间的连接管宜采用柔性管（波纹管）连接；接线盒内部不允许进水，下雨时不允许开盖接线，必要时需另加防雨措施。

6. 油样活门

油样活门依靠锥体的纵向深入使阀门闭合，以达到密封的效果。取油时，松开锁母即可。油样活门主要由放油嘴、连接座、塞座等组成。

三、变压器阀门常见缺陷及其对运行设备的影响

1. 渗漏油

制造质量不高，阀体和阀盖本体存在砂眼、松散组织、夹碴等缺陷；由于密封胶垫长期使用之后机械振动、塑性变形、回弹力下降、密封垫片材料老化、龟裂以及变质等，造成垫片与法兰面之间密合不严；填料选择不对，不耐绝缘油的腐蚀；填料的圈数不足，压盖无法将填料压紧；压盖、螺栓及其他部件损坏，使压盖无法压紧；磨损或填料老化等原因，导致填料接触压力逐渐减小；垫片的压紧力不够或连接处无预紧间隙；垫片装配不当，造成受力不均匀；静密封面加工质量不高，表面不平、粗糙；静密封面和垫片不清洁，混入异物。以上原因均可导致阀门渗漏油，影响变压器外观，严重时影响变压器油位，甚至被迫退出运行。

2. 操作卡涩

阀门卡涩影响阀门正常开闭功能，某些部位阀门需停电才可更换处理。阀门操作卡涩有以下可能原因：填料压得过紧，造成抱死阀杆；阀杆弯曲；转动的阀杆螺母与支架滑动部位润滑条件差，中间混入磨粒使其磨损或咬死，或者因长期不操作而锈死；操作不良，使阀杆和有关部件变形、磨损及损坏。

3. 关闭不严

阀门关闭不严会影响正常截止功能。阀门关闭不严有以下可能原因：杂质卡在密封面；阀杆螺纹锈蚀，阀门无法转动；阀门密封面被破坏；阀杆与阀瓣连接不好；未将阀门关到位。

4. 未开启或开启不到位

人为原因或阀门本身卡涩可能导致阀门未开启或开启不到位，影响变压器散热、正常呼吸、组部件正常工作等，严重时会造成变压器温升过高、内压过大渗漏油等问题。

第二节　变压器阀门检修典型案例

一、散热器管道阀密封胶垫更换

（一）设备概况

1. 变压器基本情况

某交流 35kV 变电站 2 号变压器为天津市电力工业局供电设备修造厂生产，型号为 SZ9-20000/35，于 1999 年 5 月 1 日出厂，1999 年 12 月 18 日投运。

2. 变压器主要参数信息

联结组别：YN，d11

调压方式：有载调压

冷却方式：油浸自冷（ONAN）

出线方式：架空线/架空线（35kV/10kV）

开关型号：SVⅢ-500/35-1007

使用条件：室内☑　　　　　室外☐

3. 散热器主要参数信息

散热器型号：PC1800-25/520

单组散热器重：约 397kg

单组散热器油重：约 86kg

生产厂家：河北华丰工业集团有限公司

（二）缺陷分析

1. 缺陷描述

该变压器片式散热器各管道阀部位均有不同程度的渗漏，部分管道阀漏油严重，其中 7 号片式散热器上部管道阀渗漏速率为每分钟 12 滴，10 号片式散热器下部管道阀渗漏速率为每分钟 9 滴。管道阀体处、散热器表面及其下方地面有大片油污，渗漏情况如图 9-1 和图 9-2 所示。

图 9-1　管道阀布满油污　　　　　　　　图 9-2　管道阀渗漏情况

2. 成因分析

管道阀渗漏的可能原因有：①阀门盘根密封不严；②阀门与本体连接焊口处存在砂眼；③阀门密封胶垫密封不严。

按照上述渗漏原因逐一排查：彻底清理油污，打开阀门阀盖，盘根处未见油迹，排除盘根垫密封不严导致渗漏的原因；在阀门与本体间的焊口处涂撒白土，30min 后无任何渗漏迹象，排除焊口砂眼导致渗漏的原因；在阀门密封胶垫处均匀涂撒白土，发现阀门密封胶垫处的白土存在迅速变色现象，并有进一步扩散的趋势。由此判断，渗漏点位于阀门法兰密封胶垫处。

进一步分析，该处渗漏具体原因分为：①阀门与散热器法兰之间的密封胶垫正常老化导致渗漏；②阀门在焊接时变形，密封胶垫受力不均导致渗漏。

观察发现，该变压器油箱上焊接的管道阀均存在不同程度的变形，特别是 7 号散热器上部与 10 号散热器下部的管道阀变形尤为严重，管道阀的变形情况如图 9-3 所示。

管道阀发生约10°形变

图 9-3　变形的管道阀

故确定最终渗漏原因为管道阀焊接时造成法兰变形翘起，致使密封胶垫受力不均，随着运行年限增加，密封胶垫老化变形加剧，失去密封作用，最终导致渗漏。

（三）检修方案

1. 方案简述

针对上述漏油原因，结合停电有以下处理方法：①改造变压器油箱侧管道阀，彻底消除密封面变形的隐患；②将原密封胶垫更换为加厚型密封胶垫，暂时消除渗漏缺陷。

因受停电时间限制，不具备对管道阀进行改造的条件，此次采取将原密封胶垫更换为加厚型密封胶垫的方法进行处理。室外站更换散热器阀门密封胶垫一般采用起重吊车辅助的方法，室内站采用行车进行辅助，即用起重吊车或行车拆下散热器，或将散热器与阀门间脱离开一定的缝隙，然后更换密封胶垫。而该变压器位于室内且无行车，故此次更换密封胶垫工作采用无起吊辅助的更换方法。

处理时间：8h

工作人数：5～6 人

2. 工作准备

工具：活扳手（12″）、钎子、螺丝刀（一字）、壁纸刀、木垫块、油管、油桶、电源线、接地线、胶管

材料：氮气、塑料布、汤布、白土、清洗剂、毛刷

备件：115mm×95mm×12mm 的密封胶垫×24

设备：板式滤油机、油罐 2t

特种车辆：无

（四）缺陷处理

1. 处理过程

（1）上部管道阀密封胶垫更换。

1）散热器排油。将散热器上、下管道阀门关闭到位，在散热器下部放油塞下方放置油桶，打开放油塞排油。出油约 1L 后，打开散热器上部放气塞，用以通气加快排油速度。出油至 10L 时，散热器中的油位低于上阀门最低点，此时可紧固放油塞，停止排油。

注意事项：

1. 若阀门关闭不到位，可用活扳手顺时针转动阀杆至阀门处无绝缘油流出，并维持至密封胶垫更换全过程结束。

2. 若转动阀杆后仍有大量的绝缘油流出，则需出本体绝缘油，再进行更换。

2）打开安装间隙。先拆除散热器上、下拉带，再拆除上阀门上部 2 条螺栓，松动下部 2 条螺栓，使管道阀与散热器法兰间的开口间隙量张开约 15mm，停止松动下部螺栓。一般情况下，散热器受重力作用，会自然向外倾斜张开间隙，若有卡阻，可采用钎子撬动散热器使之张开足够的安装裕量，若间隙仍不足，则需松开下部阀门连接螺栓，工作过程如图 9-4 和图 9-5 所示。

图 9-4　拆除阀门上部螺栓　　　　　　　　图 9-5　撬开间隙

注意事项：

1. 散热器拆除过程中，其正前方严禁人员站立。

2. 松动上阀门下部螺栓时其螺母应保持满扣，若开口间隙量不足，用长螺栓对其进行替代。

3. 撬动散热器时不可使用蛮力，应多次试探性轻轻撬动，防止损伤散热器。

4. 由于此时散热器向外倾斜无向内的挤压力，可不必采取防挤压措施。

3）更换密封胶垫。原密封胶垫尺寸为 115mm×95mm×10m...，由于焊接在油箱上的管道阀法兰局部变形翘起，造成原厚度的密封胶垫无法起到应有的密封作用，此次选用尺寸为 115mm×95mm×12mm 的加厚型胶垫，以保证可靠密封。

拨出旧密封胶垫，将新密封胶垫自上至下塞入间隙，再用一字螺丝刀辅助将其放入限位槽中，沿周圈轻压密封胶垫，确保其完全压入槽内。恢复阀门上部螺栓，均匀紧固 4 条螺栓，保证间隙最大部位密封胶垫压缩量为 1/3，工作过程如图 9-6 和图 9-7 所示。

图 9-6 塞入密封胶垫　　　　　　　　　图 9-7 将密封胶垫压入限位槽

注意事项:

若阀门法兰没有限位槽时,可用一字螺丝刀等工具将密封胶垫置于法兰面正中间,防止滑动,紧固螺栓压紧密封胶垫后再取出工具。

4)散热器回油。拧回放气塞,至恰好露出放气塞螺杆上的放气孔,以保证出气顺畅。散热器下部阀门打开约 1/3,利用本体油压自下部阀门处将散热器内部绝缘油压满。当放气塞有绝缘油溢出时,拧紧放气塞,然后完全打开上、下阀门,按照"油温-油位"曲线调整变压器油位至适当位置。

注意事项:

1. 下部阀门打开时,先打开约 30°角度,防止油流速度过快。

2. 必须将散热器内部的空气全部排净,再拧紧放气塞。

3. 此整个工作过程中管道阀门部位一直为正压,一般不存在气体进入本体的可能,故无需排气。若有气体进入,则需在气体继电器处进行排气。

(2)下部管道阀密封胶垫更换。

1)排油。按上述上部管道阀散热器排油步骤排油,直至将散热器绝缘油全部出净。

2)打开安装间隙。拆除下阀门 4 条螺栓,用钎子撬动散热器使之张开足够的安装裕量,若间隙仍不足,则需松开上部阀门连接螺栓。在阀门间隙处塞入厚度 15mm 的长条形木垫块,并由专人持稳,以防散热器合拢夹伤人员。

注意事项:

下部阀门打开间隙时,由于散热器存在向内的挤压力,必须采取可靠的防挤压措施。

3)更换密封胶垫。

4)回油、排气及调整油位。

(3)其他情况说明。上述分别介绍了上、下部管道阀密封胶垫单独更换的方法,对于此文中所有管道阀密封胶垫均需更换的情况,在排油、打开安装间隙等步骤均有可一并进行的操作,以简化工作步骤。

(4)整理现场。清点工具,防止遗落,清理现场。

2. 处理效果

全部管道阀法兰更换加厚型新密封胶垫后缺陷消除,变形严重的管道阀密封良好。

（五）总结

（1）管道阀直接焊接于本体油箱之上，阀门损坏后无法更换，另外相较于普通蝶阀，阀体单薄。在进行焊接时，局部高温极易导致阀门变形，使密封胶垫受力不均，密封性能下降，造成渗漏。

（2）更换加厚型密封胶垫只能暂时消除缺陷，在有条件的情况下，应将管道阀切除，在油箱本体侧加装法兰，将管道阀更换为普通蝶阀，以彻底解决渗漏问题。

（3）打开阀门间隙时若散热器对侧阀门螺栓不松动，则散热器将承受全部的应力，需严格控制好阀门间隙的打开角度与撬动力度，以防损伤散热器，必要时松开对侧阀门螺栓以释放应力。

二、油样活门芯子喷油处理

（一）设备概况

1. 变压器基本情况

某交流 110kV 变电站 2 号变压器为山东鲁能泰山电力设备有限公司生产，型号 SSZ10 - 50000/110，于 2005 年 6 月 20 日出厂，2005 年 8 月 22 日投运。

2. 变压器主要参数信息

联结组别：YN，yn，d11

调压方式：有载调压

冷却方式：油浸自冷（ONAN）

出线方式：架空线/架空线/架空线（110kV/35kV/10kV）

开关型号：CMⅢ-500Y/63C-10193W

使用条件：室内□　　　　　室外☑

（二）缺陷分析

1. 缺陷描述

该变压器中部油样活门处有渗漏油迹，旋下油样活门外罩，发现油样活门内芯处形成油流向外喷出，如图 9-8 和图 9-9 所示。

图 9-8　油样活门喷油情况

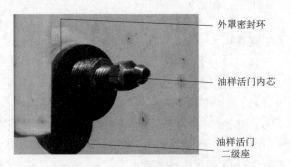

外罩密封环

油样活门内芯

油样活门二级座

图 9-9　油样活门结构

2. 成因分析

（1）典型油样活门结构。变压器油样活门是对变压器进行取油的重要部件，通过油样

分析，可及时反映变压器的运行状况。目前，常见的油样活门结构有四种，如图 9-10～
图 9-13 所示。

图 9-10　典型油样活门一

图 9-11　典型油样活门二

图 9-12　典型油样活门三

图 9-13　典型油样活门四

1）典型油样活门一结构。此种油样活门结构简单，是早期油样活门的代表，其组成
部件如图 9-14 所示，其中零部件自左至右分别是油样活门的底座、内芯和外罩。底座焊
接至变压器本体，出油孔朝下，内芯旋入底座，底座套有外罩密封环，与外罩配合起密封
作用。

取油样时，旋出内芯，油流自底座底部圆孔流至出油孔处。取样结束后，旋入内芯，
内芯密封环起到密封油流的作用。

2）典型油样活门二结构。此种油样活门的组成部件如图 9-15 所示，其中零部件自
左至右分别是油样活门的底座和螺钉。底座焊接至变压器本体，螺钉位于侧面，外部罩有
外罩。油流自底座圆孔流入油样活门，螺钉旋出一定高度，油路导通，油流自油样活门
"油嘴"处流出；螺钉旋入拧紧，油路关闭。

3）典型油样活门三结构。此种油样活门的组成部件如图 9-16 所示，其中零部件自
左至右分别为底座、内芯、内芯锁紧螺母、上盖。底座焊接至变压器本体，内芯配有密封
环、压紧螺母、底部密封胶垫，芯体上留有凹槽作为油流通道，内芯结构如图 9-17
所示。

此种油样活门的结构剖面图如图9-18所示，图中箭头表示油路导通通道，油流自底座经凹槽，从油样活门内芯端部油嘴流出。油路关闭时，内芯底部密封胶垫将油孔封堵，此时无油流流出。

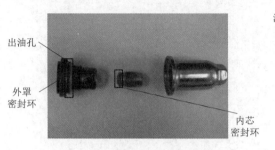

图9-14 油样活门一组成部件

图9-15 油样活门二组成部件

图9-16 油样活门三组成部件

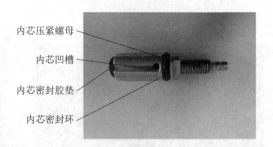

图9-17 油样活门内芯结构

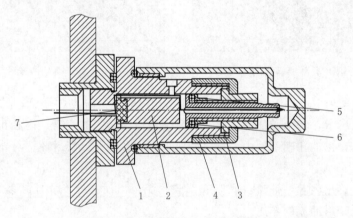

图9-18 油样活门三结构剖面图
1—底座；2—内芯；3—内芯锁紧螺母；4—上盖；5—内芯压紧螺母；6—内芯密封环；7—密封胶垫

逆时针旋动内芯锁紧螺母，螺杆螺纹旋出，如图9-19所示，对应油样活门内芯到达图9-20所示位置，此时底座底部圆孔处油流导通，油样活门处于开启位置；顺时针旋动内芯锁紧螺母，螺杆螺纹旋入，如图9-21所示，内芯到达如图9-22所示位置，此时油路封闭，油样活门处于关闭位置。

注意事项：

锁紧上盖后，内芯锁紧螺母的位置被固定，当旋动内芯锁紧螺母时，其位置不会上下移动，但会带动内芯螺杆移动，从而控制油路通断。现场取油时，只需旋动内芯锁紧螺母即可，不可松动内芯上盖。

图9-19 螺杆螺纹旋出情形

图9-20 开启时内芯到达位置

图9-21 螺杆螺纹旋入情形

图9-22 关闭时内芯到达位置

4）典型油样活门四结构。此种油样活门的组成部件如图9-23所示，自左至右为油样活门外罩、内芯、二级座。二级座旋入油样活门底座中，是内芯与底座的中间连接部分，二级座上有外罩密封环与底座密封环，外罩密封环用作外罩与二级座的密封，底座密封环用作二级座与底座的密封。油样活门内芯结构如图9-24所示，内芯底部设有油流通孔，中部套有内芯密封环。

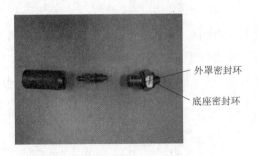

图9-23 油样活门四组成部件

图9-24 油样活门四内芯结构

此种油样活门结构剖面图如图9-25所示。图中箭头表示油路导通通道，当内芯底部锥形结构与二级座脱离接触后，油流流入油样活门油流通孔，自油样活门内芯端部油嘴流出，内芯密封环结构是为防止油流顺内芯螺杆爬出。

（2）油样活门结构对比。

1）油样活门一结构年代久远，其密封性依靠内芯底部的密封环，当其老化变形时，

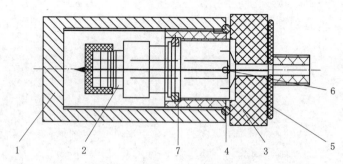

图 9-25 油样活门四结构剖面图

1—外罩；2—内芯；3—二级座；4—外罩密封环；5—底座密封环；6—圆形通孔；7—内芯密封环

将无法封堵油流，从而导致油样活门漏油。

2）油样活门二结构构造简单，操作简易，但螺钉处无密封胶垫，密封性能差，且长期旋动螺钉，金属结构间频繁接触会造成磨损，降低密封性，从而导致油样活门漏油。

3）油样活门三结构密封性能良好，能够精准控制油流流速大小与油路通断，缺点是内芯螺杆若存在丝扣损坏现象，内芯底部密封胶垫将不能封堵油孔，导致油样活门漏油。

4）油样活门四结构的内芯为一体式结构，旋动螺母可直接控制内芯移动，而结构三中油样活门内芯锁紧螺母与内芯螺杆分离，旋动锁紧螺母，通过锁紧螺母与内芯螺杆间的反扣设计间接控制内芯动作。此两种结构相同点是二者油路导通方式与导通通道基本一致，但第四种油样活门的结构缺点是内芯底部无密封胶垫，通过金属间接触封堵油流，密封性能相对较差。

注意事项：

1. 油样活门密封性要求：旋下外罩，从油样活门底部圆孔处施加 200kPa 油压 30min，油样活门各处不应出现渗漏。

2. 将油样活门底座与变压器油箱焊接前，应将油样活门其他零部件全部取下，特别是密封胶垫，防止高温损坏。

（3）缺陷可能原因。该变压器油样活门类似典型油样活门四的结构。油样活门漏油严重，油流自油样活门内芯端部油嘴处向外喷出，使用扳手已无法旋动油样活门内芯。

初步分析，此案例中油样活门漏油原因应为油样活门内芯丝扣损坏，导致无法控制内芯向内移动，从而无法有效封堵油流。

（三）检修方案

1. 方案简述

结合停电，在变压器不出油的情况下拆下油样活门内芯，检查内芯丝扣损坏情况，对内芯丝扣进行修复；检查安装底座内螺纹，对内螺纹进行修复，恢复内芯封堵油流功能。

处理时间：5h

工作人数：4人

2. 工作准备

工具：开口扳手（17mm、19mm）、活扳手（12″）、锯条、板牙、丝锥、木楔

材料：汤布、白土、清洗剂、毛刷、塑料布、壁纸刀

备件：同型油样活门1套

设备：台虎钳

特种车辆：无

(四) 缺陷处理

1. 处理过程

(1) 排油泄压。为保证取出油样活门内芯后不会有绝缘油泄出，可采取常规方法，即变压器整体出油至该油样活门部位，再行取出油样活门内芯。但此方法出油量较大，器身绝缘暴露，工艺复杂且用时较长。拟采取本体不出油，自油样活门处流出少许油后形成微负压状态，使油样活门处内部油压与外部大气压相平衡，从而直接进行检修的方法实施。

现场按此方案执行，关闭本体气体继电器两侧连通阀门，避免储油柜绝缘油进入本体。因散热器高度高于本体油箱，故同时关闭散热器与本体连接处阀门。在油样活门处放出约1000mL绝缘油，无明显油流流出，此时油样活门内部油压与外部大气压基本平衡。

(2) 取出内芯。使用扳手自油样活门二级座中取出油样活门内芯，发现内芯螺杆丝扣已严重损坏，如图9-26所示。证实油样活门漏油原因确为丝扣损坏，导致油样活门内芯无法向内移动，从而无法封堵油流。

丝扣损伤部位

图9-26　内芯螺杆丝扣损坏情况*

注意事项：

1. 取出油样活门内芯时，若难以松动，可多次反向拧紧几扣后再松动；不可使用蛮力，防止造成丝扣进一步损伤。

2. 取出油样活门内芯后，可能自油样活门处有油流出，但油量应不大，属正常现象。若出油量较大，则考虑应为阀门不严，油没有完全吊住，需根据漏油的具体情况确定是否仍采用带油检修的办法。

3. 内芯取出后需及时罩上油样活门外罩，防止漏油。

(3) 修复丝扣。此油样活门内芯螺杆螺纹为正扣，故选用正扣板牙调整丝扣损坏位置。油样活门内芯螺杆外径为12mm，螺距为1.75mm，故选择M12×1.75mm规格的圆板牙。使用前，将圆板牙放在板牙套的圆形凹槽中，用紧固螺钉固紧，圆形凹槽与紧固螺钉如图9-27所示。

使用台虎钳将油样活门内芯竖直夹紧，注意不要夹持螺杆丝扣部位。将板牙套入油样活门内芯，注意板牙套保持水平，双手执板牙手柄边下压边顺时针匀速转动板牙，使得板牙缓慢沿内芯螺杆向下移动，依次归正螺纹，如图9-28所示。

将修复好丝扣的油样活门内芯试着回装，以检查油样活门二级座的内丝扣是否损伤。由于不能确定其损坏状况，回装时需轻柔用力，遇有卡阻立即停止，不可强行旋入。若内

丝扣损坏，使用 M12 的丝锥对其进行修复。

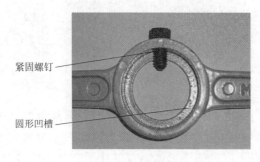

紧固螺钉

圆形凹槽

图 9-27　板牙套

图 9-28　修复内芯螺杆丝扣

注意事项：

1. 使用板牙套切螺纹时，应当适当添加润滑油，既可减小阻力，又可防止过热使螺杆产生变形。

2. 切屑一旦塞满板牙梅花孔，需立即清理，否则易造成螺纹牙型变形、变瘦、尺寸严重偏差等问题。

3. 旋动油样活门内芯时应当均匀用力，防止丝扣再次被损坏。

（4）回装内芯。更换外罩密封环、油样活门内芯密封环，将油样活门内芯回装。因为油样活门内芯与二级座的接触面均为金属结构，所以紧固油样活门内芯时，注意不能用力过猛，防止损伤接触面，导致密封不严。

（5）通断功能检查。打开上述关闭的本体气体继电器两侧阀门和散热器与本体连接阀门，利用储油柜油位差将油压下。逆时针旋动油样活门内芯，螺杆向外移动，油流流出；顺时针旋紧内芯，螺杆向内移动，油路关闭。30min 后检查，油样活门处无渗漏油迹，确认缺陷处理完毕。

（6）排气。因出油量较少，不必进行油位调整，只需打开本体气体继电器放气塞排气即可。若出油量较多，需调整油位至符合"油温—油位"曲线，并对变压器所有的放气塞依次进行排气。

（7）整理现场。清点工具，防止遗落，清理现场。

2. 处理效果

修复油样活门内芯螺杆丝扣后，油样活门通断功能恢复正常，无渗漏油现象。截至目前，经多次取油使用，该变压器油样活门情况良好。

（五）总结

（1）处理油样活门渗漏缺陷，应当首先判断油样活门结构及动作原理，从油路导通通道入手，确定渗漏油原因，进而处理缺陷。常见油样活门结构均设计为顺时针旋紧油样活门端部螺母，油路关闭；逆时针松开螺母，油路导通。少数油样活门结构使用方法与常规相反，当逆时针松开螺母始终无油流流出时，需考虑逆向操作，此时特别要注意避免将油样活门内芯完全旋出，造成绝缘油严重泄漏。

（2）更换变压器油样活门内芯或放气塞等小部件，若油通路阀门密封良好，可采用关闭阀门、流出少量绝缘油使之形成负压状态的方法，从而减少排油量。若阀门不严，则需出油至油面低于待消缺部位，以防止处缺过程中绝缘油大量涌出。

（3）变压器取油样具有周期性，油样活门使用频繁，长期使用不当极易造成油样活门结构损坏。本案例中油样活门漏油原因即为旋转油样活门内芯时用力不当或角度不佳导致的丝扣损坏。因此，日常取油样过程中应当采用正确方法，不可野蛮操作。

参 考 文 献

［1］ 谢遂志，刘登祥，周鸣恋 . 橡胶工业手册 ［M］. 北京：化学工业出版社，1996.

［2］ 冯超 . 电力变压器检修与维护 ［M］. 北京：中国电力出版社，2013.

［3］ 孙建平 . 几种储油柜运行情况比较 ［J］. 变压器，2003，40（9）：33 - 35.

［4］ 龚杰，龚敏，谭一粟，等 . 浅析变压器油位计和呼吸器故障 ［J］. 变压器，2015，52（8）：62 - 66.

［5］ 武剑灵，孙瑞龙，岳永刚 . 智能免维护呼吸器在变压器应用中的优势 ［J］. 变压器，2016，53（3）：47 - 49.

［6］ 王世阁，王延峰，姜学忠 . 变压器冷却系统故障分析与改进措施 ［J］. 变压器，2007，44（2）：58 - 63.

［7］ 谢毓城 . 电力变压器检修 ［M］. 2 版 . 北京：机械工业出版社，2014.

［8］ 朱涛，张华 . 变电站设备运行实用技术 ［M］. 北京：中国电力出版社，2012.

［9］ 徐润光，王风华 . 变压器检修 ［M］. 2 版 . 北京：中国电力出版社，2010.

［10］ 刘勇 . 新型电力变压器结构原理及常见故障处理 ［M］. 北京：中国电力出版社，2014.

［11］ 赵家礼 . 图解变压器修理操作技能 ［M］. 北京：化学工业出版社，2007.

［12］ 陆培文，孙晓霞，杨炯良 . 阀门选用手册 ［M］. 北京：机械工业出版社，2009.

［13］ 赵静月，张庆，康运和 . 变压器制造工艺 ［M］. 北京：中国电力出版社，2009.

［14］ 谢毓城 . 电力变压器手册 ［M］. 北京：机械工业出版社，2003.

［15］ 徐成海，张世伟，关奎之 . 真空干燥 ［M］. 北京：化学工业出版社，2004.

［16］ 中华人民共和国工业和信息化部 . JB/T 6484—2016 变压器用储油柜 ［S］. 北京：机械工业出版社，2016.

［17］ 中华人民共和国工业和信息化部 . JB/T 11493—2013 变压器用闸阀 ［S］. 北京：机械工业出版社，2013.

［18］ 中国国家标准化管理委员会 . GB/T 12233—2006 通用阀门铁制截止阀与升降式止回阀 ［S］. 北京：中国标准出版社，2006.

［19］ 中国国家标准化管理委员会 . GB/T 12237—2007 石油、石化及相关工业用的钢制球阀 ［S］. 北京：中国标准出版社，2007.

［20］ 中华人民共和国工业和信息化部 . JB/T 5345—2016 变压器用蝶阀 ［S］. 北京：中国标准出版社，2016.

附 图

第一章

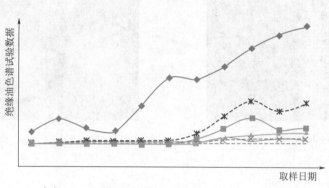

图 1-2 特征气体增长趋势

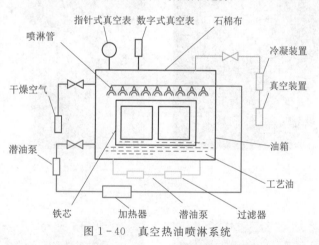

图 1-40 真空热油喷淋系统

第二章

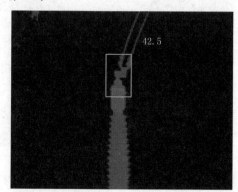

图 2-3 Am 红外测温图谱

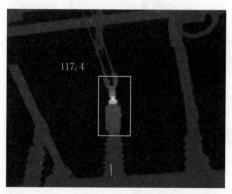

图 2-4 Bm 红外测温图谱

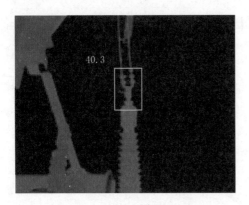

图2-5　Cm红外测温图谱

将军帽
螺孔痕迹

法兰盘
螺孔

图2-6　螺孔偏差情况

图2-7　导电头处过热痕迹

图2-32　末屏装置丝扣损坏情况

图2-66　第1条裂痕

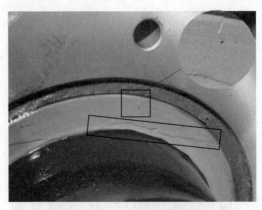

图2-67　第2、第3条裂痕

第三章

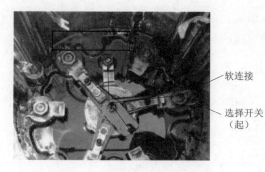
软连接
选择开关
（起）

图 3-7 油室底部电流回路图

软连接
扇形件
拐臂

图 3-8 切换开关电流回路图

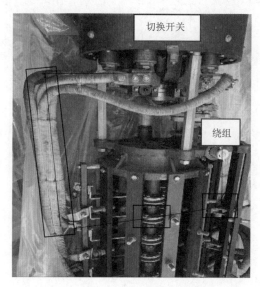
切换开关
绕组

图 3-15 电流回路实物图

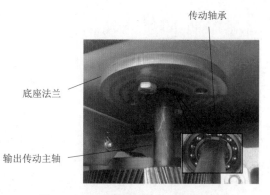
传动轴承
底座法兰
输出传动主轴

图 3-43 轴承座底座法兰安装结构

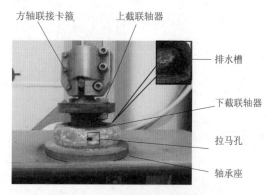
方轴联接卡箍
上截联轴器
排水槽
下截联轴器
拉马孔
轴承座

图 3-44 输出联轴装置实物结构

第四章

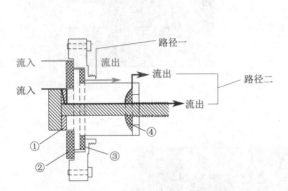

图 4-49 末屏接地装置内部结构示意图

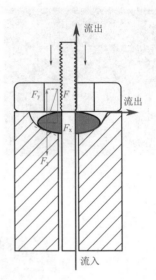

图 4-52 O型圈受力示意图

第五章

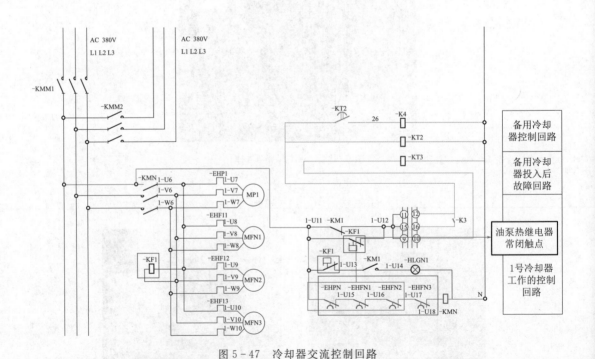

图 5-47 冷却器交流控制回路

第七章

图 7-5　破裂的干簧管

图 7-6　气体继电器底部积水

第九章

丝扣损伤部位

图 9-26　内芯螺杆丝扣损坏情况